青海

种子植物形态及生态地理分布

◎ 孙海群　李宗仁　周华坤　陈国明　蔡佩云　等　著

中国农业科学技术出版社

图书在版编目（CIP）数据

青海种子植物形态及生态地理分布 / 孙海群等著 . ——北京：中国农业科学技术出版社，
2022.3

ISBN 978 - 7 - 5116 - 5493 - 9

Ⅰ . ①青… Ⅱ . ①孙… Ⅲ . ①种子植物－介绍－青海 Ⅳ . ①Q949.408

中国版本图书馆 CIP 数据核字（2021）第189287号

责任编辑	贺可香
责任校对	李向荣
责任印刷	姜义伟　王思文
出 版 者	中国农业科学技术出版社
	北京市海淀区中关村南大街12号　　邮编：100081
电　　话	（010）8210 6638（编辑室）　　（010）8210 9702（发行部）
	（010）8210 9709（读者服务部）
传　　真	（010）8210 6650
网　　址	http://www.castp.cn
经 销 者	各地新华书店
印 刷 者	北京地大彩印有限公司
开　　本	210mm×297mm　1/16
印　　张	36.25
字　　数	980千字
版　　次	2022年3月第1版　2022年3月第1次印刷
定　　价	568.00元

资助本书出版的平台和项目

青海省科学技术厅"青海省科学技术学术著作出版资金"

科技部国际合作专项"中国—新西兰高原草地营养流与可持续生产研究"（2015DFG31870）

青海省寒区恢复生态学重点实验室

青海省创新平台建设专项（2022—ZJ—Y02）

《青海种子植物形态及生态地理分布》

著 者 名 单

主　　著　孙海群（青海大学）

李宗仁（青海大学）

周华坤（中国科学院西北高原生物研究所、青海省寒区恢复生态学重点实验室）

陈国明（青海省草原改良试验站）

蔡佩云（青海省林业和草原局）

副 主 著　李希来（青海大学）

肖　锋（青海省湿地保护中心）

孙康迪［聚彩堂（陕西）设计工程有限公司］

董逸群（青海省林业工程管理中心有限公司）

温小成（青海大学）

李晓晴（青海大学）

徐公芳（青海省草原总站）

唐永鹏（海西州天峻县林业和草原局）

马宏义（玉树州林业和草原综合服务中心）

著　　者　姚喜喜（青海大学）

马晓萍（海北州门源县草原站）

贾顺斌（青海省草原总站）

程洪杰（吉林省白城市通榆县动物检疫站）

谈　静（青海省草原总站）

刘　凯（青海省草原总站）

李　欣（青海省草原改良试验站）

才　旦（长江源园区国家公园曲麻莱管理处生态保护站）

索南江才（澜沧江源园区国家公园管理委员会）

孙海群简介

孙海群，三级教授，青海大学草业科学系副主任。1999年7月毕业于中国农业大学动物科技学院草地研究所草业科学专业，获硕士学位。2003年获教授任职资格，2004年聘为教授；2016年聘为三级教授。

近5年主持青海省科技厅"青海省数字植物标本馆及网站建设与共享"、"三江源国家公园植物多样性及重点保护植物本底调查"、国家自然科学基金"鼠丘土壤与植被退化演替机制研究"、天峻县林业和草原局"木里矿区种草复绿生态监测与评估"等项目。

主编《青海主要草地类型及常见植物图谱》《青海主要种子植物分类检索表》《青海自然植被类型及优势植物图谱》《三江源国家公园主要植物图谱》《三江源国家公园植物多样性及名录》等6部学术专著。获得青海省科学技术进步奖三等奖和农牧渔业丰收奖各一项；主持的"《植物学》立体教学体系的构建与实践"项目获青海省教学成果二等奖，2018年获宝钢优秀教师奖；在《草地学报》《草业科学》《中国草地学报》《西北植物学报》发表论文30余篇。

前　言

　　青海省位于祖国西部，雄踞世界屋脊青藏高原的东北部，因省内有国内最大的内陆咸水湖——青海湖而得名。青海省是长江、黄河、澜沧江的发源地，故被称为"江河源头"，又称"三江源"，素有"中华水塔"之美誉。青海省地理位置位于东经89°35′～103°04′，北纬31°36′～39°19′，全省东西长1 200多千米，南北宽800多千米，总面积72.23万平方千米。青海省内山脉纵横，峰峦叠嶂，湖泊众多，峡谷、盆地遍布。祁连山、巴颜喀拉山、阿尼玛卿山、唐古拉山等山脉横亘境内，地貌复杂多样，兼具青藏高原、内陆干旱盆地和黄土高原三种地形地貌，汇聚了大陆季风性气候、内陆干旱气候和青藏高原气候三种气候。由于独特的地貌和气候，孕育了众多的植物资源和复杂的植被类型，据不完全统计有高等植物近3000种，其中很多植物具有较高的生态价值和经济价值。

　　习近平总书记指出，青海最大的价值在生态、最大的责任在生态、最大的潜力也在生态。要做到对青海高原生态环境的精准保护，有必要了解该地区植物资源种类及分布情况，为此，编写组成员利用承担的青海省科技厅项目"青海省数字植物标本馆及网站建设与共享""三江源国家公园植物多样性及重点保护植物本底调查研究"、科技部国家国际科技合作专项"中国新西兰高原草地营养流及可持续生产研究"、青海省创新平台建设专项、国家自然科学基金项目等前往全省各地，历经数载，行程数万千米，采集植物标本数千份，拍摄植物照片数万幅。通过对植物标本的鉴定、植物生态地理分布的调查、植物形态特征的描述和植物照片的整理，完成了《青海种子植物形态及生态地理分布》一书。该书共收录了青海分布的具有较高生态价值和经济价值的植物63科283属518种，每种植物介绍了形态特征、分布区和生境，并配有茎、叶、花、果及细微结构照片，既便于从事科研和教学的工作者较好地识别植物，又可使读者掌握植物的主要特征和生长环境，为青藏高原植物资源的合理利用和保护提供基础资料。

　　该书的顺利出版得到了青海省科技厅的大力支持。孙海群教授、周华坤研究员、陈国明高级畜牧（草原）师、肖锋高级畜牧（草原）师、董逸群林业工程师在采集植物标本、拍摄照片、鉴定植物、野外生境调查、植物形态特征描述等方面付出了艰辛劳动，李宗仁教授、蔡佩云总经济师从策划、资料收集整理、照片遴选到统稿做了大量工作。陈国明高级畜牧（草原）师、肖锋高级畜牧（草原）师、董逸群林业工程师分别撰写书稿17万字（青海省重点保护野生植物、豆科、牻牛儿苗科、禾本科）、16万字（青海省野生种子植物极小种群、荨麻科、十字花科、伞形科、堇菜科、报春花科、白花丹科、龙胆科、旋花科、紫草科、唇形科、锦葵科）和10万字（青海省野生种子植物区系分析、松科、柏科、麻黄科、杨柳科、桦木科、小檗科、绣球花科、茶藨子科、蔷薇科、胡颓子科、杜鹃花科、锦葵科和忍冬科）。

　　在该书出版之际，对全体编写人员的辛勤工作表示衷心的感谢！因编者水平有限，书中难免有漏误之处，恳请读者批评指正。

著　者

2021年12月

目　录

> > > 青海省野生种子植物区系分析

青海省是青藏高原主体的一部分，多样的地形、地貌以及小气候的显著差异为植物提供了丰富多样的栖息地，也造就了森林、灌丛、草甸、草原、荒漠等植被生态系统，形成了青藏高原独特的植物景观。在众多的植物种类中，许多种类为国家级重点保护野生植物和青海省特有的植物种类，有数量众多的植物种类具有极高的经济价值和生态价值，是发展经济、建设生态青海得天独厚的重要战略资源，因此研究该地区植物区系分布性质、特点非常重要，也为准确评价青海省生物多样性提供基础数据。

（一）青海自然概况

1.地形地貌

青海位于我国青藏高原，东西长约1 200千米，南北为800千米，面积72万平方千米。省内高山林立，地形多变，河流湖泊众多，昆仑山横贯中部，唐古拉山和祁连山分别位于南北。青藏高原有着"世界屋脊"的美称，是长江、黄河、澜沧江的发源地。青海省均属高原范围之内，全省的平均海拔为3 000米，海拔5 000米以上的区域大都终年积雪，冰川极为广布。全省地势自西向东逐渐降低，最高点昆仑山布喀达坂峰6 860米和最低点民和下川口村约1 650米，海拔相差5 210米。青海省地貌以山地为主，兼有平地和丘陵。地形可分为祁连山地、柴达木盆地和青南高原三个区域，总体上是盆地、高山和河谷相间分布的高原。东北部由阿尔金山、祁连山平行山脉和谷地构成，平均海拔4 000米以上，有丰富的冰雪资源。达坂山和拉脊山之间为湟水谷地，平均海拔在2 300米左右，地表有较为深厚的黄土层，是本省最主要的农业区。西北部的柴达木地区是一个被祁连山、阿尔金山和昆仑山环绕的巨大盆地，海拔多为2 600~3 000米，东西走向为800千米，南北走向为200~300千米，面积约为20万平方千米，盆地南部多盐湖。青海南部为以昆仑山为主体的占全省面积一半以上的青南高原，平均海拔4 500米以上。

2.气候

青海属于典型高原大陆性气候，具有气温低、昼夜温差大、降雨少而集中、日照时间长、太阳辐射强等特点。冬季寒冷漫长，夏季凉爽短促。各地区气候有明显差异，东部湟水谷地，年平均气温为2~9℃，无霜期100~200天，年降水量为250~550毫米，主要集中于7—9月，热量和水分条件都能满足一熟作物的需求。柴达木盆地年平均温度为2~5℃，年降水量约为200毫米，年照3 000小时以上。东北部高山区和青南高原温度更低，除去祁连山、阿尔金山和江河源头以西的山地外，年降水量一般为100~500毫米。

（二）青海植物资源

据统计，青海野生种子植物共计94科、557属、2 497种，其中裸子植物3科7属32种，被子植物91科、550属、2 465种，许多种类为国家级重点保护野生植物和青海省特有的植物种类，著名的有唐古特大黄（*Rheum tanguticum*）、麻花艽（*Gentiana straminea*）、甘松（*Nardostachys chinensis*）、羌活（*Notopterygium incisium*）、甘草（*Glycyrrhiza uralensis*）、贝母（*Fritillaria*）、宁夏枸杞（*Lycium barbarum*）、唐古特红景天（*Rhodiola algida*）、唐古特山莨菪（*Anisodus tanguticus*）、中麻黄（*Ephedra intermedia*）、抱茎獐牙菜（*Swertia franchetiana*）、水母雪莲（*Saussurea medusa*）、党参（*Codonopsis pilosula*）、当归（*Angelica sinensis*）、锁阳（*Cynomorium songaricum*）等。在青海省分布的植物资源中，菊科植物最多，有61属279种，为各群落的重要组成成分，蒿属（*Artemisia*）的部分种类构成群落的优势种。禾本科有57属285种，其植物区系成分多样，温带性质明显，特有成分少，大多数种类为天然草地植被的优势种、亚优势种或主要伴生种，为家畜的重要饲草。豆科植物约有18属184种，多为草本或灌木，属中生和旱生植物，在群落中为伴生种，少数种为优势种，其中饲用价值较高的有11属94种。莎草科植物虽只有5属，但种类较多，有78种，其中嵩草属（*Kobresia*）植物为构成青海省高寒草甸的主要成分，生态价值和经济价值极高。

（三）科的分析

1.科的分布特点

青海野生种子植物共有94科，其中有15科所含属数大于10，有14科呈现单属单种分布特点，其余65科所含属数为1~10。

在统计的94个科中，15个大科所含属数和种数皆占总数近七成，其中禾本科和菊科的属数和种数都超过总数的10%（表1），为该地区的绝对优势科，在青海省各个地区广为分布。此外，除上述大科外，莎草科有5属78种，虎耳草科7属66种，杨柳科2属62种，蓼科8属49种，罂粟科7属43种，报春花科4属36种，景天科4属30种，7科虽含属较少，但是因为所含的种数较多，故也属于在青海地区广布的科，这22个大科含413属2 085种，占总的属和科的比例分别为74.1%和83.5%，其余72科仅仅含144属412种。因此，青海野生种子植物在科的分布上，呈现明显的集中分布的特点，优势科所含属和种比例极大，分布极为广泛。属于单属单种分布的科较少，共有14科，分别为：壳斗科、胡桃科、樟科、水马齿科、凤仙花科、藤黄科、小二仙草科、杉叶藻科、锁阳科、马钱科、花蔺科、苦苣苔科、冰沼草科、薯蓣科。

表1 含属数大于10的科

科名	属数	比例（%）	种数	比例（%）
菊科（Asteraceae）	61	11.0	279	11.2
禾本科（Poaceae）	57	10.2	285	11.4
十字花科（Brassicaceae）	42	7.5	140	5.6
蔷薇科（Rosaceae）	27	4.8	131	5.2
伞形科（Umbelliferae）	24	4.3	64	2.6
毛茛科（Ranunculaceae）	23	4.1	133	5.3
兰科（Orchidaceae）	21	3.8	39	1.6
唇形科（Lamiaceae）	20	3.6	43	1.7
豆科（Leguminosae）	18	3.2	184	7.4
苋科（Amaranthaceae）	17	3.1	65	2.6
百合科（Liliaceae）	16	2.9	49	2.0
石竹科（Caryophyllaceae）	14	2.5	76	3.0
紫草科（Boraginaceae）	13	2.3	47	1.9
玄参科（Scrophulariaceae）	12	2.2	104	4.2
龙胆科（Gentianaceae）	11	2.0	82	3.3
总计	376	68.9	1 721	68.9

2.科的地理成分分析

根据吴征镒关于中国种子植物科的分布类型的研究，可将青海种子植物的科划分为7个类型，7个变型（表2），其中世界广布的科共有43个，占青海总数的45.7%，在所有分布类型中占绝对优势地位。泛热带分布、北温带和南温带间断分布的科也较多，为青海种子植物科的次优势分布类型，除了上述几种在青海种子植物中较为广泛的分布类型，其他分布类型的科只有18个，不足总数的1/5，这其中除了东亚及热带南美间断分布3科，北温带分布6科，欧亚和南美洲间断分布2科，其余7种分布类型各只含有1科，呈现明显的边缘分布特点。由此可见，适应各种环境的世界分布的科在该地区占绝对优势，泛热带、南北温带分布的科辅之，亦有极少其他分布的科。

在22个分布较为广泛的大科中，属于世界广布的科共有19科，分别是菊科、禾本科、十字花科、伞形科、蔷薇科、毛茛科、兰科、唇形科、豆科、苋科、石竹科、紫草科、玄参科、龙胆科、莎草科、景天科、报春花科、虎耳草科、蓼科。属于北温带和南温带间断分布的有2科，为杨柳科和罂粟科，此外，只有百合科1科属北温带分布。

表2　科的分布类型

分布类型	分布数量	比例（%）
一、1.世界广布	43	45.7
二、泛热带分布		
2.泛热带	18	19.1
2-2.热带亚洲—热带非洲—热带美洲（南美洲）	1	1.1
2s.以南半球为主的泛热带	1	1.1
三、3.东亚（热带、亚热带）及热带南美间断	3	3.2
八、北温带		
8.北温带广布	6	6.4
8-1.环极（环北极，环两级）	1	1.1
8-4.北温带和南温带间断分布	15	16.0
8-5.欧亚和南美洲温带间断	2	2.1
十、旧世界温带		
10.欧亚温带	1	1.1
10-3.欧亚和南非（有时也在澳大利亚）	1	1.1
十二、12-1.地中海区至中亚和南非洲和或大洋洲间断	1	1.1
十四、14.东亚	1	1.1
总计	94	100.0

（四）属的分析

1.属的分布特点

在557个野生种子植物属中，含10种以上的属共计有62个，含20种以上的有23属（表3），这23个大属共含848种植物，占总数的34.0%，与科的分布相比，分布并没有呈现十分集中的特点。在所含种较多的这些大属中，黄芪属（*Astragalus*）主要分布于青藏高原，是比较典型的高寒草甸植物，耐高海拔和比较湿冷的环境，生存能力较强；马先蒿属（*Pedicularis*）产北半球，极少数超越赤道，多数种类生于寒带及高山上。风毛菊属（*Saussurea*）主要分布于北温带，海拔2 000~2 800米。委陵菜属（*Potentilla*）大多分布北半球温带、寒带及高山地区，有些高山种类形成垫状，为高山草甸植被重要成分。柳属（*Salix*）主要分布于北半球，是北半球的主要树种之一，在青海省，柳属植物主要分布于海东湟水河谷底地区，该地区海拔相对较低，气温相对较高，在地理位置上属于青藏高原和黄土高原的过渡地带，植物分布以温性草原和亚热带高山分布为主。

表 3　含种数大于 20 的属的统计

科名	种数	比例（%）	分布类型
黄芪属（*Astragalus*）	76	3.0	世界分布
马先蒿属（*Pedicularis*）	74	3.0	北温带
风毛菊属（*Saussurea*）	64	2.6	北温带
蒿属（*Artemisia*）	56	2.2	北温带
柳属（*Salix*）	51	2.0	北温带
龙胆属（*Gentiana*）	44	1.8	世界分布
委陵菜属（*Potentilla*）	41	1.6	北温带
苔草属（*Carex*）	40	1.6	世界分布
棘豆属（*Oxytropis*）	39	1.6	北温带
葶苈属（*Draba*）	38	1.5	北温带
早熟禾属（*Poa*）	36	1.4	世界分布
虎耳草属（*Saxifraga*）	32	1.3	北温带
毛茛属（*Ranunculus*）	31	1.2	世界分布
紫堇属（*Corydalis*）	30	1.2	北温带
鹅观草属（*Roegneria*）	28	1.1	旧世界温带分布
蓼属（*Polygonum*）	25	1.0	世界分布
无心菜属（*Arenaria*）	21	0.84	北温带和南温带（全温带）间断
翠雀属（*Delphinium*）	21	0.84	北温带
锦鸡儿属（*Caragana*）	21	0.84	温带亚洲分布
唐松草属（*Thalictrum*）	20	0.80	北温带和南温带（全温带）间断
报春花属（*Primula*）	20	0.80	北温带
嵩草属（*Kobresia*）	20	0.80	北温带
灯心草属（*Juncus*）	20	0.80	世界分布
总计	848	34.0	

2.属的地理成分分析

根据吴征镒的关于中国种子植物属分布类型的研究，将青海省野生种子植物属划分为14个分布类型、18个变型（表4）。通过对表4的分析，可以得出该地区植物属的分布以北温带分布最为广泛，北温带分布的属占总数的1/4。世界分布和旧世界温带分布的属数量较多，占属总数的比例都超过了10%。北温带和南温带（全温带）间断分布，地中海区、西亚至中亚分布，中国—喜马拉雅分布，中国特有分布，泛热带分布，东亚和北美洲间断分布，温带亚洲分布，中亚分布，东亚分布，中亚至喜马拉雅分布这10种分布类型在该地区也有较多数量的分布。泛热带分布的主要集中在海东湟水河谷底地区以及其他海拔较低、水热条件较好的地区。地中海区、西亚至中亚分布和中亚分布以寒性草原和荒漠植物为主，在柴达木地区较为常见。中亚—喜马拉雅分布和中国—喜马拉雅分布在青南高山地区较为常见，多为典型的高寒草甸植物。在统计的23个大属中，12个属是北温带分布，7个为世界分布，2个为全温带分布，旧世界温带分布和温带亚洲分布各1个。

表4　属的分布类型

分布类型	属数	比例（%）
一、1.世界分布	66	11.8
二、泛热带分布及其变型		
2.泛热带	25	4.5
2-1.热带亚洲、大洋洲和南美洲（墨西哥）间断	1	0.18
三、3.热带亚洲和热带美洲间断分布	1	0.18
四、旧世界热带分布及其变型		
4.旧世界热带	3	0.54
4-1.热带亚洲、非洲（或东非、马达加斯加）和大洋洲间断	1	0.18
五、5.热带亚洲至热带大洋洲	3	0.54
七、7.热带亚洲（印度—马来西亚）分布	2	0.36
八、北温带分布及其变型		
8.北温带	139	25.0
8-1.环极	3	0.54
8-2.北极—高山	6	1.1
8-3.北极—阿尔泰和北美洲间断	1	0.18
8-4.北温带和南温带（全温带）间断	41	7.4
8-5.欧亚和南美洲温带间断	3	0.54
九、9.东亚和北美洲间断分布	22	3.9
十、旧世界温带分布及其变型		
10.旧世界温带分布	59	10.6
10-1.地中海区、西亚和东亚间断	7	1.3
10-2.地中海区和喜马拉雅间断	4	0.72
10-3.欧亚和南非洲（有时也在大洋洲）间断	3	0.54
十一、11.温带亚洲分布	15	2.7
十二、地中海区、西亚至中亚分布及其变型		
12.地中海区、西亚至中亚	38	6.8
12-1.地中海至中亚和南非洲、大洋洲间断	3	0.54
12-2.地中海至中亚和墨和墨西哥间断	2	0.36
12-3.地中海区至温带、热带亚洲、大洋洲和南美洲间断	2	0.36
12-4.地中海区至热带非洲和喜马拉雅间断	2	0.36
十三、中亚分布及其变型		
13.中亚	15	2.7
13-1.中亚东部（亚洲中部中）	4	0.72
13-2.中亚至喜马拉雅	12	2.2
13-4 中亚至喜马拉雅—阿尔泰和太平洋北美洲间断	3	0.54
十四、东亚分布及其变型		
14.东亚（东喜马拉雅—日本）	14	2.5
14-1.中国—喜马拉雅	31	5.6
十五、中国特有分布	26	4.7
总计	557	100.0

3.特有属的分析

特有现象的研究能反映出一个地区在植被演化中的地位和作用，同时也反映出该地区系的历史和现状，具有较多特有科、属、种的地区常常是植物的残遗或分化中心。青海的中国特有属有26个，约占全国总数的12%，在北方各省份中仅次于陕西。在这26个特有属中，属于青海省真特有属的只有华福花属（*Sinadoxa*），其余为基本特有属（表5）。青海特有属与西南和西藏联系密切的各有9属。与华北地区共有的属仅文冠果属（*Xanthoceras*），且具有间断分布的特性。26个属中星叶草属（*Circaeaster*）为残遗古特有属，其余大部分为新演化的特有属，多为单种属或寡型属（两种属）。从生活型划分，有4个木本属，其余为草本属，其中一年生草本属有3属。从表5中看出，青海特有属多从近缘的属衍生而来，三蕊草属（*Sinochasea*）

从冠毛草属（*Stephanachne*）衍生，辐花属（*Lomatogoniopsis*）从獐牙菜属（*Swertia*）衍生，马尿泡属（*Przewalskia*）从山莨菪属（*Anisodus*）衍生，羽叶点地梅属（*Pomatosace*）从点地梅属（*Androsace*）衍生，穴丝荠属（*Coelonema*）从葶苈属（*Draba*）衍生，黄缨菊属（*Xanthopappus*）从蓟属（*Cirsium*）衍生，小果滨藜属（*Microgynoecium*）从滨黎属（*Atriplex*）衍生，藏豆属（*Stracheya*）从岩黄耆属（*Hedysarum*）衍生。

表5　青海特有属

类型	属名
真特有属	华福花属（*Sinadoxa*）
基本特有属	虎榛子属（*Ostryopsis*）、小果滨藜属（*Microgynoecium*）、星叶草属（*Circaeaster*）、黄三七属（*Souliea*）、蛇头荠属（*Dipoma*）、穴丝荠属（*Coelonema*）、藏豆属（*Stracheya*）、高山豆属（*Tibetia*）、文冠果属（*Xanthoceras*）、藤山柳属（*Clematoclethra*）、羌活属（*Notopterygium*）、矮泽芹属（*Chamaesium*）、舟瓣芹属（*Sinolimprichtia*）、小芹属（*Sinocarum*）、羽叶点地梅属（*Pomatosace*）、细穗玄参属（*Scrofella*）、辐花属（*Lomatogoniopsis*）、颈果草属（*Metaeritrichium*）、马尿泡属（*Przewalskia*）、毛冠菊属（*Nannoglottis*）、黄缨菊属（*Xanthopappus*）、合头菊属（*Syncalathium*）、华蟹甲草属（*Sinacalia*）、箭竹属（*Fargesia*）、三蕊草属（*Sinochasea*）
与西南地区共有属	黄三七属、藤山柳属、蛇头荠属、毛冠菊属、黄缨菊属、合头菊属、虎榛子属、细穗玄参属、箭竹属
与西藏地区共有属	小果滨藜属、藏豆属、辐花属、高山豆属、羽叶点地梅属、三蕊草属、马尿泡属、颈果草属、合头菊属
与华北地区共有属	文冠果属
古特有属	星叶草属
新演化的特有属	虎榛子属、小果滨藜属、黄三七属、蛇头荠属、穴丝荠属、藏豆属、高山豆属等
单种属	虎榛子属、舟瓣芹属、羽叶点地梅属、三蕊草属、黄缨菊属、穴丝荠属、小果滨藜属、藏豆属、箭竹属、华福花属、颈果草属等
寡型属	辐花属、羌活属、黄三七属、马尿泡属等
木本属	虎榛子属、文冠果属、藤山柳属、箭竹属
一年生草本属	星叶草属、小果滨藜属和羽叶点地梅属

（五）种的分析

1.种的分布特点及地理成分分析

柴达木盆地位于青海省的西北部，面积20多万平方千米，以寒冷、干旱、日照强、多风为其显著特征，属于高原荒漠类型。本地区有种子植物41科130属255种，占绝对优势的是古地中海成分，包括中亚分布型和地中海、西亚至中亚分布型，所占比例将近六成。其中，中亚分布型有84种，占总种数比例为32.9%，多分布于亚洲内陆干旱地区及地中海周围，有些典型植物在荒漠植物群落中占据非常显著的地位，它们是荒漠、荒漠草原和高寒荒漠草原植物群落中的建群种和优势种。地中海、西亚至中亚分布的种有62种，占总数的24.3%，在荒漠化植物种占有突出地位。有较多古老种类如盐爪爪（*Kalidium foliatum*）、角果碱蓬（*Suaeda corniculata*）、短穗怪柳（*Tamarix laxa*）、膜果麻黄（*Ephedra przewalskii*）等，这些植物广泛分布于中亚、阿拉善及塔里木荒漠区。此外，温带分布（62种）、中国—喜马拉雅分布（18种）、特有成分（15种）也是较为常见的种分布类型。在盐湖周围与沼泽地区分布有芦苇（*Phragmites australis*）等为主的沼泽以及海韭菜（*Triglochin maritima*）、芦苇、赖草（*Leymus secalinus*）等为主的盐生草甸。

祁连山位于青海省北部，属青藏高原、蒙古高原和黄土高原的过渡地带，为大陆性高寒半湿润气候，有种子植物84科431属1 286种，其中以北温带分布占据优势地位，温带分布类型是最主要的种的分布类型。典型植物为青海云杉（*Picea crassifolia*）、祁连圆柏（*Sabina przewalskii*）、百里香杜鹃（*Rhododendron thymifolium*）、金露梅（*Potentilla fruticosa*）、鬼箭锦鸡儿（*Caragna jubata*）、吉拉柳（*Salix gilashanica*）、冰川茶藨子（*Ribes glaciale*）等，这些植物作为建群种或者优势种，形成了落叶阔叶灌丛以及高山稀疏植被、高山垫状植被、高山嵩草草甸、高山草原、山地荒漠草原等众多植物群落。

青海湖环湖地区地处青藏高原东北部，为东部季风区、西北部干旱区和西南部高寒区的交汇地带，并有较为特殊的湖泊效应，属高原半干旱高寒气候。青海湖种子植物52科174属445种，北温带成分和中国—喜马拉雅成分在本区中占有重要地位。主要植被类型为高寒灌丛、高寒草甸、温性草原等群落类型，代表植物有金露梅、矮嵩草（*Kobresia humilis*）、芨芨草（*Achnatherum splendens*）。

湟水河流域是黄河上游的重要支流，位于青海省东部，发源于海晏县境内的包呼图山，流经达坂山与拉脊山之间的纵谷，全长374千米，流域面积3 200平方千米，海拔为2 400~3 600米，由东向西逐渐升高，最低1 650米，最高4 395米，雨热同期，有利于植物的生长。该地区共有野生种子植物83科400属1 234种，属于唐古特区系中植物种类相对丰富的地区。在种的植物区系中，647种为中国特有分布种，约为总数的一半，温带亚洲分布138种，占总种数的11.2%。此外，中亚分布、旧世界温带分布、北温带分布也是较为常见的分布类型。本区裸子植物有3科5属12种，单子叶植物12科84属258种，双子叶植物68科311属964种。从生活型上看，虽然木本植物较少，但是较之唐古特其他区域是较为丰富的。

青南高原地处昆仑山和青海南山以南、唐古拉山以北的广阔高原，平均海拔为4 500米以上，气候为高原大陆性气候，寒冷、干燥、昼夜温差大，据统计，青海南部共有种子植物75科452属1 900种。青南地区种的植物区系以中国—喜马拉雅分布、亚洲温带和东亚分布占绝对优势，植被以典型的高寒类型的山地灌丛和草地为主，嵩草属（*Kobresia*）、针茅属（*Stipa*）、金露梅、百里香杜鹃等为常见的建群种；另有少量河谷森林和高山流石坡稀疏植被，代表植物有云杉属（*Picea*）、甘肃蚤缀（*Arenaria kansuensis*）、垫状点地梅（*Androsace tapete*）等（表6）。

2.特有种的分析

在青海分布的特有种中，单子叶真特有种为13种，双子叶真特有种为28种，基本特有种约有18种（表7）。青藏高原作为一个相对较为独立的植被区域，从青藏高原整体出发，青藏共有特有种的研究也具有重要的意义，目前已知的青藏共有特有种有60余种，常见的有50多种。

表6　青海典型区域种的分布特点

区域	种数	群落类型	主要地理成分	优势种
柴达木盆地	255	荒漠草原和高寒荒漠草原植物群落	地中海、西亚至中亚分布，中亚分布	中亚滨藜（*Atriplex centralasiatica*）、蒿叶猪毛菜（*Salsola abrotanoides*）、盐爪爪（*Kalidium foliatum*）、短穗柽柳（*Tamarix laxa*）、膜果麻黄（*Ephedra przewalskii*）、胡杨（*Populus euphratica*）、驼绒藜（*Krascheninnikovia ceratoides*）、梭梭（*Haloxylon ammodendron*）、白刺（*Nitraria schoberi*）等
祁连山地区	1 286	寒温性针叶林、常绿革叶灌丛、落叶阔叶灌丛、高山草甸和草原、稀疏植被等	北温带分布	青海云杉、祁连圆柏、山生柳（*Salix oritrepha*）、鬼箭锦鸡儿、百里香杜鹃、金露梅、矮嵩草（*Kobresia humilis*）、高山嵩草（*K. pygmaea*）、冰川茶藨子、吉拉柳等

区域	种数	群落类型	主要地理成分	优势种
青海湖环湖地区	445	温性草原、高寒灌丛、高寒草甸、沼泽草甸和沙生植被等	北温带分布，中国—喜马拉雅分布	短花针茅（Stipa breviflora）、紫花针茅（S. purpurea）、青海固沙草（Orinus kokonorica）、冰草（Agropyron cristatum）、芨芨草、碱茅（Puccinellia distans）、赖草、华扁穗草（Blysmus sinocompressus）、高山嵩草、垂穗披碱草（Elymus nutans）等
湟水河谷地地区	1 234	常绿针叶林、落叶阔叶林、落叶灌丛、温性草原、高寒草甸等	中国特有分布，温带亚洲分布	青海云杉、青杆（Picea wilsonii）、祁连圆柏、油松（Pinus tabulaeformis）、山杨（Populus davidiana）、青海杜鹃（Rhododendron przewalskii）、小叶锦鸡儿（Caragana microphylla）、鬼箭锦鸡儿、直穗小檗（Berberis dasystachya）、沙棘、金露梅、山生柳、白桦（Betula platyphylla）、红桦（B. albo-sinensis）、高山绣线菊（Spiraea alpina）、窄叶鲜卑花（Sibiraea angustata）等
青南地区	1 900	山地森林、高寒灌丛、高寒草甸、高寒草原、高山流石坡稀疏植被	中国—喜马拉雅分布，东亚分布，亚洲温带分布	山杨、糙皮桦（Betula utilis）、百里香杜鹃、山生柳、金露梅、秦岭小檗（Beris circumserrata）、珠芽蓼（Polygonum viviparum）、紫花针茅、垫状棱子芹（Pleurospermum hedinii）、甘肃蚤缀、垫状点地梅、垫状驼绒藜（Ceratoides compacta）、矮嵩草、高山嵩草等

表7　青海常见特有种

类型	植物名
单子叶真特有种	喜巴早熟禾（Poa hylobates）、高寒早熟禾（P. albertii subsp. kunlunensis）、窄颖早熟禾（P. pratensis subsp. stenachyra）、长稃早熟禾（P. pratensis subsp. staintonii）、短柄披碱草（Elymus brevipes）、光花披碱草（E. leianthus）、糙毛以礼草（Kengyilia hirsuta）、青海以礼草（K. kokonorica）、大黑药以礼草（K. melanthera var. tahopaica）、大颖以礼草（K. grandiglumis）、青海野青茅（Deyeuxia kokonorica）、青海固沙草（Orinus kokonorica）、岷山嵩草（Kobresia royleana subsp. minshanica）
双子叶真特有种	二腺拉加柳（Salix rockii f. biglandulosa）、贵南柳（S. juparica）、光果贵南柳（S. juparica var. tibetica）、青海猪毛菜（Salsola chinghaiensis）、青海雪灵芝（Arenaria qinghaiensis）、杂多雪灵芝（A. zadoiensis）、囊谦翠雀花（Delphinium nangchienense）、杂多紫堇（Corydalis zadoiensis）、刺瓣绿绒蒿（Moconopsis horridula var. spinulifera）、白花绿绒蒿（Meconopsis argemonantha）、青海景天（Sedum tsinghaicum）、泽库虎耳草（Saxifraga zekoensis）、玉树虎耳草（S. yushuensis）、治多虎耳草（S. zhidoensis）、青海锦鸡儿（Caragana chinghaiensis）、通天河锦鸡儿（C. junatovii）、类变色黄耆（Astragalus pseudoversicolor）、格尔木黄耆（A. golmuensis）、玉树杜鹃（Rhododendron yushuense）、果洛杜鹃（Rh. gologense）、泽库杜鹃（Rh. zekoense）、囊谦报春（Primula lactucoides）、青海报春（P. qinghaiensis）、弯花点地梅（Androsace cernuiflora）、长梗齿缘草（Eritrichium longipes）、异果齿缘草（E. heterocarpum）、华福花（Sinadoxa corydalifolia）、青海毛冠菊（Nannoglottis ravida）
基本特有种	青甘杨（Populus przewalskii）、青海柳（Salix qinghaiensis）、拉加柳（S. rockii）、山生柳（S. oritrepha）、柴达木沙拐枣（Calligonum zaidamense）、柴达木猪毛菜（Salsola zaidamica）、苞毛茛（Ranunculus similis）、大通翠雀花（Delphinium pylzowii）、祁连山乌头（Aconitum chilienshanicum）、穴丝葶苈（Draba draboides）、西藏花旗杆（Dontostemon tibeticus）、丛生扇叶芥（Desideria prolifera）、肋果沙棘（Hippophae neurocarpa）、青海棱子芹（Pleurospermum szechenyii）、泽库棱子芹（Pleurospermum tsekuense）、青海杜鹃（Rh. qinghaiense）、长管杜鹃（Rh. tubulosum）、颈果草（Metaeritrichium microuloides）

类型	植物名
青藏共有特有种	西藏荨麻（*Urtica tibetica*）、青藏雪灵芝（*Arenaria roborowskii*）、毛茛状金莲花（*Trollius ranunculoides*）、唐古拉翠雀花（*Delphinium tangkulaense*）、喜山葶苈（*Draba oreades*）、光果丛菔（*Solms-Laubachia linearifolia*）、唐古拉虎耳草（*Saxifraga hirculoides*）、西藏虎耳草（*S. tibetica*）、垫状棱子芹（*Pleurospermum hedinii*）、西藏点地梅（*Androsace mariae*）、全尊龙胆（*Gentiana thassica*）、线叶龙胆（*G. farreri*）、圆齿褶龙胆（*G. crenulato-truncata*）、厚边龙胆（*G. simulatrix*）、膜果龙胆（*G. hyalina*）、铺散肋柱花（*Lomatogonium thomsonii*）、半球齿缘草（*Eritrichium hemisphaericum*）、唐古拉齿缘草（*E. tangkulaense*）、篦毛齿缘草（*E. pectinato-ciliatum*）、密花角蒿（*Incarvillea compacta*）、硬叶山柳（*Salix sclerophylla*）、冰川棘豆（*Oxytropis glacialis*）、藏豆（*Stracheya tibetica*）、单瓣远志（*Polygala monopetala*）、西藏厚棱芹（*Pachypleurum xizangense*）、唐古拉点地梅（*Androsace tanggulashanensis*）、康藏荆芥（*Nepeta prattii*）、齿波香茶菜（*Rabdosia sinuolata*）、全叶马先蒿（*Pedicularis integrifolia*）、长萼马先蒿（*P. longicolyx*）、扭盔马先蒿（*P. oliveriana*）、团状马先蒿（*P. sphaerantha*）、西藏马先蒿（*P. tibetica*）、臭蚤草（*Policaria insignis*）、狭舌毛冠菊（*Nannoglottis gynura*）、车前状垂头菊（*Cremanthodium ellisii*）、毛叶垂头菊（*C. puberulum*）、藏蓟（*Cirsium lanatum*）、绢毛菊（*Soroseris gillii*）、青藏狗娃花（*Heteropappus boweri*）、云状雪兔子（*Saussurea aster*）、青藏风毛菊（*S. bella*）、合头菊（*Syncalathium kawaguchii*）、藏北早熟禾（*Poa borealitibetica*）、波密早熟禾（*P. bomiensis*）、光稃碱茅（*Puccinellia leiolepis*）、疏穗碱茅（*P. roborovskyi*）、短柄草（*Brachypodium sylvaticum*）、西藏鹅观草（*Roegneria tibetica*）、华雀麦（*Bromus sinensis*）、三蕊草（*Sinochasea trigyna*) 等

（六）结论

青海共有野生种子植物共计94科557属2 497种，其中裸子植物3科7属32种，被子植物91科550属2 465种。禾本科、菊科、豆科、蔷薇科、玄参科、唇形科、十字花科植物资源丰富，禾本科、莎草科植物为青海主要植被类型的优势种或亚优势种。青海种子植物区系有以下特点：

一是在科的地理成分上，世界分布的科在该地区占绝对优势，泛热带、南北温带分布的科辅之，亦有极少其他分布的科。

二是在属的分布上，北温带分布最为广泛，占总属数的1/4。世界分布和旧世界温带分布的属数量较多，在总属中的比例都超过了10%。北温带和南温带（全温带）间断分布，地中海区、西亚至中亚分布，中国—喜马拉雅分布，中国特有分布，泛热带分布，东亚和北美洲间断分布，温带亚洲分布，中亚分布，东亚分布，中亚—喜马拉雅分布这10种分布类型在该地区也有较多数量的分布。

三是种的研究表明，祁连山、湟水河、青南高山地区植物物种类丰富，而柴达木地区和青海湖周边区域植物物种相对贫乏，且以荒漠植物最为常见，与这些区域的地形地貌、气候条件密切相关。

四是该区域没有特有科，特有属和特有种较为丰富，特有属约26属，特有种约90种。

> > > 青海省重点保护野生植物

（一）确定重点保护植物的意义

濒危植物即有可能在短时间内灭绝的植物物种的统称。这种情况的发生有自然和人为两种原因，目前世界上许多植物物种每天都在大幅度减少，其速率远超地质历史上的任何时期。因此对濒危植物和具有较高科研或经济价值纳入到重点保护植物范畴。

（二）列为重点保护植物的依据

以植物的稀有性、濒危性、种型特性、经济价值和科学文化价值作为评价指标，根据层次分析法进行综合评定，划分优先保护等级：中国特有植物；濒临灭绝的植物（由于自然的原因和人类对自然环境和植物资源的干扰和破坏）；经济价值；科学、文化价值。

（三）青海国家级重点保护植物

青海有国家重点保护植物22种，隶属16科18属，其中麦角菌科1种，苋科1种，小檗科1种，罂粟科1种，景天科1种，豆科1种，锁阳科1种，报春花科1种，龙胆科1种，茄科1种，五福花科1种，菊科1种，禾本科3种，藜芦科1种，百合科5种，兰科1种。

22种植物的保护等级均为Ⅱ级，其中濒危（EN）2种，为龙胆科的辐花（*Lomatogoniopsis alpina*）和百合科的新疆贝母（*Fritillaria walujewii*）；易危（VU）7种，分别为锁阳科的锁阳（*Cynomorium songaricum*）、五福花科的华福花（*Sinadoxa corydalifolia*）、禾本科的三蕊草（*Sinochasea trigyna*）、百合科的梭砂贝母（*Fritillaria delavayi*）、甘肃贝母（*Fritillaria przewalskii*）、华西贝母（*Fritillaria sichuanica*）、兰科的西南手参（*Gymnadenia orchidis*）；近危（NT）1种，为中麻黄（*Ephedra intermedia*）。部分种类如辐花、华福花、新疆贝母因分布区域狭窄，栖息地质量下降，处于濒危、易危状态，部分植物如贝母、锁阳、西南手参具有较高的药用价值，过度采挖，导致资源量锐减（表8）。

表8　青海国家级重点保护植物

科	种名	青海分布	保护等级、致危因子
麦角菌科 Clavicipitaceae	冬虫夏草 *Cordyceps sinensis*		中国特有植物，药用价值高，过度采挖
麻黄科 Ephedraceae	中麻黄 *Ephedra intermedia*	称多、同仁、泽库、尖扎、共和、兴海、同德、贵南、德令哈、格尔木、都兰、乌兰、西宁、平安、互助、民和、循化	Ⅱ级；IUCN：NT；药用价值高，过度采挖
苋科 Amaranthaceae	梭梭 *Haloxylon ammodendron*	德令哈、格尔木、都兰、乌兰	Ⅱ级；IUCN：LC；经济价值高，过度采挖；分布区域狭窄；栖息地质量持续下降，濒临灭绝植物
小檗科 Berberidaceae	桃儿七 *Sinopodophyllum hexandrum*	玉树、囊谦、班玛、同仁、贵德、门源、大通、湟中、乐都、互助、民和、循化	Ⅱ级；CITES：Ⅱ；IUCN：LC；药用价值高，过度采挖，濒临灭绝
罂粟科 Papaveraceae	红花绿绒蒿 *Meconopsis punicea*	玉树、玛沁、达日、班玛、久治、同仁、泽库、河南、循化	Ⅱ级；IUCN：LC；药用价值高，过度采挖

科	种名	青海分布	保护等级、致危因子
景天科 Crassulaceae	四裂红景天 *Rhodiola quadrifida*	玉树、杂多、治多、曲麻莱、称多、玛沁、久治、玛多、同仁、泽库、河南、尖扎、共和、兴海、同德、贵南、贵德、德令哈、格尔木、乌兰、天峻、门源、祁连、大通、湟中、乐都、互助	Ⅱ级；IUCN：LC；药用价值高，过度采挖
豆科 Fabaceae	甘草 *Glycyrrhiza uralensis*	尖扎、海南、海西、西宁及海东	Ⅱ级；IUCN：LC；药用价值高，过度采挖
锁阳科 Cynomoriaceae	锁阳 *Cynomorium songaricum*	德令哈、格尔木、乌兰	IUCN：VU；药用价值高，过度采挖；科学及文化意义大；分布区域狭窄；生境退化或丧失，数量稀少，受威胁严重
报春花科 Primulaceae	羽叶点地梅 *Pomatosace filicula*	玉树、囊谦、杂多、曲麻莱、称多、玛沁、班玛、久治、玛多、同仁、泽库、河南、尖扎、共和、兴海、同德、天峻、门源、祁连	Ⅱ级；IUCN：LC；栖息地质量持续下降
龙胆科 Gentianaceae	辐花 *Lomatogoniopsis alpina*	玉树、杂多、久治、达日	Ⅱ级；IUCN：EN；分布区域狭窄；生境退化或丧失
茄科 Solanaceae	山莨菪 *Anisodus tanguticus*	玉树、囊谦、杂多、治多、曲麻莱、称多、玛沁、班玛、久治、玛多、同仁、泽库、河南、共和、兴海、同德、贵南、贵德、海晏、门源、祁连、西宁、大通、湟中、湟源、乐都、互助、化隆	Ⅱ级；IUCN：LC；药用价值高，过度采挖
五福花科 Adoxaceae	华福花 *Sinadoxa corydalifolia*	玉树	Ⅱ级；IUCN：VU；分布区域狭窄
菊科 Asteraceae	水母雪兔子 *Saussurea medusa*	玉树、囊谦、杂多、治多、曲麻莱、称多、玛沁、玛多、同仁、泽库、兴海、格尔木、都兰、天峻、祁连、大通、湟中、湟源	Ⅱ级；药用价值高，过度采挖
禾本科 Poaceae	青海以礼草 *Kengyilia kokonorica*	玉树、杂多、玛多、共和、兴海、都兰、祁连	Ⅱ级；IUCN：LC；生境退化或丧失
	青海固沙草 *Orinus kokonorica*	祁连、泽库、共和、同德、兴海、贵南、玉树、称多、囊谦	Ⅱ级；IUCN：LC；生境退化或丧失
	三蕊草 *Sinochasea trigyna*	玉树、杂多、祁连	Ⅱ级；IUCN：VU；生境退化或丧失
藜芦科 Melanthiaceae	七叶一枝花 *Paris polyphylla*	循化	Ⅱ级；分布区域狭窄；生境退化或丧失
百合科 Liliaceae	暗紫贝母 *Fritillaria unibracteata*	杂多、玛沁、久治、河南、兴海、同德	Ⅱ级；药用价值高，过度采挖
	新疆贝母 *Fritillaria walujewii*	互助	IUCN：EN；药用价值高，过度采挖；分布区域狭窄；在野外已很难见到活体

科	种名	青海分布	保护等级、致危因子
百合科 Liliaceae	梭砂贝母 *Fritillaria delavayi*	玉树、杂多、治多、称多	IUCN：VU；生境退化或丧失；药用价值高，过度采挖
	甘肃贝母 *Fritillaria przewalskii*	玉树、杂多、称多、玛沁、班玛、、同仁、泽库、河南、尖扎、贵德、湟中、乐都、民和、循化	Ⅱ级；IUCN：VU；药用价值高，被采挖严重，野生种群数量快速减少
	华西贝母 *Fritillaria sichuanica*	玉树、囊谦、治多	IUCN：VU；药用价值高，过度采挖，在野外已很难见到活体
兰科 Orchidaceae	西南手参 *Gymnadenia orchidis*	玉树、玛沁、久治、同仁	Ⅱ级；CITES：Ⅱ；IUCN：VU；药用价值高，过度采挖

注：绝灭（EX）；野外绝灭（EW）；极危（CR）；濒危（EN）；易危（VU）；近危（NT）；低危（LC）；数据缺乏（DD）；未评估（NE）。

（四）青海省级重点保护植物

青海省级重点保护植物45种，隶属21科32属。其中蕨科1属1种，蓼科2属3种，苋科1属1种，石竹科1属3种，芍药科1属1种，毛茛科1属1种，景天科1属2种，虎耳草科1属2种，蔷薇科1属1种，豆科1属2种，蒺藜科2属3种，远志科1属1种，伞形科3属4种，茄科2属2种，杜鹃花科1属1种，龙胆科3属7种，玄参科2属2种，忍冬科2属2种，禾本科3属4种，天南星科1属1种，百合科1属1种（表9）。

45种植物中，鸡爪大黄（*Rheum tanguticum*）、唐古特红景天（*Rhodiola tangutica*）、黑柴胡（*Bupleurum smithii*）、蒙古黄耆（*Astragalus mongholicus*）、达乌里秦艽（*Gentiana dahurica*）、川西獐牙菜（*Swertia mussotii*）、轮叶黄精（*Polygonatum verticillatum*）等具有较高的药用价值，蕨（*Pteridium aquilinum var.latiusculum*）、蕨麻（*Potentilla anserina*）等具有较高的食用价值，人为过度采挖是导致其资源量锐减的主要因素。梭罗以礼草（*Kengyilia thoroldiana*）、青海野青茅（*Deyeuxia kokonorica*）等是高寒草地的重要成分，家畜喜食，由于过度放牧，导致生境退化或丧失。另外，柴达木沙拐枣（*Calligonum zaidamense*）、青海雪灵芝（*Arenaria qinghaiensis*）、泽库棱子芹（*Pleurospermum tsekuense*）、鹿蹄草（*Pyrola calliantha*）、孪生以礼草（*Kengyilia geminata*）等植物的分布区域狭窄，仅在青海和周边几个省份有少数分布，或仅在青海有分布，种群数量稀少。

表9 青海省级重点保护植物

科	种名	青海分布	保护等级、致危因子
蕨科 Pteridiaceae	蕨 *Pteridium aquilinum* var. *latiusculum*	大通、湟中、湟源、乐都、互助、民和、循化	具有较高的经济价值，过度采挖导致资源量减少
蓼科 Polygonaceae	鸡爪大黄 *Rheum tanguticum*	玛沁、班玛、久治、泽库、河南、同德、乐都、互助、民和、循化	具有较高的药用价值，过度采挖导致资源量减少
	掌叶大黄 *Rheum palmatum*	囊谦、大通、乐都	具有较高的药用价值，过度采挖导致资源量减少
	柴达木沙拐枣 *Calligonum zaidamense*	格尔木、都兰	IUCN：LC；分布区域狭窄，生长环境恶劣，仅在青海和新疆少数地区有分布
苋科 Amaranthaceae	驼绒藜 *Krascheninnikovia ceratoides*	玉树、玛沁、玛多、同仁、泽库、共和、兴海、同德、门源、德令哈、格尔木、都兰、乌兰、大柴旦、天峻、西宁、大通、乐都、民和、循化	生境退化或丧失

科	种名	青海分布	保护等级、致危因子
石竹科 Caryophyllaceae	青海雪灵芝 *Arenaria qinghaiensis*	曲麻莱	分布区域狭窄，仅在青海和新疆少数地区有分布
	青藏雪灵芝 *Arenaria roborowskii*	玉树、囊谦、杂多、治多、玛沁、达日、玛多、泽库、兴海、祁连	IUCN：LC；仅在青海、西藏和四川少数地区有分布
	甘肃雪灵芝 *Arenaria kansuensis*	玉树、囊谦、称多、玛沁、甘德、达日、久治、玛多、同仁、泽库、河南、兴海、同德、贵德、门源、祁连、大通、湟中、湟源、乐都、互助	IUCN：LC；具有较高的药用价值，过度采挖导致资源量减少；生境退化
芍药科 Paeoniaceae	川赤芍 *Paeonia anomala* subsp. *veitchii*	班玛、同仁、尖扎、门源、大通、湟中、湟源、乐都、互助、民和、循化	生境退化或丧失
毛茛科 Ranunculaceae	松潘乌头 *Aconitum sungpanense*	乐都、互助、民和、循化	生境退化或丧失
景天科 Crassulaceae	狭叶红景天 *Rhodiola kirilowii*	玉树、囊谦、玛沁、班玛、久治、玛多、同仁、泽库、河南、祁连、西宁、大通、乐都、互助、循化	Ⅱ级；IUCN：LC；
	唐古特红景天 *Rhodiola tangutica*	玉树、杂多、曲麻莱、称多、班玛、久治、玛多、泽库、河南、共和、兴海、德令哈、乌兰、天峻、大通、湟中、湟源、乐都、互助、化隆	Ⅱ级；IUCN：VU；药用价值高，过度采挖导致资源量减少；生境退化或丧失
虎耳草科 Saxifragaceae	黑蕊虎耳草 *Saxifraga melanocentra*	玉树、囊谦、杂多、治多、曲麻莱、称多、玛沁、久治、玛多、同仁、泽库、河南、兴海、祁连、循化	生境退化或丧失
	矮生虎耳草 *Saxifraga nana*	玉树、玛沁、互助	IUCN：LC；分布区域狭窄，仅在青海、四川和甘肃极少数地区有分布，数量稀少
蔷薇科 Rosaceae	蕨麻 *Potentilla anserina*	青海各地	IUCN：LC；经济价值高，过度采挖导致资源量减少
豆科 Fabaceae	蒙古黄耆 *Astragalus mongholicus*	西宁、同仁	IUCN：VU；数量稀少；药用价值高，过度采挖导致资源量减少
	多花黄耆 *Astragalus floridulus*	玉树、囊谦、杂多、称多、玛沁、久治、同仁、泽库、河南、兴海、同德、门源、祁连、西宁、大通、互助	IUCN：LC；生境退化或丧失
蒺藜科 Zygophyllaceae	霸王 *Zygophyllum xanthoxylon*	同仁、尖扎、贵德、格尔木、大柴旦、都兰、西宁、乐都、民和	UCN：LC；生境退化或丧失
	小果白刺 *Nitraria sibirica*	尖扎、德令哈、格尔木、冷胡、大柴旦、都兰、乌兰、共和、兴海、贵德、西宁、乐都、民和、化隆、循化	UCN：LC；生境退化或丧失
	白刺 *Nitraria tangutorum*	同仁、共和、兴海、贵德、德令哈、格尔木、大柴旦、都兰、乌兰、西宁、民和	UCN：LC；生境退化或丧失
远志科 Polygalaceae	西伯利亚远志 *Polygala sibirica*	玉树、囊谦、同仁、尖扎、兴海、门源、祁连、大通、湟中、湟源、乐都、民和	UCN：LC；生境退化或丧失
	泽库棱子芹 *Pleurospermum tsekuense*	玛沁、泽库	IUCN：NT；分布区域狭窄，仅在青海极少数地区有分布

科	种名	青海分布	保护等级、致危因子
伞形科 Apiaceae	黑柴胡 *Bupleurum smithii*	玉树、班玛、久治、同仁、泽库、门源、祁连、西宁、大通、湟中、湟源、乐都、互助、民和、循化	药用价值高，过度采挖导致资源量减少；生境退化或丧失
	簇生柴胡 *Bupleurum condensatum*	玛沁、久治、泽库、河南、共和、兴海、同德、天峻、刚察	IUCN：LC；分布区域狭窄，仅在青海少数地区有分布；药用价值高，过度采挖导致资源量减少
	宽叶羌活 *Notopterygium franchetii*	玛沁、班玛、同仁、泽库、河南、兴海、同德、贵德、门源、大通、湟中、湟源、平安、乐都、互助、民和、循化	IUCN：LC；药用价值高，过度采挖导致资源量减少；生境退化或丧失
茄科 Solanaceae	茄参 *Mandragora caulescens*	玉树、杂多、称多、玛沁、达日、久治、祁连	IUCN：LC；生境退化或丧失
	黑果枸杞 *Lycium ruthenicum*	德令哈、格尔木、都兰	经济价值高，过度采挖导致资源量减少；生境退化或丧失
杜鹃花科 Ericaceae >	鹿蹄草 *Pyrola calliantha*	门源、互助、循化	IUCN：LC；分布区域狭窄，在青海仅少数地区有分布
龙胆科 Gentianaceae	青藏龙胆 *Gentiana futtereri*	玉树、囊谦、杂多、久治、同仁、同德、、祁连、湟源	IUCN：LC；生境退化或丧失
	达乌里秦艽 *Gentiana dahurica*	杂多、玛沁、达日、玛多、同仁、泽库、共和、兴海、同德、贵德、贵南、德令哈、乌兰、海晏、门源、刚察、祁连、大通、湟中、湟源、乐都、互助、化隆、循化、	药用价值高，过度采挖导致资源量减少；生境退化或丧失
	麻花艽 *Gentiana straminea*	玉树、杂多、治多、曲麻莱、称多、玛沁、甘德、达日、久治、玛多、同仁、泽库、河南、共和、兴海、同德、贵南、贵德、德令哈、门源、刚察、祁连、大通、湟中、湟源、乐都、互助、化隆、循化	IUCN：LC；药用价值高，过度采挖导致资源量减少；生境退化或丧失
	高山龙胆 *Gentiana algida*	玉树、杂多、治多、曲麻莱、玛多、、兴海、湟中、乐都、循化	UCN：LC；生境退化或丧失
	椭圆叶花锚 *Halenia elliptica*	玉树、囊谦、杂多、称多、玛沁、班玛、同仁、泽库、祁连、大通、湟中、湟源、互助、化隆	药用价值高，过度采挖导致资源量减少；生境退化或丧失
	川西獐牙菜 *Swertia mussotii*	玉树、称多、囊谦、共和、兴海、同德、贵南、贵德、	药用价值高，过度采挖导致资源量减少；生境退化或丧失
	抱茎獐牙菜 *Swertia franchetiana*	玉树、称多、玛沁、泽库、共和、西宁、大通、湟中、乐都、互助、化隆	IUCN：LC；药用价值高，过度采挖导致资源量减少；生境退化或丧失
玄参科 Scrophulariaceae	短筒兔耳草 *Lagotis brevituba*	玉树、同仁、泽库、河南、兴海、同德、贵德、乌兰、天峻、门源、祁连、大通、湟中、互助、化隆	IUCN：LC；生境退化或丧失
	青海玄参 *Scrophularia przewalskii*	称多、甘德、达日、玛多	IUCN：DD；分布区域狭窄，在青海仅少数地区有分布；生境退化或丧失

科	种名	青海分布	保护等级、致危因子
忍冬科 Caprifoliaceae	小缬草 *Valeriana tangutica*	治多、玛沁、同仁、河南、尖扎、共和、兴海、同德、贵南、贵德、德令哈、都兰、乌兰、天峻、门源、祁连、大通、乐都、互助、民和、循化	IUCN：LC；生境退化或丧失
	甘松 *Nardostachys jatamansi*	玛沁、班玛、久治、同仁、泽库、河南	IUCN：LC；药用价值高，过度采挖导致资源量减少；生境退化或丧失
禾本科 Poaceae	梭罗以礼草 *Kengyilia thoroldiana*	玉树、囊谦、杂多、治多、曲麻莱、称多、玛沁、达日、玛多、兴海、格尔木、天峻、海晏、祁连	过度放牧及生境退化或丧失
	孪生以礼草 *Kengyilia geminata*	门源	IUCN：NT；分布区域狭窄，仅在青海极少数地区有分布
	玉树披碱草 *Elymus yushuensis*	玉树、囊谦、泽库	IUCN：LC；分布区域狭窄，仅在青海、四川极少数地区有分布
	青海野青茅 *Deyeuxia kokonorica*	玉树、杂多、同仁、泽库、河南、尖扎、共和、德令哈、门源、刚察	IUCN：LC；过度放牧；生境退化或丧失
天南星科 Araceae	一把伞南星 *Arisaema erubescens*	民和、循化	IUCN：LC；药用价值高，过度采挖导致资源量减少；生境退化或丧失
百合科 Liliaceae	轮叶黄精 *Polygonatum verticillatum*	玉树、治多、玛沁、班玛、同仁、泽库、尖扎、兴海、同德、贵南、贵德、门源、大通、乐都、互助、民和、循化	IUCN：LC；药用价值高，过度采挖导致资源量减少；生境退化或丧失

（五）重点保护植物资源濒危的原因及管理利用建议

1.濒危的原因

在自然条件下，外界干扰等因素一般是植物走向濒危的推动力，如果外界干扰过分强烈，就可能成为植物濒危的致命因素。人为过度采挖是植物濒危的直接因素，梭砂贝母、达乌里秦艽、麻花艽、唐古特红景天、鹅绒委陵菜的鳞茎、根或入药或食用，采挖导致植物种群数量直接减少。如麻花艽一般需3~6年方可长成，毁一个个体就等于毁一个种源，也毁掉种群未来发展的一部分后续资源。再加上采挖时对幼龄个体的践踏，对种群的损害远远超出采挖的个体导致种群个体绝对数量减少所造成的危害。人为干扰导致生境条件的退化，对物种走向濒危生态学过程起到了推动作用。放牧和采挖会对24种植物种群的生境产生影响。过度放牧一方面通过牲畜的踩踏、取食破坏了植物群落，另一方面则直接取食其地上部分的茎、叶、花、果，导致个体生长发育受阻，失去当年的繁殖能力。有些植物如唐古特红景天、甘肃雪灵芝等生长环境恶劣，采挖对生境产生严重影响，进一步导致资源量锐减，一旦破坏较难恢复，生态系统向逆行演替方向发展，原有的生境片段化或岛屿化，濒危植物种群随之被分割，出现异质种群，进而发生遗传漂变，种群的生存力降低，种群规模收缩，最终导致植物种由原生种向受危种、易危种、濒危种方向发展。

由于环境破坏，生物多样性减少，原有的群落中生物间互惠互利的稳定关系已经破坏，对植物产生有利影响的昆虫、鸟类和其他动物、微生物数量减少，而对濒危植物产生不利影响的动物和微生物活动增强。

2.管理建议

加强对濒危植物保护生物学的研究，从理论上、技术上寻求濒危植物复壮技术和方法，并将其应用于实践是一项长期的工作。国家应进一步加强对濒危植物保护生物学研究的支持力度，鼓励多学科交叉、联合攻关，破解一大批典型濒危植物的濒危机理；同时注意总结、归纳不同濒危植物所取得的研究成果，分析其濒危的生态学过程和共有特征，使其种群逐渐恢复生机。

对由于生境丧失或破坏，使物种处于濒危状态的濒危种，应对其生存的环境进行保护，如停止森林破坏、垦荒、过度放牧，这是解脱濒危的根本措施。就地保护在必要时需建立保护区，使濒危植物拥有一个修养生息的生存空间。但是，对于某些濒危植物由于本身内在的抗逆性、适应力等方面缺陷，仅保护环境不足以使其复壮的，必须通过生物技术使其复壮。

药用植物麻花艽、达乌里秦艽、黑柴胡、簇生柴胡、山莨菪、椭圆叶花锚、唐古特红景天等为青海省大宗药材之一，在国内外市场享有一定盛誉，但由于长期以来过多强调开发利用，盲目采挖，已使野生资源日趋减少，供不应求。应在保护的基础上，开展栽培技术研究。梭砂贝母、鹅绒委陵菜具有良好的食用价值和营养价值，且产量较低，价格较高，采挖导致资源量锐减。目前青海省在梭砂贝母、鹅绒委陵菜的人工栽培方面开展了工作，但一直未形成规模化种植，使用的主要是野生资源，加快人工种植技术的研究，该资源的开发利用可有效促进当地经济的发展，提高牧民的生活水平。

青海固沙草、梭罗以礼草、短芒披碱草等为家畜所喜食，为青海省放牧家畜的重要饲用植物，青海固沙草和梭罗以礼草可构成群落的优势种群，为高寒草原、高寒荒漠的重要生态草种，可通过减牧或休牧可恢复种群数量。

> > > 青海省野生种子植物极小种群

（一）青海野生种子植物极小种群评判指标

以《全国极小种群野生植物拯救保护工程规划（2011—2015）》为基础，根据已掌握的野生植物资源调查和相关专项调查数据，并以"狭域分布"和"种群及个体数量都极少"为主要评判指标，确定青海野生种子植物极小种群野生植物名录。具体指标有：生境要求独特、分布极度狭窄（仅存1~2个分布点）的野生植物；分布点不止2个，但作为特定区域的代表种，具有重要的经济开发价值或科研价值，能带动野生植物保护与可持续发展的重要类群；分布点内种群数量极小、极度濒危、随时有灭绝危险的野生植物；青海特有的、分布区相对狭窄的国家级、省级重点保护野生植物。

（二）青海野生种子植物极小种群

根据以上评判指标，确定青海分布的极小种群植物（表10）。

表 10　青海野生种子植物极小种群（仅在青海分布种类）

科	种名	生态地理分布
虎耳草科 Saxifragaceae	治多虎耳草 *Saxifraga zhidoensis*	在青海的囊谦、治多有分布；生于高山草甸、高山砾石带，海拔4 900 ～ 5 000 米
	泽库虎耳草 *Saxifraga zekoensis*	在青海的泽库有分布；生于高山草甸，海拔3 000 米
	玉树虎耳草 *Saxifraga yushuensis*	在青海的玉树有分布；生于高山砾石滩，海拔4 350 米
	囊谦虎耳草 *Saxifraga nangqenica*	在青海的囊谦有分布；生于高山砾石滩，海拔5 200 米
	门源茶藨 *Ribes menyuanense*	在青海的门源有分布；生于山坡，海拔2 800 米
伞形科 Apiaceae	泽库棱子芹 *Pleurospermum tsekuense*	在青海的玛沁、泽库有分布；生于沼泽草甸、山坡，海拔3 450 ～ 3 850 米
报春花科 Primulaceae	弯花点地梅 *Androsace cernuiflora*	在青海的玉树有分布；生于高山岩石缝隙，海拔3 800 ～ 4 000 米
	杂多点地梅 *Androsace alaschanica* var. *zadoensis*	在青海的杂多有分布；生于阴坡石崖，海拔4 400 ～ 4 500 米
	囊谦报春 *Primula lactucoides*	在青海的囊谦有分布；生于湿地，海拔3 ～ 500 米
	大通报春 *Primula farreriana*	在青海的大通、互助有分布；生于岩石缝隙，海拔4 000 ～ 5 000 米
	青海报春 *Primula qinghaiensis*	在青海的玉树、囊谦有分布；生于岩石缝隙，海拔3 200 ～ 4 100 米
	荨麻叶报春 *Primula urticifolia*	在青海的大通、互助有分布；生于岩石缝隙，海拔2 800 ～ 4 000 米

科	种名	生态地理分布
龙胆科 Gentianaceae	泽库秦艽 *Gentiana zekuensis*	在青海的泽库、同仁有分布；生于灌丛、灌丛草甸，海拔 3 400 ~ 3 600 米
	素色獐牙菜 *Swertia erythrosticta* var. *epunctata*	在青海的泽库、湟中有分布；生于河谷、山坡草地，海拔 2 900 ~ 2 930 米
	祁连獐牙菜 *Swertia przewalskii*	在青海的祁连有分布；生于灌丛、沼泽草甸、河漫滩，海拔 3 200 ~ 4 300 米
紫草科 Boraginaceae	长梗齿缘草 *Eritrichium longipes*	在青海的玉树、囊谦、刚察有分布。生于山地阴坡岩石或林下石缝，海拔 3 450 ~ 4 100 米
五福花科 Adoxaceae	华福花 *Sinadoxa corydalifolia*	在青海的玉树、囊谦有分布；生于峡谷、砾石滩地，海拔 3 900 ~ 4 800 米
菊科 Asteraceae	束伞女蒿 *Hippolytia desmantha*	在青海的玉树、称多有分布；生于河谷灌丛、阳坡岩石缝隙，海拔 3 400 ~ 4 300 米
	班玛蒿 *Artemisia baimaensis*	在青海的班玛有分布；生于河谷林缘，海拔 3 400 米
	狭舌垂头菊 *Cremanthodium stenoglossum*	在青海的称多、甘德有分布；生于沼泽、灌丛，海拔 3 700 ~ 4 700 米
禾本科 Poaceae	黄穗臭草 *Melica subflava*	在青海的玛沁、甘德有分布；生于山坡草地，海拔 3 600 米
	光花披碱草 *Elymus leianthus*	在青海的兴海、大通有分布；生于河边，海拔 2380 米
	毛穗披碱草 *Elymus trichospiculus*	在青海的玉树、囊谦有分布；生于林缘、灌丛，海拔 3 500 ~ 4 400 米
	无芒以礼草 *Kengyilia mutica*	在青海的囊谦、贵德、祁连有分布。生于草地、沙滩，海拔 2 900 ~ 4 000 米
	光叶糙毛草 *Roegneria hirsuta* var. *leiophylla*	在青海的门源有分布；生于河滩，海拔 2 900 米
	短枝发草 *Deschampsia cespitosa* subsp. *ivanovae*	在青海的门源有分布；生于河漫滩，海拔 3 150 米
莎草科 Cyperaceae	本兆荸荠 *Eleocharis penchaoi*	在青海的共和、湟源有分布，生于湖边，海拔 3 300 米
	岷山嵩草 *Kobresia royleana* subsp. *minshanica*	在青海的门源有分布；生于高山草甸，海拔 3 000 米
	青海薹草 *Carex qinghaiensis*	在青海的同仁有分布；生于灌丛，海拔 3 300 ~ 3 400 米
鸢尾科 Iridaceae	细锐果鸢尾 *Iris goniocarpa* var. *tenella*	在青海的互助、循化有分布；生于灌丛草甸，海拔 2 600 ~ 3 200 米
兰科 Orchidaceae	冷兰 *Frigidorchis humidicola*	在青海的玛沁有分布。生于沼泽草甸，海拔 3 600 ~ 3 800 米

表 11　青海野生种子植物极小种群（在青海仅有 1 ~ 2 个分布点，周边少数地区有分布）

科	种名	生态地理分布
	长毛圣地红景天 *Rhodiola sacra* var. *tsuiana*	在青海分布于玉树；生于阳坡石隙，海拔 3 500 ~ 3 900 米。西藏有分布
	粗茎红景天 *Rhodiola wallichiana*	在青海分布于玉树、囊谦；生于山坡石隙、林下，海拔 3 500 ~ 3 800 米。四川、云南、陕西、西藏有分布
	德钦红景天 *Rhodiola atuntsuensis*	在青海分布于久治、同仁；生于山坡石隙、林下，海拔 3 700 ~ 4 500 米。四川、云南、西藏有分布
景天科 Crassulaceae	绿瓣景天 *Sedum prasinopetalum*	在青海分布于久治；生于灌丛、砾石地，海拔 4 200 米。四川有分布
	大炮山景天 *Sedum erici-magnusii*	在青海分布于乐都；生于山坡草地，海拔 3 800 米。四川、西藏有分布
	甘南景天 *Sedum ulricae*	在青海分布于杂多；生于岩石缝隙，海拔 4 000 米。甘肃、西藏有分布
	牧山景天 *Sedum pratoalpinum*	在青海分布于治多；生于高山草地，海拔 4 600 米。四川有分布
	具梗虎耳草 *Saxifraga afghanica*	在青海分布于囊谦、杂多；生于高山砾石带，海拔 4 100 ~ 4 500 米。西藏有分布
	丽江虎耳草 *Saxifraga likiangensis*	在青海分布于囊谦；生于高山砾石带，海拔 4 900 米。四川、云南、西藏有分布
	叉枝虎耳草 *Saxifraga divaricata*	在青海分布于达日、久治；生于河滩，海拔 3 800 ~ 3 850 米。四川有分布
虎耳草科 Saxifragaceae	小果虎耳草 *Saxifraga microgyna*	在青海分布于久治；生于高山草甸，海拔 4 400 米。四川、云南、西藏有分布
	冰雪虎耳草 *Saxifraga glacialis*	在青海分布于班玛、久治；生于高山草甸、岩石缝隙，海拔 4 300 ~ 4 600 米。四川、云南有分布
	红虎耳草 *Saxifraga sanguinea*	在青海分布于久治；生于阳坡，海拔 3 800 米。四川、云南、西藏有分布
	燃灯虎耳草 *Saxifraga lychnitis*	在青海分布于乌兰；生于草地，海拔 4 280 米。四川、西藏有分布
	类毛瓣虎耳草 *Saxifraga montanella* var. *montanella*	在青海分布于玉树、刚察；生于高山草甸，海拔 4 200 米。四川、云南、西藏有分布
	居间金腰 *Chrysosplenium griffithii* var. *intermedium*	在青海分布于囊谦；生于高山岩石缝隙，海拔 4 400 ~ 4 500 米。四川、云南、西藏有分布
	短柱梅花草 *Parnassia brevistyla*	在青海分布于班玛；生于林下，海拔 3 200 ~ 3 700 米。四川、甘肃、云南、西藏有分布
	裂叶茶藨子 *Ribes laciniatum*	在青海分布于尖扎；生于林缘、河谷，海拔 2 800 ~ 3 100 米。云南、西藏有分布
	矮地榆 *Sanguisorba filiformis*	在青海分布于久治；生于沼泽草甸，海拔 4 000 ~ 4 400 米。四川、云南、西藏有分布

科	种名	生态地理分布
	毛果悬钩子 *Rubus ptilocarpus* var. *ptilocarpus*	在青海分布于班玛；生于林下，海拔3 200～3 700米。四川、云南有分布
	直立悬钩子 *Rubus stans*	在青海分布于互助；生于林下，海拔2 100～2 300米。四川、云南、西藏有分布
	五叶山莓草 *Sibbaldia pentaphylla*	在青海分布于久治；生于高山草甸，海拔4 100～4 600米。四川、云南、西藏有分布
蔷薇科 Rosaceae	薄毛委陵菜 *Potentilla inclinata*	在青海分布于互助；生于山谷，海拔2 300～2 600米。新疆有分布
	密枝委陵菜 *Potentilla virgata*	在青海分布于乌兰、民和；生于草地、戈壁，海拔2 800～3 100米。新疆有分布
	高原委陵菜 *Potentilla pamiroalaica*	在青海分布于玛多、天峻；生于山坡草地，海拔4 000～4 300米。新疆、西藏有分布
	齿叶扁核木 *Prinsepia uniflora* Batal. var. *serrata*	在青海分布于循化；生于山谷丘陵，海拔1 850～2 200米。四川、甘肃、陕西、山西有分布
	紫花野决明 *Thermopsis barbata*	在青海分布于囊谦；生于草地、林缘，海拔3 500～4 000米。四川、云南、西藏有分布
	白毛锦鸡儿 *Caragana licentiana*	在青海分布于民和；生于山坡灌丛、草地，海拔1 800～2 200米。甘肃有分布
	弯耳鬼箭 *Caragana jubata* var. *recurva*	在青海分布于玛沁、互助；生于山坡灌丛、高山草甸，海拔2 700～3 000米。甘肃有分布
	印度锦鸡儿 *Caragana gerardiana*	在青海分布于玉树；生于山坡灌丛、高山草甸，海拔3 500～4 000米。西藏有分布
	窄翼黄耆 *Astragalus degensis*	在青海分布于囊谦；生于林缘、灌丛，海拔3 500～3 700米。四川、西藏有分布
	悬垂黄耆 *Astragalus dependens*	在青海分布于都兰；生于山坡草地，海拔3 000～3 300米。甘肃有分布
	类变色黄耆 *Astragalus pseudoversicolor*	在青海分布于称多；生于山坡草地、砾石滩地，海拔3 100～4 000米。四川、西藏有分布
豆科 Fabaceae	异长齿黄耆 *Astragalus monbeigii*	在青海分布于玉树、祁连；生于山坡草地、河滩，海拔3 700～4 000米。四川、云南、西藏有分布
	一叶黄耆 *Astragalus monophyllus*	在青海分布于大柴旦；生于砾石山坡、滩地，海拔3 000～3 800米。新疆、甘肃、云南、内蒙古有分布
	毛柱蔓黄芪 *Phyllolobium heydei*	在青海分布于杂多；生于砾石滩地、河滩，海拔4 000～4 800米。西藏有分布
	细小棘豆 *Oxytropis pusilla*	在青海分布于兴海、德令哈；生于高山草甸、河滩，海拔2 900～3 600米。新疆、西藏有分布
	短梗棘豆 *Oxytropis brevipedunculata*	在青海分布于可可西里；生于山坡草地，海拔3 800～5 400米。西藏有分布

科	种名	生态地理分布
	八宿棘豆 *Oxytropis baxoiensis*	在青海分布于杂多、门源；生于高山草甸、砾石滩地，海拔 3 900 ~ 4 000 米。西藏有分布
	软毛棘豆 *Oxytropis mollis*	在青海分布于玉树；生于山坡草地，海拔 3 900 米。西藏有分布
	滇岩黄耆 *Hedysarum limitaneum*	在青海分布于玉树；生于灌丛，海拔 4 500 米。四川、云南、西藏有分布
牻牛儿苗科 Geraniaceae	萝卜根老鹳草 *Geranium napuligerum*	在青海分布于囊谦；生于林下，海拔 3 800 米。四川、云南、陕西、甘肃有分布
蒺藜科 Zygophyllaceae	驼蹄瓣 *Zygophyllum fabago*	在青海分布于大柴旦；生于河漫滩，海拔 2 800 ~ 2 900 米。新疆、甘肃、内蒙古有分布
凤仙花科 Balsaminaceae	川西凤仙花 *Impatiens apsotis*	在青海分布于班玛；生于林下，海拔 3 200 ~ 3 700 米。四川、西藏有分布
柽柳科 Tamaricaceae	盐地柽柳 *Tamarix karelinii*	在青海分布于格尔木；生于戈壁滩、沙地，海拔 2 900 米。新疆、甘肃、内蒙古有分布
瑞香科 Thymelaeaceae	华瑞香 *Daphne rosmarinifolia*	在青海分布于循化；生于林下、林缘，海拔 2 500 ~ 3 000 米。四川、甘肃有分布
	鳞果变豆菜 *Sanicula hacquetioides*	在青海分布于久治；生于阴坡，海拔 3 750 米。四川、云南、贵州、西藏有分布
	四川丝瓣芹 *Acronema sichuanense*	在青海分布于玉树；生于林下，海拔 3 550 米。四川、云南有分布
伞形科 Apiaceae	高山丝瓣芹 *Acronema alpinum*	在青海分布于玉树、囊谦；生于林下、灌丛，海拔 3 800 ~ 4 400 米。西藏有分布
	紫花鸭跖柴胡 *Bupleurum commelynoideum*	在青海分布于共和；生于灌丛，海拔 3 200 ~ 3 400 米。四川、云南、西藏有分布
	宽叶栓果芹 *Cortiella caespitosa*	在青海分布于玛多；生于高山草甸，海拔 4 800 ~ 5 100 米。西藏有分布
	河西阿魏 *Ferula hexiensis*	在青海分布于循化；生于河谷，海拔 2 200 米。甘肃有分布
	镰叶前胡 *Peucedanum falcaria*	在青海分布于共和；生于干旱山坡，海拔 3 440 米。新疆有分布
	纤细东俄芹 *Tongoloa gracilis*	在青海分布于班玛、久治；生于灌丛，海拔 3 950 米。四川、云南、甘肃有分布
	西藏凹乳芹 *Vicatia thibetica*	在青海分布于称多、班玛；生于山坡，海拔 3 200 ~ 3 800 米。四川、云南、西藏有分布
	石莲叶点地梅 *Androsace integra*	在青海分布于班玛；生于林下，海拔 3 200 ~ 3 400 米。四川、云南、西藏有分布
报春花科 Primulaceae	玉门点地梅 *Androsace brachystegia*	在青海分布于久治；生于阴坡或半阴坡草地，海拔 3 000 ~ 4 600 米。四川、甘肃有分布
	裂瓣穗状报春 *Primula aerinantha*	在青海分布于循化；生长林下，海拔 2 700 米。甘肃有分布

科	种名	生态地理分布
	小苞报春 *Primula bracteata*	在青海分布于玉树、囊谦；生于岩石缝隙，海拔 3 500 ~ 3 900 米。四川、云南、西藏有分布
	多脉报春 *Primula polyneura*	在青海分布于班玛；生于山坡灌丛，海拔 3 400 ~ 3 500 米。四川、云南、甘肃有分布
	车前叶报春 *Primula sinoplantaginea*	在青海分布于囊谦；生于高山草地，海拔 4 100 ~ 4 400 米。四川、云南有分布
	华丁香 *Syringa protolaciniata*	在青海分布于循化；生于林下，海拔 2 500 米。甘肃有分布
龙胆科 Gentianaceae	乌奴龙胆 *Gentiana urnula*	在青海分布于玉树、称多；生于高山砾石滩，海拔 3 900 ~ 4 600 米。西藏有分布
	长萼龙胆 *Gentiana dolichocalyx*	在青海分布于久治；生于高山草甸、灌丛，海拔 2 950 ~ 3 100 米。甘肃有分布
	肾叶龙胆 *Gentiana crassuloides*	在青海分布于久治；生于湖边，海拔 3 900 ~ 4 050 米。四川、甘肃、云南、西藏等地有分布
	钻叶龙胆 *Gentiana haynaldii*	在青海分布于囊谦、杂多；生于高山草甸，海拔 4 000 ~ 4 100 米。四川、云南、西藏有分布
	黄花川西獐牙菜 *Swertia mussotii* var. *flavescens*	在青海分布于称多；生于河滩，海拔 3 700 米。四川有分布
紫草科 Boraginaceae	两形果鹤虱 *Lappula duplicicarpa*	在青海分布于都兰；生于低山阳坡，海拔 2 700 ~ 2 800 米。新疆有分布
	总苞微孔草 *Microula involucriformis*	在青海分布于久治；生于高山灌丛，海拔 4 000 米。四川有分布
	异果齿缘草 *Eritrichium heterocarpum*	在青海分布于同仁、同德，生于干旱石质山坡，海拔 3 230 米；云南有分布
	针刺齿缘草 *Eritrichium acicularum*	在青海分布于同德、湟源；生于灌丛，海拔 3 300 米。甘肃有分布
	篦毛齿缘草 *Eritrichium pectinato-ciliatum*	在青海分布于治多；生于干旱山坡，海拔 4 100 米。西藏有分布
	半球齿缘草 *Eritrichium hemisphaericum*	在青海分布于治多；生于石缝，海拔 4 900 米。西藏有分布
唇形科 Lamiaceae	圆叶筋骨草 *Ajuga ovalifolia*	在青海分布于班玛、久治；生于河谷、阴坡灌丛，海拔 3 300 ~ 3 900 米。四川、甘肃有分布
	小头花香薷 *Elsholtzia cephalantha*	在青海分布于久治、同德；生于高山草地，海拔 3 400 ~ 4 200 米。四川有分布
	甘肃黄芩 *Scutellaria rehderiana*	在青海分布于循化；生于山坡，海拔 2 200 米。甘肃、山西、陕西和内蒙古有分布
	鄂西香茶菜 *Rabdosia henryi*	在青海分布于循化、民和；生于山谷、灌丛，海拔 2 200 ~ 2 600 米。四川、甘肃、河南、陕西、湖北有分布
	川藏香茶菜 *Isodon pharicus*	在青海分布于玉树、囊谦；生于林缘、山坡，海拔 3 450 ~ 4 000 米。西藏、四川有分布

科	种名	生态地理分布
	毛穗夏至草 *Lagopsis eriostachys*	在青海分布于祁连；生于高山流石滩、干河滩，海拔 3 350 ~ 4 000 米。西藏、新疆有分布
	皱叶毛建草 *Dracocephalum bullatum*	在青海分布于囊谦、杂多；生于山坡、流石滩，海拔 4 800 ~ 4 900 米。西藏、云南有分布
	齿叶荆芥 *Nepeta dentata*	在青海分布于玉树；生于林缘，海拔 3 500 米。西藏有分布
玄参科 Scrophulariaceae	甘肃玄参 *Scrophularia kansuensis*	在青海分布于同德；生于林下，海拔 3 450 米。四川、甘肃有分布
	假硕大马先蒿 *Pedicularis pseudoingens*	在青海分布于玛沁；生于灌丛、草甸，海拔 3 600 米。四川、云南有分布
	毛舟马先蒿 *Pedicularis trichocymba*	在青海分布于玉树；生于阴坡、河边，海拔 3 500 ~ 3700 米。四川有分布
	灰色马先蒿 *Pedicularis cinerascens*	在青海分布于达日；生于草原，海拔 4 000 米。四川有分布
	多花马先蒿 *Pedicularis floribunda*	在青海分布于班玛；生于草原，海拔 3 500 米。四川、西藏有分布
	假山萝花马先蒿 *Pedicularis pseudomelampyriflora*	在青海分布于玉树、囊谦；生于灌丛、阳坡，海拔 3 500 ~ 4 000 米。四川、云南、西藏有分布
	斗叶马先蒿 *Pedicularis cyathophylla*	在青海分布于玉树；生于林下、阳坡，海拔 3 800 米。四川、云南、西藏有分布
	长把马先蒿 *Pedicularis longistipitata*	在青海分布于玉树；生于高寒草甸，海拔 3 850 米。西藏有分布
	秦氏马先蒿 *Pedicularis chingii*	在青海分布于同仁；生于灌丛，海拔 2 900 ~ 3 300 米。甘肃有分布
	厚毛甘肃马先蒿 *Pedicularis kansuensis* Maxim. subsp. *villosa*	在青海分布于曲麻莱；生于河漫滩，海拔 4 100 米。西藏有分布
	胡萝卜叶马先蒿 *Pedicularis daucifolia*	在青海分布于玉树、囊谦；生于草甸，海拔 3 800 ~ 4 000 米。四川有分布
	细茎马先蒿 *Pedicularis tenera*	在青海分布于久治；生于阳坡沙地，海拔 4 400 米。四川、甘肃有分布
	草莓状马先蒿 *Pedicularis fragarioides*	在青海分布于循化；生于草地，海拔 3 000 米。四川有分布
	宽喙马先蒿 *Pedicularis latirostris*	在青海分布于同仁、大通；生于高山灌丛、草甸，海拔 3 600 ~ 3 800 米。甘肃有分布
	扭旋马先蒿 *Pedicularis torta*	在青海分布于民和；生于河边草地，海拔 2 300 ~ 2 700 米。四川、甘肃、湖北、陕西有分布
	西藏马先蒿 *Pedicularis tibetica*	在青海分布于久治；生于灌丛、草甸，海拔 3 900 ~ 4 000 米。四川、西藏有分布
	拟篦齿马先蒿 *Pedicularis pectinatiformis*	在青海分布于久治、兴海；生于山坡草地，海拔 3 600 ~ 3 900 米。四川有分布

科	种名	生态地理分布
	鹅首马先蒿 *Pedicularis chenocephala*	在青海分布于玛沁、玛多；生于高山灌丛、草甸，海拔4 500米。四川、甘肃、西藏有分布
	打箭马先蒿 *Pedicularis tatsienensis*	在青海分布于玉树；生于高山草甸，海拔4 100～4 300米。四川、云南有分布
	二齿马先蒿 *Pedicularis bidentata*	在青海分布于班玛；生于高山草甸，海拔3 300～3 700米。四川有分布
	极丽马先蒿 *Pedicularis decorissima*	在青海分布于同仁；生于河谷、阳坡灌丛，海拔2 900～3 000米。四川、甘肃有分布
	管花马先蒿 *Pedicularis siphonantha*	在青海分布于玉树、囊谦；生于河滩草甸，海拔3 500～4 500米。四川、西藏有分布
列当科 Orobanchaceae	豆列当 *Mannagettaea labiata*	在青海分布于班玛、共和；寄生于锦鸡儿树根，海拔3 200～3 700米。四川有分布
	四川列当 *Orobanche sinensis*	在青海分布于囊谦、治多；寄生于蒿属植物根上，海拔3 500米。四川、西藏有分布
苦苣苔科 Gesneriaceae	卷丝苣苔 *Corallodiscus kingianus*	在青海分布于囊谦；生于石隙，海拔4 200～4 400米。四川、云南、西藏有分布
忍冬科 Caprifoliaceae	绿花刺参 *Morina chlorantha*	在青海分布于玉树、囊谦；生于山坡草地，海拔3 100～3 900米。四川、云南有分布
	大头续断 *Dipsacus chinensis*	在青海分布于玉树、班玛；生于山坡草地，海拔3 200～3 700米。四川、云南、西藏有分布
桔梗科 Campanulaceae	大萼蓝钟花 *Cyananthus macrocalyx*	在青海分布于囊谦；生于山坡草地，海拔4 600米。四川、云南、甘肃、西藏有分布
	灰毛党参 *Codonopsis canescens*	在青海分布于玉树、囊谦；生于灌丛，海拔3 500～4 200米。四川、西藏有分布
菊科 Asteraceae	毛香火绒草 *Leontopodium stracheyi*	在青海分布于玉树、囊谦；生于林下、山谷岩石缝隙，海拔3 400～4 000米。四川、云南、西藏有分布
	臭蚤草 *Pulicaria insignis*	在青海分布于玉树、囊谦；生于山坡，海拔3 600～4 300米。四川、西藏、新疆有分布
	齿叶蓍 *Achillea acuminata*	在青海分布于西宁、民和；生于河滩、灌丛，海拔2 500～2 600米。甘肃、陕西、内蒙古等地有分布
	扁毛菊 *Allardia glabra*	在青海分布于杂多；生于高山流石滩，海拔5 100米。云南、西藏、新疆有分布
	毛果小甘菊 *Cancrinia lasiocarpa*	在青海分布于西宁；生于干旱山坡，海拔2 200米。甘肃、新疆有分布
	紊蒿 *Elachanthemum intricatum*	在青海分布于循化；生于干旱山坡、滩地，海拔2 200米。新疆、甘肃、宁夏、内蒙古有分布
	蒙青绢蒿 *Seriphidium mongolorum*	在青海分布于兴海、格尔木；生于沙漠、戈壁，海拔2 700～2 900米。内蒙古有分布
	聚头绢蒿 *Seriphidium compactum*	在青海分布于都兰；生于砾石坡地，海拔3 100米。新疆、甘肃、宁夏、内蒙古有分布
	内蒙古旱蒿 *Artemisia xerophytica*	在青海分布于德令哈；生于砾石坡地，海拔3 000米。内蒙古、甘肃、新疆有分布

科	种名	生态地理分布
菊科 Asteraceae	甘青小蒿 *Artemisia przewalskii*	在青海分布于柴达木；生于河滩、戈壁，海拔 2 700 ~ 3 300 米。甘肃有分布
	球花蒿 *Artemisia smithii*	在青海分布于久治；生于高山草甸，海拔 4 300 米。四川、甘肃、云南、西藏有分布
	高原蒿 *Artemisia youngii*	在青海分布于囊谦、称多；生于山坡，海拔 3 500 ~ 3 800 米。西藏有分布
	西南圆头蒿 *Artemisia sinensis*	在青海分布于玛沁、久治；生于河滩灌丛，海拔 3 600 ~ 4 000 米。四川、云南、西藏有分布
	腺毛蒿 *Artemisla viscida*	在青海分布于乐都；生于河滩，海拔 2 500 米。四川、甘肃、西藏有分布
	日喀则蒿 *Artemisia xigazeensis*	在青海分布于兴海；生于河谷，海拔 2 900 ~ 3 000 米。甘肃、西藏有分布
	江孜蒿 *Artemisia gyangzeensis*	在青海分布于共和、都兰；生于沙丘，海拔 2 800 ~ 3 300 米。甘肃、西藏有分布
	甘肃蒿 *Artemisia gansuensis*	在青海分布于贵德；生于河滩，海拔 2 300 米。甘肃、宁夏、内蒙古等地有分布
	指裂蒿 *Artemisia tridactyla*	在青海分布于久治；生于阴坡灌丛，海拔 3 800 米。四川、西藏有分布
	太白山蟹甲草 *Parasenecio pilgerianus*	在青海分布于循化；生于林下，海拔 2 000 米。陕西、甘肃有分布
	大齿囊吾 *Ligularia macrodonta*	在青海分布于循化；生于高山草甸，海拔 2 600 ~ 3 000 米。陕西、甘肃有分布
	褐毛囊吾 *Ligularia purdomii*	在青海分布于久治；生于河边，海拔 3 600 ~ 3 900 米。四川、甘肃有分布
	祁连垂头菊 *Cremanthodium ellisii* var. *ramosum*	在青海分布于祁连；生于高山流石滩，海拔 3 800 米。西藏有分布
	长叶雪莲 *Saussurea longifolia*	在青海分布于囊谦；生于山坡草地，海拔 4 600 米。四川、云南、西藏有分布
	小果雪兔子 *Saussurea simpsoniana*	在青海分布于囊谦、称多；生于高山流石滩，海拔 4 700 ~ 4 950 米。新疆、西藏有分布
	钻状风毛菊 *Saussurea nematolepis*	在青海分布于玉树、称多；生于山坡、林缘，海拔 3 500 ~ 3 800 米。四川有分布
	甘肃风毛菊 *Saussurea kansuensis*	在青海分布于泽库；生于高山草甸，海拔 4 200 米。四川、甘肃有分布
	垫风毛菊 *Saussurea pulvinata*	在青海分布于都兰；生于干旱山坡、砾石滩地，海拔 3 700 ~ 4 100 米。甘肃、新疆、西藏有分布
	假盐地风毛菊 *Saussurea pseudosalsa*	在青海分布于格尔木、诺木洪；生于湖边，海拔 2 700 ~ 2 800 米。新疆有分布
	单花帚菊 *Pertya uniflora*	在青海分布于同仁、泽库；生于干旱山坡、林下，海拔 2 200 ~ 3 000 米。甘肃有分布

科	种名	生态地理分布
禾本科 Poaceae	黄花合头菊 *Syncalachium chrysocephalum*	在青海分布于囊谦；生于高山流石滩，海拔 4 500 ~ 4 700 米。西藏有分布
	藏滇还阳参 *Crepis elongata*	在青海分布于玉树；生于山坡草地，海拔 3 500 米。四川、云南、西藏有分布
	窄颖早熟禾 *Poa pratensis* subsp. *stenachyra*	在青海分布于门源、祁连；生于山坡草地，海拔 2 700 ~ 2 900 米。四川有分布
	长稃早熟禾 *Poa pratensis* subsp. *staintonii*	在青海分布于门源、祁连；生于高山草地、河滩，海拔 3 400 ~ 3 800 米。四川有分布
	多花碱茅 *Puccinellia multiflora*	在青海分布于德令哈、乌兰；生于沙质盐土，海拔 2 900 ~ 3 200 米。西藏有分布
	矮披碱草 *Elymus humilis*	在青海分布于刚察；生于草地，海拔 3 300 米。新疆有分布
	林地披碱草 *Elymus sylvaticus*	在青海分布于同德；生于林缘灌丛，海拔 3 300 米。新疆有分布
	青紫披碱草 *Elymus dahuricus* var. *violeus*	在青海分布于循化；生于山坡草地，海拔 1 800 米。内蒙古有分布
	毛沙生冰草 *Agropyron desertorum* var. *pilosiusculum*	在青海分布于共和；生于沙地，海拔 3 200 米。内蒙古有分布
	展穗三角草 *rikeraia hookeri* var. *ramosa*	在青海分布于玉树、杂多；生于河谷沟边，海拔 3 600 ~ 4 400 米。西藏有分布
百合科 Liliaceae	齿被韭 *Allium yuanum*	在青海分布于达日；生于高山流石滩，海拔 4 500 ~ 4 700 米。四川有分布
	新疆贝母 *Fritillaria walujewii*	在青海分布于互助；生于林下，海拔 2 000 米。新疆有分布
	林生顶冰花 *Gagea filiformis*	在青海分布于治多；生于滩地、山坡，海拔 4 400 ~ 4 800 米。新疆有分布
兰科 Orchidaceae	孔唇兰 *Porolabium biporosum*	在青海分布于海晏；生于山坡草地，海拔 3 100 ~ 3 200 米。山西有分布

（三）小结

1.极小种群野生植物现状

青藏高原特有的生态环境孕育了多样的植被类型和丰富的植物资源，根据评价指标将在青海分布的植物中判定种为极小种群，隶属科属。有些种类为中国特有植物和青海省重点保护植物。

表中所列植物是否能完全反映青海省的野生种子植物极小种群情况，有待进一步研究，原因有五，一是青海面积辽阔，山大沟深，交通不便，有漏采情况；二是部分植物分布范围狭窄；三是部分植物种群个体数量少，为零星分布，为群落的偶见种；四是野外调查时间为7—8月，有些植物可能是早春或晚秋生长植物，在时间上错过；五是有些种群可能已经濒临灭绝。

2.致濒原因

极小种群野生植物的致濒原因是复杂多样的，既有内因，也有外因。内因主要为野生植物生存能力下降，外因主要为生境破坏和资源过度利用，导致种群数量下降。内因与外因相互作用，共同导致极小种群野生植物极度濒危。由于过度放牧、采挖等人为因素和气候等气候因素的影响，许多植物资源储量锐减，受影响最大的为极小种群，部分种类在不远的将来可能成为濒危物种。通过调查极小种群的生境，很多种类生长环境特殊，一旦破坏很难恢复。

物种自身的生存能力是决定生物物种种群大小的重要因素之一。在自然选择过程中，生存能力强的个体能产生较多的后代，种群得以繁衍，生存能力弱的个体则逐渐被淘汰，种群规模逐渐缩小或濒于灭绝。相当一部分极小种群野生植物处于分类系统的孤立位置。

3.建议

关于极小种群的研究多集中在木本植物，少有草本植物，这与草本植物种群数量难于统计有关，在方法学有必要进行相关研究。

进一步开展种群资源调查，摸清极小种群家底，促进原生地生境恢复，实施就地保护。部分经济价值和生态价值较高的植物种类可进行进一步的资源状况调查与分析，可有效地保护野生植物资源，又可为合理利用资源提供依据。

> > > 青海省种子植物形态及生态地理分布

松科 Pinaceae

落叶松属 *Larix* Mill.

华北落叶松 *Larix gmelinii* (Ruprecht) Kuzeneva var. *principis-rupprechtii* (Mayr) Pilger

【形态特征】乔木，高15~30米；树皮暗灰褐色，不规则纵裂；叶条形，长2~3厘米，先端尖或稍钝。球果长卵圆形或卵圆形，淡褐色或淡灰褐色，长2~4厘米，直径约2厘米。中部种鳞近五角状卵形，先端截形或微凹，边缘具不规则细齿；苞鳞暗紫色，近带状矩圆形，长0.8~1.2厘米，基部宽，中上部微窄，先端圆截形，中肋延长成尾状尖头，仅球果基部苞鳞的先端露出。种子斜倒卵状椭圆形，长3~4毫米，径约2毫米，连翅长1.0~1.2厘米。花期5月，球果10月成熟。

【生态地理分布】产于同仁、泽库、尖扎、西宁、大通回族土族自治县（以下简称大通）、乐都、互助土族自治县（以下简称互助）；生于山坡、山谷；海拔2 200~3 000米。

松属 *Pinus* L.

油松 *Pinus tabuliformis* Carriere

【形态特征】乔木，高10～25米；树皮鳞片状纵裂。枝轮生，小枝黄褐色。针叶，2针一束，长8～12厘米，直径约1.5毫米，边缘有细锯齿；叶鞘宿存。球果阔卵形或卵圆形，长3.5～5.0厘米，直径3.0～5.0厘米，向下弯垂，淡黄色或淡黄褐色，无光泽，常宿存；中部种鳞长圆状倒卵形，鳞脐突起有尖刺。种子卵圆形或长卵圆形，淡褐色，长5～6毫米，连翅长1.5～2.0厘米。花期6—7月，球果翌年10月成熟。

【生态地理分布】产于同仁、尖扎、门源回族自治县（以下简称门源）、大通、乐都、互助、民和回族土族自治县（以下简称民和）、循化撒拉族自治县（以下简称循化）；生于山坡、河边；海拔2 000～2 800米。

柏科 Cupressaceae

刺柏属 *Juniperus* L.

大果圆柏 *Juniperus tibetica* Komarov

【形态特征】乔木,高10余米。树皮灰褐色,裂成不规则薄片脱落;生鳞叶的小枝圆柱形或近四棱形。鳞叶交互对生,长1~2毫米,排列紧密;刺形叶条状披针形,长4~8毫米,3叶交叉轮生。雌雄同株或异株;雄球花近球形,长2~3毫米,雄蕊3对;球果卵圆形或近球形,成熟前绿色或有黑色小斑点,熟时红褐色、褐色至黑色或紫黑色,长10~14毫米,内具1粒种子;种子卵圆形,长7~10毫米。

【生态地理分布】产于玉树、囊谦、杂多、班玛;生于山坡、山麓;海拔3 400~4 500米。

祁连圆柏 *Juniperus przewalskii* Komarov

【形态特征】乔木，高10余米。树皮灰色或灰褐色，裂成条片脱落。小枝圆柱形。幼树常为刺叶，壮龄树鳞叶、刺叶均有，大树全为鳞叶。鳞叶交互对生，鳞状卵形，长1~3毫米；刺叶三枚交互轮生，三角状披针形，长3~7毫米。雌雄同株，雄球花卵圆形，长2~2.5毫米；球果卵圆形或球形，长8~12毫米，熟后蓝褐色或蓝黑色，有时具白粉；种子1粒，扁圆形或扁卵形。

【生态地理分布】产于玛沁、班玛、玛多、同仁、泽库、河南蒙古族自治县（以下简称河南）、尖扎、共和、兴海、同德、贵南、贵德、德令哈、格尔木、都兰、乌兰、天峻、海晏、门源、刚察、祁连、大通、湟中、湟源、平安、乐都、互助、民和、化隆、循化；生于阳坡、半阳坡、河谷、山沟林下、林缘、山脊、石头缝隙、沙石滩；海拔2 200~4 200米。

麻黄科 Ephedraceae

麻黄属 *Ephedra* L.

单子麻黄 *Ephedra monosperma* Gmel. ex Mey.

【形态特征】草本状矮小灌木，高5~15厘米。木质茎短小，多分枝，弯曲并有结节状突起；绿色小枝开展或稍开展，常微弯曲，细弱，直径1毫米。叶2片对生，膜质鞘状2裂，裂片短三角形，先端钝或尖。雌雄异株；雄球花生于小枝上下各部，单生枝顶或对生节上，多成复穗状，苞片3~4对，两侧膜质边缘较宽；雌球花单生或对生节上，苞片3对，基部合生，雌球花成熟时苞片肥厚肉质；种子1粒。花期6月，种子8月成熟。

【生态地理分布】产于囊谦、治多、曲麻莱、玛沁、玛多、共和、兴海、德令哈、循化；生于砾石滩、石缝；海拔3 100~4 900米。

杨柳科 Salicaceae

杨属 *Populus* L.

毛白杨 *Populus tomentosa* Carr.

【形态特征】落叶乔木，高达3米。幼时树皮暗灰色，壮时灰白色。小枝初被灰毡毛。长枝叶宽卵形或三角状卵形，长10~15厘米，宽8~13厘米，基部心形或截形，边缘深齿缘或波状齿缘，背面密生毡毛；短枝叶较小，卵形或三角状卵形，长7~11厘米，宽6.5~10.5厘米，具深波状齿缘。雄花序长10~14厘米，苞片具10个尖头，密生长毛；雌花序长4~7厘米，苞片褐色，边缘有长毛。果序长达14厘米；蒴果2瓣裂。花期4月，果期5月。

【生态地理分布】产于西宁；生于山坡谷地；海拔2 000~2 300米。

杨属 *Populus* L.

柳属 *Salix* L.

山生柳 *Salix oritrepha* Schneid.

【形态特征】灌木，高0.6~1.2米。幼枝有毛。叶椭圆形或卵圆形，长1~1.5厘米，宽4~8毫米，顶端钝或急尖，基部圆形或钝，全缘，叶脉网状突起。雄花序圆柱形，长1~1.5厘米，花密集，腺体2，圆柱状；雌花序长1~1.5厘米；腺体2，常分裂，而基部结合，形成假花盘状；子房卵形，花柱2裂，柱头2裂；苞片宽倒卵形，两面具毛，深紫色。花期6月，果期7月。

【生态地理分布】产于全省各地；生于山谷、山坡、草地；海拔2 100~4 700米。

旱柳 *Salix matsudana* Koidz.

【形态特征】落叶乔木，高达18米。树皮暗灰黑色，有裂沟；枝细长，幼枝有毛。叶披针形，长5~10厘米，宽1~1.5厘米，顶端长渐尖，基部楔形或窄圆形，叶缘有细锯齿。雄花序长1.5~2.5厘米，轴有毛；雄蕊2，花丝基部有长毛；苞片卵形；腺体2。雌花序长2厘米；腺体2，背生和腹生；果序长2~2.5厘米。花期4月，果期4—5月。

【生态地理分布】产于班玛、同仁、尖扎、柴达木、西宁、湟中、循化；生于山坡、谷地；海拔2 600~3 100米。

桦木科 Betulaceae

桦木属 *Betula* L.

白桦 *Betula platyphylla* Suk.

【形态特征】落叶乔木，高达15米。树皮灰白色或黄白色，成层剥裂；小枝红褐色，有腺点。叶三角状卵形、卵状菱形，边缘有重锯齿。果序单生，圆柱形或矩圆状圆柱形，通常下垂，长2~5厘米，直径6~14毫米；序梗密被短柔毛，成熟后近无毛，无或具或疏或密的树脂腺体；果苞中裂片三角状卵形，侧裂片倒卵形或矩圆形。坚果小，长约2毫米，狭矩圆形、矩圆形或卵形，果翅宽于小坚果或等宽。花期5—6月，果期7—8月。

【生态地理分布】产于玉树、囊谦、玛沁、同仁、泽库、尖扎、海晏、门源、湟中、湟源、平安、乐都、互助、民和、循化；生于山坡、沟谷林地；海拔2 300~3 900米。

大麻科 Cannabaceae

葎草属 *Humulus* L.

葎草 *Humulus scandens* (Lour.) Merr.

【形态特征】缠绕草本，茎、枝、叶柄均具倒钩刺。叶肾状五角形，掌状5~7深裂，稀为3裂，长7~10厘米，基部心脏形，表面粗糙，疏生糙伏毛，背面有柔毛和黄色腺体，裂片卵状三角形，边缘具锯齿。雄花序为圆锥花序，长15~25厘米；雌花序球果状，苞片三角形，顶端渐尖，具白色茸毛；子房为苞片包围，柱头2，伸出苞片外。瘦果成熟时露出苞片外。花期7—8月，果期9月。

【生态地理分布】产于湟源；生于沟谷、林缘；海拔2 100米。

大麻属 *Cannabis* L.

大麻 *Cannabis sativa* L.

【形态特征】一年生直立草本，高50~100厘米，枝具纵沟槽，密生柔毛。叶掌状全裂，裂片披针形或线状披针形，长5~10厘米，先端渐尖，基部渐狭，表面微被糙毛，背面被粗毛，边缘具向内弯的粗锯齿；叶柄长3~6厘米，密被糙毛。雄花序腋生组成圆锥状；花被5，膜质，外面被细伏贴毛，雄蕊5，花丝极短；雌花序腋生，球形或短穗状；花被1，紧包子房。瘦果扁球形，为宿存苞片包被，果皮表面具细网纹。花期5—6月，果期7月。

【生态地理分布】产于西宁、乐都、互助、民和；生于林缘；海拔2 200~2 800米。

荨麻科 Urticaceae

荨麻属 *Urtica* L.

羽裂荨麻 *Urtica triangularis* Hand.-Mazz. subsp. *pinnatifida* (Hand.-Mazz.) C. J. Chen

【形态特征】多年生草本，高40~100厘米，四棱形，疏生刺毛和细糙毛。叶狭三角形至三角状披针形，先端锐尖，基部近截形至浅心形，边缘具数对半裂至深裂的羽状裂片，最下一对最大，裂片边缘有数枚不规则的牙齿状锯齿，被刺毛和细糙伏毛。雌雄同株，雄花序圆锥状，生下部叶腋；雌花序近穗状，生上部叶腋；花被片4，合生至中下部，裂片长圆状卵形，具刺毛。瘦果卵形，稍压扁，长约2毫米。花期6—8月，果期8—10月。

【生态地理分布】产于杂多、门源、西宁、大通、乐都、互助、民和、循化；生于山坡、河滩、林缘、草甸；海拔1 850~4 000米。

毛果荨麻 *Urtica triangularis* Hand.-Mazz. subsp. *trichocarpa* C. J. Chen

【形态特征】多年生草本，高40~100厘米，四棱形，疏生刺毛和细糙毛。叶卵形，基部常圆形，有时浅心形，顶端锐尖或渐尖，边缘具粗牙齿，侧出一对基脉近直出，伸达上部齿尖，被刺毛和细糙伏毛。雌雄同株，雄花序圆锥状，生下部叶腋；雌花序近穗状，生上部叶腋；花被片4，合生至中下部，裂片长圆状卵形，具刺毛。瘦果卵形，稍压扁，长约2毫米。花期6—8月，果期8—10月。

【生态地理分布】产于班玛、同仁、泽库、河南、同德、贵德、门源、大通、湟中、湟源、乐都、互助；生于山坡、林缘、灌丛、河滩；海拔2 500~3 800米。

蓼科 Polygonaceae

大黄属 *Rheum* L.

鸡爪大黄 *Rheum tanguticum* Maxim. ex Regel

【形态特征】多年生高大草本，高1~2米。根及根状茎粗壮，黄色。茎直立，中空，具细棱线，节部膨大。基生叶与茎下部叶大型，具长柄，叶片近圆形或宽卵形，掌状二至三回深裂，裂片羽状分裂；具托叶鞘。大型圆锥花序；花淡黄色或紫红色，花被片6，近椭圆形，内轮3枚较大；花盘与花丝基部连合成极浅盘状。瘦果椭圆状三棱形，暗褐色，顶端圆或平截，基部略心形，翅宽2~2.5毫米。花期6—7月，果期7—8月。

【生态地理分布】产于玛沁、班玛、久治、泽库、河南、同德、乐都、互助、民和、循化；生于林缘、沟谷、灌丛；海拔2 300~4 200米。

掌叶大黄 *Rheum palmatum* L.

【形态特征】多年生高大草本，高1.5~2米，根及根状茎粗壮木质。茎直立，中空。叶片长宽近相等，长达40~60厘米，有时长稍大于宽，顶端窄渐尖或窄急尖，基部近心形，通常成掌状，大裂片又分为近羽状的窄三角形小裂片。大型圆锥花序；花紫红色，有时黄白色；花被片6，内轮3枚较大，宽椭圆形到近圆形，长1~1.5毫米；雄蕊9；花盘与花丝基部连合。果实矩圆状椭圆形至矩圆形，两端均下凹，翅宽约2.5毫米。花期6月，果期7—8月。

【生态地理分布】产于囊谦、大通、乐都；生于河谷林缘、山坡、山谷湿地；海拔2 700~4 000米。

小大黄 *Rheum pumilum* Maxim.

【形态特征】多年生矮小草本,高5~25厘米。茎单一或数枚生于根茎。叶多基生,2~3枚,叶片长圆状卵形至宽卵形,顶端圆钝,基部心形,全缘,边缘和叶脉具柔毛,基出脉3~5条;茎生叶1~2枚。花序穗状,生于枝顶;花淡绿色或带紫红色,花被片椭圆形或宽椭圆形,外轮3枚较小。瘦果卵状三角形,长5~6毫米,顶端微凹,翅窄。花期6—7月,果期8—9月。

【生态地理分布】产于玉树、果洛藏族自治州(以下简称果洛)、黄南藏族自治州(以下简称黄南)、海南藏族自治州(以下简称海南)、乌兰、天峻、门源、祁连、大通、湟中、乐都、互助;生于高山流石坡、高山草甸、高山灌丛;海拔3 000~4 700米。

酸模属 *Rumex* L.

尼泊尔酸模 *Rumex nepalensis* Spreng.

【形态特征】多年生草本,高0.6~1.5米。基生叶具柄,叶片长圆状卵形或尖卵形;基生叶和茎下部叶的基部心形。花序圆锥状,顶生,大型;花两性;花被片6,紫红色;内轮花被片果期增大,宽卵形,顶端急尖,基部截形,边缘每侧具7~11对针刺状齿,齿长2~3毫米,顶端成钩状,一部或全部具小瘤;外轮花被片椭圆形。瘦果卵形,具3锐棱,顶端急尖,深褐色,有光泽,长3毫米。花期6—7月,果期8—10月。

【生态地理分布】产于玉树、囊谦、杂多、称多、班玛、同仁、河南、乐都、互助、民和;生于林缘、灌丛、河滩;海拔2 700~4 000米。

水生酸模 *Rumex aquaticus* L.

【形态特征】多年生草本，高30~60厘米。茎单一，直立。基生叶和茎下部叶卵状长圆形或椭圆形，边缘浅波状，基部圆形或心形。花序圆锥状，狭窄；花轮生或簇生；花两性；外轮花被片长圆形，长约2毫米，内轮花被片果时增大，长圆卵形或卵形，长5~8毫米，宽4~6毫米，顶端尖，基部近截形，边缘近全缘，全部无小瘤。瘦果椭圆形，两端尖，具3锐棱，长3~4毫米，褐色，有光泽。花期6—7月，果期8—9月。

【生态地理分布】产于玛沁、同仁、泽库、河南、兴海、同德、海晏、刚察、西宁、大通、湟中、乐都、互助；生于河滩草地、沼泽草甸、灌丛；海拔2 100~3 800米。

巴天酸模 *Rumex patientia* L.

【形态特征】多年生草本，高50~120厘米。茎直立，粗壮。基生叶和茎下部叶长椭圆形或长圆状披针形，边缘皱波状。圆锥花序大型；花两性；外轮花被片长圆形，长约1.5毫米，内轮花被片果时增大，宽心形，长5~7毫米，顶端圆钝，基部深心形，边缘近全缘，具网脉，全部或一部具小瘤。瘦果卵形，具3锐棱，顶端渐尖，褐色，有光泽，长2.5~3毫米。花期6—7月，果期8—9月。

【生态地理分布】产于玉树、囊谦、玛沁、同仁、泽库、兴海、同德、都兰、西宁、大通、民和、循化；生于山沟、林间空地、田边；海拔2 200~3 600米。

荞麦属 *Fagopyrum* Mill.

苦荞麦 *Fagopyrum tataricum* （L.）Gaertn.

【形态特征】一年生草本，高15~40厘米。茎直立，有细弱分枝，具纵沟或斑条，无毛或上部及小枝一侧具乳头状突起。下部茎生叶叶柄与叶片近等长或长于叶片；叶片戟形或宽三角形，顶端渐尖，基部近心形，全缘或微波状，两面沿叶脉具乳头状毛；上部茎生叶较小。总状花序腋生和顶生，细长；花被5深裂，白色或淡红色，花被片椭圆形，长约2毫米。瘦果圆锥状卵形，长3~5毫米，黑褐色，有3棱，每面中央具纵沟，上端角棱锐利，下端平钝，波状。花果期6—9月。

【生态地理分布】产于玉树、囊谦、治多、称多、玛沁、班玛、同仁、泽库、兴海、同德、贵德、西宁、大通、湟源、乐都、互助、民和；生于林缘；海拔2 100~4 000米。

萹蓄属 *Polygonum* L.

萹蓄 *Polygonum aviculare* L.

【形态特征】一年生草本，高10～40厘米。茎平卧或斜升，自基部分枝，具纵棱。叶较小，长圆形或披针形，顶端钝圆或急尖，基部楔形，全缘，蓝绿色，基部具关节；托叶鞘膜质，多裂。花单生或数朵簇生于叶腋，遍布于植株，花被5深裂，裂片椭圆形，绿色，边缘淡红色或白色。瘦果卵形，具3棱，长2.5～3毫米，黑褐色，密被由小点组成的细条纹，与宿存花被近等长或稍超过。花果期6—9月。

【生态地理分布】产于玉树、囊谦、杂多、称多、玛沁、久治、同仁、泽库、河南、尖扎、共和、兴海、同德、贵南、贵德、海晏、门源、刚察、祁连、西宁、大通、湟中、湟源、平安、乐都、互助、民和、化隆、循化；生于荒地、田边；海拔1 700～3 600米。

酸模叶蓼 *Polygonum lapathifolium* L.

【形态特征】一年生草本，高20~80厘米。茎直立，具分枝，节部膨大。叶披针形、卵状披针形，顶端渐尖，基部楔形，全缘，表面常具黑褐色新月形斑块。托叶鞘筒状，膜质，顶端平截。总状花序呈穗状，顶生或腋生，花紧密，通常由数个花穗再组成圆锥状；花被绿色或粉红色，4深裂，裂片椭圆形，外面两面较大；雄蕊6枚。瘦果卵圆形或宽卵形，侧扁，黑褐色，包于宿存花被内。花期6月，果期7—8月。

【生态地理分布】产于共和、兴海、贵德、西宁、大通、湟源、乐都、民和；生于河边、林下；海拔1 800~2 800米。

西伯利亚蓼 *Polygonum sibiricum* Laxm.

【形态特征】多年生草本,高5~30厘米。茎自基部分枝,外倾或近直立。叶片近肉质,长椭圆形或披针形,顶端急尖或钝,基部戟形或楔形,两侧具耳状尖突,边缘全缘;托叶鞘筒状,膜质,上部偏斜,开裂。圆锥花序顶生,花排列稀疏,通常间断;花梗上部有关节;花黄绿色,花被5深裂,裂片长圆形。瘦果卵形,具3棱,黑色,有光泽,包于宿存的花被内或凸出。花果期7—9月。

【生态地理分布】产于全省各地;生于河岸、湖滨砂砾地、盐碱地;海拔1 800~4 600米。

珠芽蓼 *Polygonum viviparum* L.

【形态特征】多年生草本，高10~35厘米。茎直立，不分枝，通常2~4条自根状茎发出。叶长圆形或卵状披针形，长3~10厘米，宽0.5~3厘米，顶端尖或渐尖，基部圆形、近心形或楔形，具长叶柄；茎生叶较小，披针形，近无柄；托叶鞘筒状，膜质，下部绿色，上部褐色，偏斜，开裂。穗状花序狭长，单生枝顶，中下部具珠芽；花被5深裂，白色或淡紫色。瘦果卵形，具3棱，褐色，有光泽，长约2毫米，包于宿存花被内。花果期6—9月。

【生态地理分布】产于全省各地；生于灌丛、林缘、河滩、湿地；海拔2 000~4 200米。

细叶珠芽拳参 *Polygonum viviparum* L. var. *tenuifolium* Y. L. Liu

【形态特征】多年生草本，高5~35厘米。根状茎肥厚，有残存老叶。茎直立，不分枝。基生叶丛生，线形，长3~7厘米，宽2~3毫米，顶端钝尖，基部楔形，叶缘反卷；托叶鞘筒状，顶端斜形。穗状花序狭长，生于枝顶，狭圆柱状，下部具珠芽，有时全为珠芽。苞片卵状披针形；花被5深裂，白色。瘦果卵形，具3棱。花果期6—9月。

【生态地理分布】产于玉树、治多、曲麻莱、玛多、同仁、泽库、湟中、互助；生于灌丛、高山草甸、沙滩；海拔2 800~4 700米。

圆穗蓼 *Polygonum macrophyllum* D. Don

【形态特征】多年生草本, 高10~30厘米。茎直立, 不分枝, 2~3条自根状茎发出。基生叶长圆形或披针形。顶端急尖, 基部近心形, 边缘外卷, 具长柄; 茎生叶较小, 狭披针形或线形, 叶柄短或近无柄; 托叶鞘筒状, 膜质, 下部绿色, 上部褐色, 顶端偏斜, 开裂。穗状花序粗壮, 近球形或短圆柱形, 单生枝顶, 无珠芽; 花被5深裂, 粉红色或白色, 裂片椭圆形。瘦果卵形, 具3棱, 长2.5~3毫米, 黄褐色, 有光泽, 包于宿存花被内。花果期7—9月。

【生态地理分布】产于玉树、果洛、黄南、海南、海北藏族自治州(以下简称海北)、海东; 生于高寒草甸、高寒灌丛; 海拔3 000~4 800米。

红蓼 *Polygonum orientale* L.

【形态特征】一年生草本,高1~1.5米。茎直立,粗壮,上部多分枝,密被开展的长柔毛。叶宽卵形、宽椭圆形或卵状披针形,顶端渐尖,基部圆形或近心形,边缘全缘,密生缘毛,两面密生短柔毛;托叶鞘筒状,膜质,具长缘毛。总状花序呈穗状,顶生或腋生,花紧密,通常数个再组成圆锥状;花被5深裂,淡红色或白色,裂片椭圆形,长3~4毫米。瘦果近圆形,双凹,黑褐色,有光泽,包于宿存花被内。花期7—8月,果期9—10月。

【生态地理分布】产于同仁、贵德;生于河边湿地;海拔2 200~2 500米。

叉分蓼 *Polygonum divaricatum* L.

【形态特征】多年生草本，高70~120厘米。茎直立或斜升，多叉状分枝，节部膨大。单叶互生，披针形至椭圆状披针形，长5~10厘米，宽0.5~2.5厘米，先端渐尖，基部渐狭，全缘，两面被疏长毛或无毛，边缘具缘毛；托叶鞘干膜质，常破裂。圆锥花序，顶生；苞片卵形，膜质，内含2~3花；花被白色或淡黄色，5深裂，裂片椭圆形。瘦果卵状菱形或椭圆形，具3棱，长3~5毫米。花期7~8月，果期9—10月。

【生态地理分布】产于玉树、囊谦、称多、玛沁、班玛、久治；生于灌丛、河边；海拔3 200~3 900米。

何首乌属 *Fallopia* Adans.

蔓首乌 *Fallopia convolvulus* (L.) A. Love

【形态特征】一年生草本。茎缠绕，长1~1.5米，下部常分枝，具纵棱。叶卵形或心形，顶端渐尖，基部心形或箭形，边缘全缘；托叶鞘膜质，长3~4毫米，偏斜。花序总状，腋生或顶生，花稀疏，下部间断，有时成花簇，生于叶腋；花被淡绿色，边缘白色，5中裂，裂片长椭圆形，外面的3个裂片背部具脊或狭翅，被小突起。瘦果卵形，具3棱，两端尖，黑色，包于宿存花被内。花期6—8月，果期7—9月。

【生态地理分布】产于班玛、泽库、共和、贵德、西宁、大通、湟中、乐都、循化；生于林缘、灌丛、山坡草地；海拔2 100~3 600米。

木藤蓼 *Fallopia aubertii* (L. Henry) Holub.

【形态特征】半灌木。茎缠绕,长1~4米。叶簇生稀互生,叶片长卵形或卵形,顶端急尖,基部近心形;托叶鞘膜质,偏斜。花序圆锥状,少分枝,腋生或顶生;苞片膜质,顶端急尖,每苞内具3~6花;花梗下部具关节;花被5深裂,淡绿色或白色,花被片外面3片较大,背部具翅,果时增大,基部下延;花被果时外形呈倒卵形。瘦果卵形,具3棱,长3.5~4毫米,黑褐色,包于宿存花被内。花期6—7月,果期8—9月。

【生态地理分布】产于同仁、尖扎、互助、循化;生于河谷、山坡、河边;海拔1 800~2 400米。

苋科 Amaranthaceae

驼绒藜属 *Krascheninnikovia* Gueldenst.

驼绒藜 *Krascheninnikovia* ceratoides (L.) Gueldenst.

【形态特征】灌木，高15~80厘米。分枝多集中于下部，斜展或平展。单叶，在小枝上互生，老枝上数枚簇生，线形至披针形，先端急尖或钝，基部渐狭、楔形或圆形，1脉，有时近基处有2条侧脉，极稀为羽状。雄花序生于枝顶，穗状；雌花腋生，雌花管椭圆形，长3~4毫米，宽约2毫米，顶端裂片角状，长度为管长的1/3到与管等长，果时管外被4束长柔毛。花果期6—9月。

【生态地理分布】产于玉树、玛沁、玛多、同仁、泽库、共和、兴海、同德、门源、德令哈、格尔木、都兰、乌兰、大柴旦、天峻、西宁、大通、乐都、民和、循化；生于干旱山坡、干旱河谷阶地、荒漠平原、河滩；海拔2 500~4 500米。

碱猪毛菜属 *Salsola* L.

蒿叶猪毛菜 *Salsola abrotanoides* Bunge

【形态特征】小灌木或半灌木，高10~30厘米。叶片半圆柱形，互生，老枝上的叶簇生于短枝末端，顶端钝或有小尖，基部扩展稍下延，在扩展处上方缢缩成柄状。花序穗状；花被片卵形，顶端钝，肉质，边缘膜质，果期自背面中部生翅；翅3个大，半圆形，2个小，倒卵形，膜质，黄褐色，有多数粗壮的脉；花被在翅以上部分革质，不反折，紧贴果实。胞果倒卵形。花期7—8月，果期9—10月。

【生态地理分布】产于共和、兴海、德令哈、芒崖、大柴旦、都兰、乌兰；生于盐碱化荒漠滩地、沟谷、山坡、山前干旱砾质地、干旱荒漠化草原；海拔2 800~3 500米。

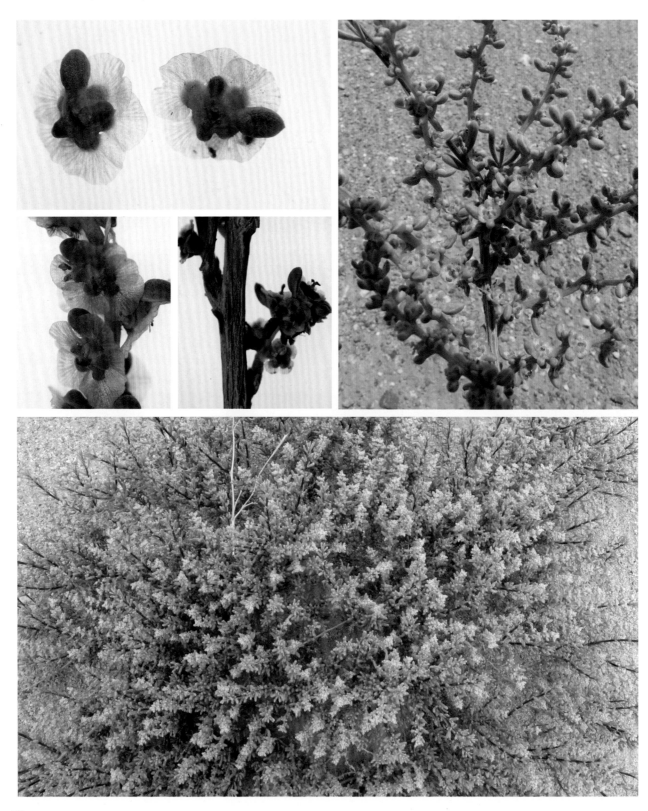

刺沙蓬 *Salsola tragus* L.

【形态特征】一年生草本，高30~50（100）厘米。茎直立，自基部分枝，分枝开展，有紫红色条纹，具短硬毛。叶互生，圆柱形或半圆形，长1~2（4）厘米，宽约1毫米，先端具长刺，基部扩展，具短硬毛。花被片针状长圆形或长圆形，膜质，果期自背面中部生翅；翅大小不等，3个较大，肾形或倒卵形，干膜质，具数条粗壮脉，2个较小而窄；翅以上的花被片部分，向内折曲，包被果实；胞果卵状圆锥形。花期8—9月，果期9—10月。

【生态地理分布】产于河南、兴海、德令哈、都兰；生于河谷沙地、砾质戈壁；海拔2 900~3 300米。

地肤属 *Kochia* Roth

地肤 *Kochia scoparia* (L.)Schrad.

【形态特征】一年生草本,高20~120厘米。茎直立,具细条棱。叶披针形或线状披针形,顶端短渐尖,基部渐狭成柄,常有明显的三条主脉,边缘疏生锈色缘毛。花两性或雌性,1~3枚生于上部叶腋,构成稀疏的圆锥花序,花下有时具淡黄褐色长柔毛;花被近球形,5深裂,裂片近三角,内曲,果期裂片背面中部具短的横翅;翅缘微波状或具缺刻。胞果扁球形,果皮膜质。花期8—9月,果期9—10月。

【生态地理分布】产于同仁、共和、兴海、同德、贵南、格尔木、乌兰、西宁、乐都;生于田边、荒地;海拔2 300~3 300米。

合头草属 *Sympegma* Bunge

合头草 *Sympegma regelii* Bunge

【形态特征】半灌木，高20~50厘米。枝条具多数单节间的小枝，小枝基部具关节，易断落。叶互生，肉质，圆柱形，顶端稍尖，基部缢缩易断，被乳头状毛。花两性，常1~3朵簇生于具单节间的腋生短枝顶端，花簇下具1对基部合生的苞叶；花被片5，草质，具膜质边缘，顶端稍钝，脉纹凸起，翅宽卵形至近圆形，不等大，淡黄色，具纵脉纹。胞果两侧稍扁，圆形，淡黄色。花期7—8月，果期9—10月。

【生态地理分布】产于共和、德令哈、格尔木、都兰、西宁；生于干旱阳坡、低山荒漠、盐碱旱谷、山麓盐碱滩地；海拔2 300~3 600米。

滨藜属 *Atriplex* L.

西伯利亚滨藜 *Atriplex sibirica* L.

【形态特征】一年生草本，高20～40厘米。茎常自基部分枝，钝4棱形，具粉粒。叶片卵状三角形至卵状菱形，顶端稍钝，基部宽楔形或近圆形，边缘具疏齿，近基部1对齿呈裂片状，或上部全缘而近基部具1对浅裂片，下面密被白粉。团伞花序腋生；雄花花被5深裂，裂片卵形至宽卵形；雌花苞片联合呈筒状，仅顶部分离，呈倒卵形，表面具不规则的棘状突起，顶缘薄，齿状，基部楔形。胞果扁平，卵状圆形。花期6—7月，果期8—9月。

【生态地理分布】产于尖扎、共和、兴海、贵南、德令哈、格尔木、都兰、乌兰、西宁、民和；生于田边、湖边、固定沙丘、干旱盐碱地；海拔1 900～3 100米。

腺毛藜属 *Dysphania* R. Br.

菊叶香藜 *Dysphania schraderiana* (Roemer & Schultes) Mosyakin & Clemants

【形态特征】一年生草本，高10~30厘米。有强烈气味。茎直立，具绿色色条，通常有分枝。叶片长圆形，边缘羽状浅裂至深裂，先端钝或渐尖，有时具短尖头，基部渐狭，下面有具节的短柔毛并兼有黄色无柄的颗粒状腺体。花单生，排列成二歧聚伞花序；花被5深裂，裂片卵形至狭卵形，背部具齿状纵隆基，边缘狭膜质，背面有具刺状突起的纵隆脊，并有短柔毛和颗粒状腺体。胞果扁球形，果皮膜质。种子横生。花期7~9月，果期9—10月。

【生态地理分布】产于玉树、果洛、黄南、海南、海北、海东；生于田边、荒地、半干旱山坡、河滩、林缘；海拔2 000~3 600米。

藜属 *Chenopodium* L.

灰绿藜 *Chenopodium glaucum* L.

【形态特征】一年生草本，高10~25厘米。茎平卧或外倾，具条棱及绿色或紫红色色条。叶片长圆形或披针形，先端急尖或钝，基部渐狭，边缘具缺刻状牙齿，上面无粉，平滑，下面有粉而呈灰白色，有时稍带紫红色。花两性兼有雌性，团伞花簇在叶腋或短枝形成有间断的穗状或穗状圆锥花序；花被裂片3~4，狭矩圆形或倒卵状披针形，先端钝，边缘膜质。胞果扁球形，果皮膜质。种子横生或斜生。花果期6—10月。

【生态地理分布】产于玉树、同仁、泽库、共和、同德、德令哈、都兰、乌兰、西宁、大通、湟中、湟源、平安、乐都、互助、民和、化隆、循化；生于盐碱性滩地、河边；海拔2 100~3 200米。

藜 *Chenopodium album* L.

【形态特征】一年生草本,高30~100厘米。茎具条棱及绿色或紫红色条纹。叶片菱状卵形或卵形至卵状披针形,先端急尖或微钝,基部楔形至宽楔形,边缘具不整齐牙齿或波状齿,下面多少被粉粒。花两性,花数朵簇生叶腋,再在枝上排成穗状圆锥花序;花被片5,裂片宽卵形至椭圆形,背面具深绿色纵隆基,边缘膜质。胞果双凸镜形或扁圆球形。种子横生。花果期5—10月。

【生态地理分布】产于全省各地;生于荒地、农田;海拔1 700~4 200米。

小白藜 *Chenopodium iljinii* Golosk.

【形态特征】一年生草本，高10~30厘米，全株有粉。茎平卧或斜升，多分枝，有时自基部分枝而无主茎。叶片卵形至卵状三角形，两面均有密粉，呈灰绿色，先端急尖或微钝，基部宽楔形，全缘或三浅裂，侧裂片在近基部，钝。花簇于枝端及叶腋的小枝上集成短穗状花序；花被裂片5，较少为4，倒卵状条形至矩圆形，背面有密粉。胞果顶基扁。种子横生。花果期7—10月。

【生态地理分布】产于玛沁、共和、同德、循化；生于河谷阶地、湖滨、河滩；海拔2 500~3 200米。

苋属 *Amaranthus* L.

反枝苋 *Amaranthus retroflexus* L.

【形态特征】一年生草本，高20~80厘米。茎直立，有时具带紫色条纹，稍具钝棱，密生短柔毛。叶片菱状卵形或椭圆状卵形，顶端锐尖或尖凹，基部楔形，全缘或波状缘，两面及边缘有柔毛。圆锥花序顶生及腋生，由多数穗状花序形成，顶生花穗较侧生者长；苞片及小苞片钻形，白色，背面有一龙骨状突起；花被片矩圆形或矩圆状倒卵形，薄膜质，白色，顶端急尖或尖凹。胞果扁卵形，长约1.5毫米，环状横裂，薄膜质，淡绿色，包裹在宿存花被片内。花期7—8月，果期9月。

【生态地理分布】产于尖扎、西宁、平安、民和、循化；生于田边、山坡；海拔2 000~2 700米。

石竹科 Caryophyllaceae

薄蒴草属 *Lepyrodiclis* Fenzl

薄蒴草 *Lepyrodiclis holosteoides* (C. A. Mey.) Fenzl. ex Fisch. et C. A. Mey.

【形态特征】一年生草本，高15~25厘米，全株被腺柔毛。茎多分枝，具纵条纹。叶对生，线状披针形或长圆状披针形，顶端尖，基部抱茎，上面被柔毛，沿中脉较密，边缘具腺柔毛。聚伞花序具多花；萼片5，线状披针形或长椭圆状披针形，顶端尖，边缘狭膜质，外面疏生腺柔毛；花瓣5，白色，匙形或倒卵形，顶端微凹。蒴果扁球形，短于宿存萼，2瓣裂。花期5—7月，果期7—8月。

【生态地理分布】产于囊谦、杂多、同仁、泽库、河南、尖扎、共和、兴海、同德、贵德、门源、刚察、祁连、西宁、大通、湟中、湟源、乐都、互助、民和；生于山坡草地、林缘、河滩；海拔2 200~4 200米。

卷耳属 *Cerastium* L.

簇生泉卷耳 *Cerastium fontanum* Baumg. subsp. *vulgare* (Hartman) Greuter et Burdet

【形态特征】多年生草本，高10~25厘米，全株被腺毛。茎单生或丛生，近直立，被白色短柔毛和腺毛。叶对生，卵状长圆形或长圆状披针形，顶端急尖或钝尖，两面均被短柔毛，边缘具缘毛。聚伞花序顶生，具多花，密集；萼片5，长圆状披针形，褐色，外面密被长腺毛；花瓣5，白色，倒卵状长圆形，与萼片等长或稍短，顶端2裂至1/3。蒴果圆柱形，长8~10毫米，长为宿存萼的2倍，顶端10齿裂。花期7—8月，果期8—9月。

【生态地理分布】产于玉树、囊谦、治多、曲麻莱、称多、玛沁、达日、久治、玛多、同仁、泽库、河南、同德、天峻、门源、祁连、西宁、大通、湟中、平安、乐都、互助、循化；生于山坡草地、林下、林缘、灌丛、河漫滩；海拔2 300~4 600米。

无心菜属 *Arenaria* L.

福禄草（西北蚤缀）*Arenaria przewalskii* Maxim.

【形态特征】多年生草本，高10～12厘米。茎基部宿存纤维状枯萎叶鞘，密被淡褐色腺毛。基生叶线形，基部连合成鞘，膜质，边缘稍反卷，具细小的齿状凸起，顶端钝或急尖；茎生叶披针形或狭披针形，边缘稍反卷，具细小的齿状小凸起，顶端钝。花3朵，呈聚伞状花序；萼片5，紫色，宽卵形，边缘膜质，下部具缘毛，顶端钝圆，有时微凹，密被腺毛；花瓣5，白色，倒卵形，顶端钝圆，有时微凹；花盘碟形，具5枚椭圆形的腺体。花果期7—8月。

【生态地理分布】产于玉树、玛沁、达日、久治、同仁、泽库、河南、兴海、同德、门源、祁连、大通、湟中、乐都、互助、循化；生于高山草甸；海拔3 500～4 700米。

繁缕属 *Stellaria* L.

繁缕 *Stellaria media* (L.) Villars.

【形态特征】一年生或二年生草本, 高5~25厘米。茎柔软, 多分枝, 被一行柔毛。叶卵形或卵圆形, 基部心形或楔形, 顶端锐尖; 叶柄长0.3~2厘米, 有时茎上部的叶无柄。聚伞花序, 花梗细弱。萼片5, 宽披针形, 背面被腺毛。花瓣5, 白色, 深2裂, 花盘不具腺体。蒴果卵形, 麦秆黄色, 顶端6齿裂。花期6—7月, 果期7—8月。

【生态地理分布】产于囊谦、同仁、西宁、大通; 生于山坡草地、林缘、灌丛、河边; 海拔2 300~3 900米。

亚伞花繁缕 *Stellaria subumbellata* Edgew.

【形态特征】一年生草本，高5~12厘米。茎疏丛生，细弱。叶椭圆形或椭圆状披针形，长0.5~1.5厘米，宽2~4毫米，顶端钝，基部圆形，无柄，具1脉。伞状聚伞花序，具数花；苞片膜质，卵形，长约1毫米；萼片5，卵形，长1~2毫米，顶端钝，边缘窄膜质；花瓣无；雄蕊5，花药黄色。蒴果长卵形，长约4毫米，为萼片的2倍，6瓣裂。花期6—7月，果期7—8月。

【生态地理分布】产于玉树、玛沁、大通、互助；生于林下，海拔3 000~4 000米。

禾叶繁缕 *Stellaria graminea* L.

【形态特征】多年生草本，高10~30厘米。茎细弱，密丛生，近直立，具4棱。叶无柄，叶片线形，顶端尖，基部稍狭，边缘基部有疏缘毛，下部叶腋生不育枝。聚伞花序顶生或腋生，有时具少数花；苞片披针形，长2 (5) 毫米，边缘膜质；萼片5，披针形或狭披针形，长4~4.5毫米，具3脉，绿色，顶端渐尖，边缘膜质；花瓣5，稍短于萼片，白色，2深裂。蒴果卵状长圆形，显著长于宿存萼，长3.5毫米。花期5—7月，果期8—9月。

【生态地理分布】产于玉树、囊谦、玛沁、久治、同仁、河南、兴海、同德、门源、祁连、互助；生于山坡岩石缝隙、山坡草地、林下灌丛、河滩；海拔2 500~4 200米。

石头花属 Gypsophila L.

细叶石头花（尖叶石头花） Gypsophila licentiana Hand. -Mazz.

【形态特征】多年生草本，高20~40厘米。茎直立，由基部多分枝，上部被白色腺状短柔毛。叶腋内具短小不育枝，叶线形至披针形，基部渐狭，顶端锐尖。圆锥状聚伞花序，具多花，密集呈头状；萼钟形，具5条紫色或绿色的宽脉，顶端5深裂，裂片长为花萼的1/2，顶端钝；花瓣5，白色，长约为萼的2倍，顶端圆形或微凹。蒴果卵圆形，2瓣裂，瓣片2深裂。花期7—8月，果期8—9月。

【生态地理分布】产于同仁、贵德、西宁、湟源、互助；生于山坡、石隙；海拔2 250~2 800米。

蝇子草属 *Silene* L.

女娄菜 *Silene aprica* Turcz. ex Fisch. et Mey.

【形态特征】直立草本，高40～60厘米。丛生或单生，密被短柔毛。叶线形或线状披针形。花序聚伞形或圆锥状聚伞形，具数花至多花；萼筒状，外面密被短柔毛，顶端具5齿，具脉10，绿色或黑色；花瓣5，白色，或上部紫红色，等于或微短于萼，瓣片顶部2深裂，喉部具2椭圆形小鳞片；花柱3，线形。蒴果卵圆形，与萼片近等长，3瓣裂。花期5—7月，果期6—8月。

【生态地理分布】产于玉树、杂多、曲麻莱、称多、玛沁、达日、久治、玛多、同仁、泽库、河南、共和、兴海、同德、贵南、天峻、门源、刚察、西宁、大通、湟源、乐都、互助、民和、循化；生于山坡草地、灌丛、林下、河边、滩地；海拔2 000～4 150米。

细蝇子草 *Silene gracilicaulis* C. L. Tang

【形态特征】：多年生草本，高40~60厘米。茎直立，疏丛生。叶在基部簇生，茎生者2~3对，线状披针形或线形，基部扩大，抱茎，顶端尖，具缘毛。总状聚伞花序，具花多数；萼钟形，萼齿圆形，边缘膜质，疏被缘毛，萼脉10，较细，紫色或绿色；花瓣5，白色或淡黄色，深2裂至中部，裂片线状长圆形；鳞片椭圆形，爪基部具稀疏的缘毛或无。花期7—8月，果期8—9月。

【生态地理分布】产于玉树、囊谦、治多、曲麻莱、称多、玛沁、久治、玛多、同仁、泽库、河南、共和、兴海、同德、贵南、贵德、乌兰、天峻、门源、刚察、祁连、大通、湟中、湟源、乐都、互助、民和；生于高山草甸、山坡草地、林下、河滩、河边、岩石缝隙；海拔2 400~4 300米。

毛茛科 Ranunculaceae

驴蹄草属 *Caltha* L.

花葶驴蹄草 *Caltha scaposa* Hook. f. et Thoms

【形态特征】多年生低矮草本，高5~16厘米。茎单一或数条。基生叶3~10，具长柄，叶片心状卵形或三角形卵形，顶端圆形，基部深心形，边缘全缘或带波形，有时疏生小牙齿；茎生叶无或1枚。花单生茎顶，萼片5(7)，黄色，椭圆形或卵形，顶端圆形；无花瓣。蓇葖果，蓇葖长1~1.6厘米，宽2.5~3毫米，具横脉，喙长约1毫米。花果期6—9月。

【生态地理分布】产于玉树、杂多、治多、称多、久治、玛多、同仁、湟中、互助；生于山坡草地、高寒灌丛、高寒草甸、河滩；海拔3 400~4 600米。

空茎驴蹄草 *Caltha palutris* L. var. *barthei* Hance

【形态特征】多年生草本，高可达120厘米。茎中空，粗壮，直径可达12毫米。叶片圆形、圆肾形或心形，顶部圆形，基部心形，叶缘密生三角形牙齿，叶柄长7~24厘米；花序下之叶与基生叶近等大。单歧聚伞花序，分枝多，花多数；萼片5，黄色，倒卵形或狭倒卵形，顶端圆形；无花瓣。蓇葖果，具横脉，喙长约1毫米。花果期6—8月。

【生态地理分布】产于湟中；生于山谷、草坡、林下；海拔2 200~3 200米。

金莲花属 *Trollius* L.

矮金莲花 *Trollius farreri* Stapf

【形态特征】多年生草本，高5~25厘米。茎1~3，不分枝。叶3~6枚，基生或近基生，具长柄；叶五角形，基部心形，3全裂近基部，中裂片菱状倒卵形或楔形，3浅裂，小裂片具2~3不规则三角形牙齿，侧裂片不等2裂，二回裂片疏生小裂片及三角形牙齿；叶柄基部具宽鞘。单花顶生；萼片5(6)，黄色，外面常带暗紫色，宽倒卵形，先端圆，宿存；花瓣匙状线形，宽不足1毫米，先端圆；心皮6~9。蓇葖果长0.9~1.2厘米。花期6—7月，果期7—8月。

【生态地理分布】产于玉树、囊谦、治多、玛沁、玛多、同仁、河南、兴海、贵南、乌兰、门源、大通、湟源、乐都、互助；生于山坡灌丛、草甸、高山流石滩、河滩；海拔2 900~5 200米。

升麻属 *Cimicifuga* L.

升麻 *Cimicifuga foetida* L.

【形态特征】多年生草本，高1~2米。茎基部粗达1.4厘米，微具槽，分枝，被短柔毛。叶为2~3回三出复叶，顶生小叶菱形，常浅裂，边缘有锯齿，侧生小叶斜卵形。圆锥花序由多个总状花序构成，长达45厘米，花序轴密被腺毛及短毛；萼片倒卵状披针形或卵形，淡绿色；退化雄蕊宽椭圆形，顶端微凹或浅2裂，近膜质。蓇葖果矩状长圆形，有伏毛，基部渐狭成长2~3毫米的柄，顶端有短喙。花期7—8月，果期8—9月。

【生态地理分布】产于班玛、同仁、泽库、门源、大通、湟中、互助、循化；生于林下、林缘、灌丛；海拔2 700~3 700米。

乌头属 *Aconitum* L.

高乌头 *Aconitum sinomontanum* Nakai

【形态特征】多年生草本，高60~70厘米。茎上部近花序处被反曲的短柔毛，不分枝或分枝。叶肾形或圆肾形，基部心形，三深裂至近基部；中央裂片3裂，边缘具三角形锐齿；侧裂片斜扇形，不等3裂。总状花序具多花，轴及花梗被紧贴的短柔毛；萼蓝色或淡紫色，上萼片圆筒形，外缘中部稍缢缩，外面密被短曲柔毛；花瓣长2厘米，唇舌形，距长约6.5毫米，向后拳卷；心皮3。菁葖果具宿存花柱。花期7—8月，果期8—9月。

【生态地理分布】产于班玛、同仁、门源、大通、互助、循化；生于林下、林缘、灌丛、山坡草地；海拔2 300~3 200米。

甘青乌头 *Aconitum tanguticum* (Maxim.) Stapf

【形态特征】多年生草本，高8~30厘米。块根纺锤形或倒卵形。茎密被反曲贴伏的短柔毛。基生叶7~9枚，有长柄，叶片圆形或圆肾形，三深裂至中部或中部之下，深裂片互相稍覆压，边缘具圆齿。顶生总状花序有3~5花，轴和花梗具反曲柔毛；萼蓝紫色，上萼片船形，下萼片宽椭圆形；花瓣极小，长0.6~1.5毫米，距短，直。蓇葖长约1厘米。花期7—8月，果期8—9月。

【生态地理分布】产于玉树、囊谦、杂多、治多、曲麻莱、久治、玛多、同仁、泽库、河南、兴海、门源、祁连、大通、湟中、互助、循化；生于河滩、高山草甸、高山流石滩；海拔3 450~4 700米。

松潘乌头 *Aconitum sungpanense* Hand.-Mazz.

【形态特征】草质藤本。茎缠绕，分枝。茎中部的叶柄较长；叶片五角形，三全裂，中央裂片卵状菱形，3裂，小裂片齿裂，侧裂片与中央裂片相似，两面疏被短柔毛。总状花序具数花，轴和花梗疏被反曲的短柔毛；下部的苞片3裂，其余苞片线形；萼片淡紫色，疏被短柔毛，上萼片高盔形，下缘稍凹，外缘直，中部稍缢缩，具短喙；花瓣唇长4~5毫米，微凹，距长1~2毫米，向后弯曲。花期7—8月，果期8—9月。

【生态地理分布】产于乐都、互助、民和、循化；生于林下、林缘、灌丛；海拔2 000~2 800米。

铁棒锤 *Aconitum pendulum* Busch

【形态特征】多年生草本，高25~80厘米。根圆锥形。茎直立，不分枝。茎下部叶在开花时枯萎，茎生叶掌状全裂，小裂片线形。顶生总状花序，长8~25厘米，轴和花梗密被开展的黄色短柔毛；萼片黄绿色，外被伸展的短柔毛，上萼片船状镰刀形或镰刀形，具爪，侧萼片圆倒卵形，下萼片斜长圆形；花瓣片长8毫米，唇长1.5~4毫米，距长近1毫米，向后弯曲；心皮5。蓇葖长1.1~1.4厘米。花果期7—9月。

【生态地理分布】产于玉树、曲麻莱、杂多、玛沁、玛多、泽库、兴海、贵南、门源、祁连、互助；生于山坡、河滩、砂砾地；海拔2 600~4 700米。

露蕊乌头 *Aconitum gymnandrum* Maxim.

【形态特征】一年生草本，高20~80厘米，被短柔毛。根圆柱形。茎常分枝。叶片宽卵形，三全裂，裂片二至三回深裂，小裂片狭卵形至披针形。总状花序具6~16花；小苞片披针形，有时三全裂。萼片蓝紫色，外面疏被长柔毛，具爪，上萼片船形；花瓣的唇扇形，边缘有小齿；雄蕊外露，被短毛；子房有毛。蓇葖长0.8~1.2厘米。花果期7—9月。

【生态地理分布】产于玉树、囊谦、杂多、治多、曲麻莱、玛沁、班玛、久治、玛多、同仁、泽库、河南、尖扎、共和、兴海、贵南、门源、祁连、西宁、大通、湟中、湟源、乐都、互助、民和、循化；生于山坡、河谷；海拔2 200~4 300米。

翠雀属 *Delphinium* L.

大通翠雀花 *Delphinium pylzowii* Maxim.

【形态特征】多年生草本，高5~15厘米。茎由下部分枝，被反曲短柔毛。叶片圆五角形，三全裂，中央裂片一回三裂或二至三回近羽状细裂，小裂片窄披针形至线形，两面疏被短柔毛。花序伞房状，具二至数花，或单生茎顶与分枝顶端；小苞片线形或钻形；萼片蓝紫色，外面被白色柔毛，距钻形，末端向下弯曲；花瓣无毛，顶端微凹；退化雄蕊瓣片黑褐色，二裂达中部，腹面被黄色髯毛；心皮5；蓇葖长约1.8厘米。花期7—8月，果期8—9月。

【生态地理分布】产于玉树、囊谦、杂多、治多、曲麻莱、玛多、泽库、河南、兴海、祁连、大通、湟中、互助、循化；生于山坡草地、高山草甸、高山流石坡；海拔2 500~5 000米。

螺距黑水翠雀花（川黔翠雀花） *Delphinium potaninii* Huth var. *bonvalotii* (Franchet) W. T. Wang

【形态特征】多年生草本，高50~70厘米。茎上部分枝。叶片五角形，基部心形，三深裂至基部，中央裂片菱形，渐尖，三裂，二回裂片浅裂或呈齿状裂，侧深裂片斜扇形，不等二深裂。伞房状或短总状花序，分枝顶端的花序伞房状；萼片蓝紫色，椭圆状倒卵形，外面有黄色短腺毛和白色短伏毛，距钻形，向下马蹄状或螺旋状弯曲；退化雄蕊蓝紫色，二裂至中部，有长缘毛，腹面有黄色髯毛；心皮3；蓇葖长7~14毫米。花期6—8月，果期7—9月。

【生态地理分布】产于班玛；生于林缘；海拔3 200~3 700米。

拟耧斗菜属 *Paraquilegia* J. R. Drumm. et Hutch.

拟耧斗菜 *Paraquilegia microphylla* (Royle) Drumm. et Hutch.

【形态特征】多年生草本，高15~20厘米。二回三出复叶，叶片轮廓三角状卵形，中央小叶宽菱形，三深裂，裂片细裂。苞片2枚，倒披针形，基部具膜质鞘；萼淡堇色或淡紫红色，稀白色，倒卵形或椭圆形倒卵形，顶端圆形，在果期脱落；花瓣倒卵形至倒卵状长椭圆形，顶端微凹。蓇葖果。种子表面光滑。花期7—8月，果期8—9月。

【生态地理分布】产于玉树、囊谦、杂多、治多、曲麻莱、玛沁、久治、同仁、泽库、河南、兴海、门源、祁连、互助、循化；生于岩石缝隙，灌丛、林缘；海拔2 900~4 700米。

唐松草属 *Thalictrum* L.

高山唐松草 *Thalictrum alpinum* L.

【形态特征】多年生草本，高6~20厘米。花葶1~2条，不分枝。叶基生，二回羽状三出复叶；小叶薄革质，有短柄或无柄，圆菱形、菱状宽倒卵形或倒卵形，长和宽为3~5毫米，基部圆形或宽楔形，三浅裂，浅裂片全缘。总状花序；苞片小，狭卵形；花梗向下弯曲，长1~10毫米；萼片4，脱落，椭圆形，长约2毫米；心皮3~5。瘦果无柄或有不明显的柄，狭椭圆形，稍扁，长约3毫米，有8条粗纵肋。花果期7—8月。

【生态地理分布】产于玉树、杂多、治多、曲麻莱、玛沁、玛多、共和、兴海、海晏、门源；生于高山草甸、河滩、谷地；海拔2 500~4 700米。

瓣蕊唐松草 *Thalictrum petaloideum* L.

【形态特征】多年生草本，高15~70厘米。基生叶数个，三至四回三出复叶或羽状复叶，小叶倒卵形或近圆形，三浅裂或深裂，裂片全缘。花序伞房状；萼片4，白色，卵形，早落；花瓣缺；雄蕊多数，花丝宽，白色，上部倒披针形；心皮4~13，无柄。瘦果卵形，长4~6毫米，有8条纵肋，宿存花柱长约1毫米。花期6—7月，果期8月。

【生态地理分布】产于玛多、同仁、尖扎、共和、门源、西宁、大通、乐都、互助、循化；生于山坡草地、林缘、灌丛；海拔2 000~3 100米。

贝加尔唐松草 *Thalictrum baicalense* Turcz.

【形态特征】多年生草本，高45～80厘米。三回三出复叶；叶片长9～16厘米；顶生小叶宽菱形、扁菱形或菱状宽倒卵形，长1.8～4.5厘米，宽2～5厘米，基部宽楔形或近圆形，三浅裂，裂片有圆齿。花序圆锥状，长2.5～4.5厘米；萼片4，绿白色，椭圆形，长约2毫米，早落；雄蕊15～20；心皮3～7。瘦果卵球形或宽椭圆球形，稍扁，长约3毫米，有8条纵肋。花期5—7月，果期7—8月。

【生态地理分布】产于西宁、大通、乐都、互助、民和、循化；生于林下、林缘；海拔1 900～2 600米。

长柄唐松草 *Thalictrum przewalskii* Maxim.

【形态特征】多年生草本，高50~120厘米。基生叶和近基部的茎生叶在开花时枯萎，四回三出复叶，顶生小叶卵形、菱状椭圆形、倒卵形或近圆形，顶端钝形或圆形，基部圆形、浅心形或宽楔形，三裂常达中部，有粗齿，有短毛；托叶膜质，半圆形，边缘不规则开裂。圆锥花序多分枝；萼片白色或稍带黄绿色，狭卵形，早落；花丝上部线状倒披针形，下部丝形；心皮4~9。瘦果扁，斜倒卵形，长0.6~1.2厘米，有4条纵肋。花果期6—9月。

【生态地理分布】产于班玛、久治、玛沁、同仁、泽库、河南、门源、西宁、大通、湟中、民和、循化；生于林下、林缘、灌丛、岩石缝隙；海拔2 230~3 450米。

箭头唐松草 *Thalictrum simplex* L.

【形态特征】多年生草本，高55~100厘米。茎生叶为二回羽状复叶，小叶圆菱形、菱状宽卵形或倒卵形，基部圆形，三裂，裂片顶端钝或圆形，有圆齿；茎上部叶渐变小，小叶倒卵形或楔状倒卵形，基部圆形、钝形或楔形，裂片顶端急尖。圆锥花序长；萼片4，早落，狭椭圆形，长约2.2毫米；雄蕊约15，花丝丝形；心皮3~6，无柄。瘦果狭椭圆球形或狭卵球形，长约2毫米，有8条纵肋。花果期7—9月。

【生态地理分布】产于西宁；生于山坡草地；海拔2 200~2 300米。

钩柱唐松草 *Thalictrum uncatum* Maxim.

【形态特征】多年生草本，高45~90厘米。茎上部分枝。叶四至五回三出复叶；顶生小叶楔状倒卵形或宽菱形，顶端钝，基部宽楔形或圆形，三浅裂。花序狭长，似总状花序，生茎和分枝顶端；萼片4，淡紫色，椭圆形，长约3毫米，宽约1.2毫米，钝；雄蕊约10，长约7毫米，花丝上部狭线形，下部丝形；心皮6~12。瘦果扁平，半月形，长4~5毫米，有8条纵肋，宿存花柱长约2毫米，顶端拳卷。花果期6—8月。

【生态地理分布】产于玉树、同仁、河南、互助、民和；生于山坡、灌丛、林下；海拔3 000~3 500米。

芸香叶唐松草 *Thalictrum rutifolium* Hook. f. et Thoms

【形态特征】多年生草本，高10~50厘米，全株无毛。茎直立，具细棱，上部分枝。基生叶和茎下部的叶具长柄，为三至四回近羽状复叶；托叶膜质，分裂。单歧聚伞花序；萼片4，淡紫色，卵形，早落；雄蕊数个至多数，花丝丝状；心皮3~5，基部渐狭成短柄，花柱短，腹面密生柱头组织。瘦果倒垂，稍扁，镰状半月形，宿存花柱反曲。花期6—8月，果期7—9月。

【生态地理分布】产于玉树、囊谦、杂多、治多、曲麻莱、久治、玛多、同仁、泽库、河南、尖扎、共和、兴海、大通；生于山坡草地、疏林；海拔3 200~4 600米。

银莲花属 *Anemone* L.

草玉梅 *Anemone rivularis* Buch.-Ham.

【形态特征】多年生草本,高20~70厘米。基生叶3~5,有长柄;叶片心形或心状五角形,三全裂,中裂片三深裂,侧裂片不等二深裂。花葶1~3,直立;聚伞花序二至三回分枝;苞片有柄呈鞘状;萼片6~10,白色,有时背面带紫色,花瓣状,外被顶端有密毛;花瓣缺;花柱钩状拳卷。瘦果狭卵球形,稍扁,长7~8毫米,宿存花柱钩状弯曲。花期5—8月,果期6—9月。

【生态地理分布】产于玉树、治多、玛沁、久治、玛多、同仁、泽库、河南、尖扎、兴海、西宁、大通;生于河谷、林下、河滩、山坡草地;海拔2 300~3 600米。

大火草 *Anemone tomentosa* (Maxim.) Pei

【形态特征】多年生草本，高40～10厘米。基生叶3～4，有长柄，三出复叶；小叶三深裂，边缘具不规则的小裂片和粗齿，表面有糙伏毛，背面密被白色茸毛。花葶粗壮，被短柔毛；聚伞花序长30厘米，2～3回分枝。萼片5，淡粉红色，倒卵形；心皮多数，密集呈球形，密被绵毛。聚合果球形，直径约1厘米；瘦果长约3毫米，有细柄，密被绵毛。花期7—8月，果期8—9月。

【生态地理分布】产于民和、循化；生于山坡、林缘、河漫滩；海拔1 850～2 600米。

疏齿银莲花 *Anemone geum* H. Léveillé subsp. *ovalifolia* (Bruhl) R. P. Chaudhary

【形态特征】多年生草本，高5~30厘米。基生叶具长柄，叶片肾状五角形或阔卵形，基部心形，三全裂，中裂片菱状倒卵形，二回全裂，侧裂片三浅裂或三深裂，裂片全缘或具2~3齿。花葶3~5，密被白色柔毛；苞片无柄，3裂；萼片5，蓝色、黄色或白色。瘦果倒卵形，多少被短柔毛，花柱宿存。花期6—7月，果期8—9月。

【生态地理分布】产于玉树、囊谦、曲麻莱、玛沁、久治、同仁、泽库、河南、尖扎、共和、西宁、大通、乐都、互助、民和；生于河滩、河谷、林缘、灌丛、高山草甸；海拔2 300~4 800米。

条叶银莲花 *Anemone coelestina* Franchet var. *linearis* (Bruhl) Ziman et B. E. Dutton

【形态特征】多年生草本，高10~25厘米。基生叶具柄，叶片楔状倒卵形或匙形，长2.2~7.5厘米，宽8~12毫米，基部楔形，顶端具3齿，两面密被柔毛。花葶具细棱，被柔毛；苞片3，无柄；萼片5，白色、蓝色或黄色，倒卵形或椭圆形，长0.7~1.1厘米，宽2~6毫米，顶端圆形，外面中部具柔毛；心皮数个，子房卵形，密被黄色柔毛。花期6—8月，果期7—9月。

【生态地理分布】产于玉树、囊谦、玛沁、班玛、久治、同仁、河南、大通、循化；生于河滩、山坡草地、山地草甸；海拔2 700~4 400米。

叠裂银莲花 *Anemone imbricata* Maxim.

【形态特征】多年生草本，高5~15厘米。基生叶具长柄，基部具密集的纤维状残叶基，叶片椭圆状窄卵形，基部心形，三全裂，裂片再裂，各回裂片互相覆压，表面疏被长柔毛，背面毛密；叶柄、花葶密被柔毛；苞片3，三深裂，密被长柔毛；萼片6~9，黑紫色，无毛；花丝黑紫色；心皮多数，无毛。瘦果扁平，椭圆形，长约6.5毫米，有宽边缘，顶端有弯曲的短宿存花柱。花期5—8月，果期6—9月。

【生态地理分布】产于玉树、囊谦、杂多、治多、曲麻莱、玛沁、班玛、久治、河南、兴海、乌兰、大通；生于高山草甸、灌丛、流石滩；海拔3 200~5 100米。

铁线莲属 *Clematis* L.

小叶铁线莲 *Clematis nannophylla* Maxim.

【形态特征】直立小灌木,高30~90厘米。幼枝红褐色,老枝灰色,有棱。单叶对生或数叶簇生,羽状全裂,裂片2~4对,裂片2~3裂。花单生或3花排列成聚伞花序;花萼钟状,萼片4,黄色或淡褐色,被柔毛;心皮多数,子房密被白色茸毛。瘦果密被灰白色柔毛,宿存花柱长2厘米,密被黄色绢毛。花果期7—9月。

【生态地理分布】产于同仁、尖扎、西宁、湟中、互助、循化;生于山地草地;海拔1 900~2 650米。

粉绿铁线莲 *Clematis glauca* Willd.

【形态特征】草质藤本。茎纤细,具细棱。叶灰绿色,一至二回羽状复叶;小叶二至三全裂或深裂、浅裂至不裂,小叶裂片椭圆形、长椭圆形或长卵形。聚伞花序,具3花;苞片全缘或2~3裂;萼片4,外面基部紫色,长椭圆状卵形或卵形,长0.8~1.8厘米,宽5~8毫米,顶端尖,边缘被短柔毛;雄蕊疏被柔毛;心皮多数,子房被白色茸毛,花柱较子房长约1倍。花期6—7月,果期8—10月。

【生态地理分布】产于门源、祁连、西宁、湟源;生于山坡草地;海拔2 200~2 800米。

短尾铁线莲 *Clematis brevicaudata* DC.

【形态特征】草质藤本。枝条紫褐色。叶一至二回羽状复叶或二回三出复叶, 小叶宽卵形至披针形, 边缘疏生粗齿, 有时三裂。圆锥状聚伞花序, 顶生或腋生; 花直径1~2厘米; 萼片4, 窄倒卵形, 长8毫米, 白色, 开展, 两面被短柔毛; 雄蕊无毛; 心皮多数, 瘦果卵形, 密生柔毛, 宿存花柱长1~3厘米。花期7—9月, 果期9—10月。

【生态地理分布】产于泽库、尖扎、大通、湟中、循化; 生于林缘、灌丛、山坡草地; 海拔1 850~3 000米。

芹叶铁线莲 *Clematis aethusifolia* Turcz.

【形态特征】多年生草质藤本，长0.5~1米。茎纤细，有纵沟。二至三回羽状复叶或羽状细裂，末回裂片线形，宽1~3毫米，顶端渐尖或钝圆。聚伞花序腋生，具1~3花；苞片羽状细裂；花钟状下垂，直径1~1.5厘米；萼片4枚，淡黄色或淡黄褐色，矩椭圆形或狭卵形，边缘密被乳白色茸毛；雄蕊长为萼片之半，花丝线形或披针形，中上部被稀疏柔毛。瘦果宽卵形或圆形，被短柔毛，宿存花柱长2~2.5厘米。花期7~8月，果期9月。

【生态地理分布】产于同仁、尖扎、祁连、西宁、湟源、互助、循化；生于林缘、灌丛、山坡草地、河滩；海拔2 000~2 800米。

侧金盏花属 *Adonis* L.

蓝侧金盏花 *Adonis coerulea* Maxim.

【形态特征】多年生草本，高10~15厘米。茎由基部分枝，最下面的具乳白色鳞片，呈鞘状包裹茎基。叶长圆形或长圆状卵形，二至三回羽状分裂，羽片4~6对，末回裂片卵形或披针形，顶端具短尖头；叶柄基部具鞘。花单生；萼片5~7，倒卵状椭圆形或卵形，花瓣8~10，淡蓝色或堇色，窄倒卵形，顶端钝；雄蕊多数，花丝线形；心皮多数，卵形，花柱极短。花果期5—7月。

【生态地理分布】产于玉树、囊谦、杂多、治多、曲麻莱、称多、玛沁、久治、玛多、同仁、尖扎、兴海、格尔木、门源、大通、乐都、互助；生于山坡草地、灌丛、河滩；海拔2 200~4 700米。

毛茛属 *Ranunculus* L.

高原毛茛 *Ranunculus tanguticus* (Maxim.) Ovcz.

【形态特征】多年生草本，高10~30厘米。茎多分枝，被白色柔毛。基生叶为三出复叶，小叶片2~3回三全裂或深、中裂，末回裂片披针形或线形，顶端稍尖；茎生叶3~5全裂，裂片线形。花较多，单生于茎顶和分枝顶端；萼片5，椭圆形；花瓣5，黄色，倒卵状圆形，基部有窄长爪，密槽点状。聚合果长圆形，长6~8毫米；瘦果卵球形，较扁，长1.2~1.5毫米，喙直伸或稍弯，长0.5~1毫米。花果期6—8月。

【生态地理分布】产于玉树、曲麻莱、玛沁、班玛、久治、玛多、同仁、泽库、河南、尖扎、兴海、天峻、海晏、门源、西宁、大通、乐都、互助、民和、循化；生于河漫滩、沼泽草甸、山地阴坡、灌丛草甸；海拔2 300~4 400米。

云生毛茛 *Ranunculus nephelogenes* Edgeworth

【形态特征】多年生草本，高15~20厘米。基生叶为单叶，卵形或长椭圆形，基部楔形，顶端钝，全缘；茎生叶披针形至线形。花单生枝顶或短分枝顶端；萼片5，卵形，长约4毫米，外面密生短柔毛；花瓣5，倒卵形至卵圆形，长于萼片，黄色，有短爪，密槽呈点状袋穴。聚合果卵球形，直径4~6毫米；瘦果卵球形，长1~2毫米，稍扁，背腹有纵棱，喙直伸，长约1毫米。花果期6—8月。

【生态地理分布】产于玉树、囊谦、玛多、久治、同仁、泽库、河南、西宁、大通、互助、循化；生于高山草甸、林下、河滩、沼泽草甸；海拔2 210~4 400米。

浮毛茛 *Ranunculus natans* C. A. Mey.

【形态特征】多年生水生草本，高20~30厘米。茎多数，铺散蔓生。基生叶和下部叶较多，有长柄；叶片肾形或肾圆形，基部浅心形或截形，3~5浅裂，裂片钝圆，有时疏生圆齿；上部叶较小，3浅裂或不分裂。花单生；萼片卵圆形，长3~4毫米；花瓣5，倒卵圆形，下部骤然变窄成长约1毫米的爪，蜜槽点状位于爪的上端。聚合果近球形，直径约7毫米；瘦果多，卵球形，稍扁，长约1.5毫米，无毛，背腹纵肋常内凹成细槽，喙短，长约0.2毫米。花果期7—9月。

【生态地理分布】产于共和、大通；生于湖滨、湿地；海拔2 400~3 200米。

鸦跖花属 *Oxygraphis* Bunge

鸦跖花 *Oxygraphis glacialis* (Fisch. ex DC.) Bunge

【形态特征】矮小草本，高15~20厘米。叶基生，宽卵形或卵形，基部宽楔形，顶端钝圆，有3出脉，全缘，常有软骨质边缘。花葶2~5；花单生；萼片5~7，宽倒卵形；花瓣10~21，黄色，长圆形、倒卵形或倒披针形，基部楔形，顶端钝形或圆形，具褐色细脉纹，蜜槽呈杯状凹穴；心皮多数。聚合果近球形，直径约1厘米；瘦果楔状菱形，有4条纵肋，背肋明显，喙顶生，短而硬，基部两侧有翼。花果期6—8月。

【生态地理分布】产于玉树、曲麻莱、称多、玛沁、久治、玛多、同仁、泽库、门源、祁连、大通、互助、循化；生于高山草甸、高山流石坡；海拔2 300~4 850米。

碱毛茛属 *Halerpestes* Greene

三裂碱毛茛 *Halerpestes tricuspis* (Maxim.) Hand.-Mazz.

【形态特征】多年生草本，高3~10厘米。匍匐茎纤细，横走。叶基生，质地较厚，三中裂至三深裂，有时侧裂片2~3裂或有齿，中裂片较长。花单生，苞片线形；萼片5，卵状长圆形，长3~5毫米；花瓣5，黄色或表面白色，窄卵形或窄倒卵形，长4~5毫米，蜜槽点状或上部分离成极小鳞片。聚合果近球形，直径3.5~6毫米；瘦果多数，斜倒卵形，常带紫红色，有3~7条纵肋。花果期5—8月。

【生态地理分布】产于玉树、治多、久治、同仁、共和、兴海、门源、西宁、大通、互助；生于河漫滩、沼泽草甸、阴坡潮湿地；海拔2 200~4 200米。

丝裂碱毛茛 *Halerpestes filisecta* L. Liou

【形态特征】多年生草本，高3～10厘米。匍匐茎纤细，横走。叶基生，三深裂至中部以下，裂片条形或细线形，全缘或有时具2～3齿。花单生；苞片线形，疏被短柔毛；萼片5，卵状长圆形；花瓣5，黄色，或表面乳白色，窄卵形或窄倒卵形，密槽点状或上部分离成极小的鳞片。聚合果近球形；瘦果多数，斜倒卵形，常带紫红色，两面微膨起，有3～7条纵肋，喙极短。花果期5—8月。

【生态地理分布】产于玉树、治多、曲麻莱、共和、兴海、门源、互助；生于河漫滩、河边、沼泽草甸、阴坡的潮湿地；海拔2 700～4 600米。

水毛茛属 *Batrachium* S.F.Gray

水毛茛 *Batrachium bungei* (Steud) L. Liou

【形态特征】多年生水生植物，茎长约50厘米。叶片近半圆形或扇状半圆形，三至五回2~3裂，小裂片线形，收拢或近叉开；叶柄长0.7~1.5厘米；基部有鞘，鞘长3~4毫米。花直径0.7~1.5厘米；萼片反折，卵状椭圆形，长2~4毫米，边缘膜质；花瓣黄色，倒卵形，长5~9毫米。聚合果球形，直径3.5毫米；瘦果20~40枚，长1.2~2毫米，斜狭倒卵形，有横纹。花果期5—8月。

【生态地理分布】产于玉树、杂多、治多、久治、玛多、同仁、泽库、河南、祁连、大通；生于河滩、湖边、小溪；海拔3 000~4 700米。

小檗科 Berberidaceae

小檗属 *Berberis* L.

鲜黄小檗 *Berberis diaphana* Maxim.

【形态特征】灌木，高1.5~2米。老枝具棱；刺三分叉，长1~2厘米。叶椭圆状倒卵形或倒卵形，先端微钝，基部楔形，叶缘有1~7刺状锯齿或全缘。花单生或2~5朵生于叶丛的总花梗上；萼片6，2轮，外萼片近卵形，内萼片椭圆形；花瓣6，鲜黄色，卵状椭圆形，先端急尖，锐裂，基部缢缩呈爪，具2枚分离腺体。浆果红色，卵状长圆形，花柱宿存，具6~10枚种子。花期6—8月，果期8—9月。

【生态地理分布】产于玉树、杂多、玛沁、久治、同仁、泽库、河南、尖扎、同德、贵德、门源、大通、湟中、湟源、乐都、互助、民和、循化；生于山坡草地、林下、河谷阶地；海拔2 350~3 850米。

匙叶小檗 *Berberis vernae* Schneid.

【形态特征】落叶灌木，高2~3米。幼枝紫色，具槽；刺紫色，单生，有时三分叉。叶簇生，叶片椭圆形或倒披针形，长1~4厘米，宽0.5~1厘米，先端钝，基部渐狭，具短柄，全缘。总状花序长2~3厘米，花多数，密集；小花梗长2~3毫米；小苞片黄色，卵形，长1~2毫米；萼片6，黄色，椭圆形，长约2.5毫米，宽约2毫米，先端钝；花瓣6，黄色，椭圆形，长约2.5毫米，宽约1.5毫米，基部具2腺点；浆果红色，椭圆形。花期6—7月，果期8—9月。

【生态地理分布】产于玉树、称多、同仁、尖扎、兴海、门源、大通、湟源、乐都、互助、民和；生于河谷、山麓；海拔2 700~3 900米。

直穗小檗 *Berberis dasystachya* Maxim.

【形态特征】灌木，高1~2.5米。幼枝紫色，老枝灰黄色；刺单生或呈三叉。叶簇生，宽椭圆形或卵圆形，先端钝圆，基部骤缩，稍下延，呈楔形、圆形或心形，边缘具25~50个锯齿；总状花序，具多花，长4~7厘米；萼片6，二轮，外萼片披针形，内萼片倒卵形；花瓣6，2轮，黄色，椭圆状卵形，先端全缘，基部缢缩呈爪，具2枚分离长圆状椭圆形腺体。浆果椭圆形，红色，长6~7毫米，直径5~5.5毫米，具种子1~2枚。花期6~7月，果期8—9月。

【生态地理分布】产于玉树、同仁、泽库、尖扎、门源、大通、湟中、湟源、平安、乐都、互助、民和、循化；生于山坡草地、河谷；海拔2 500~3 800米。

罂粟科 Papaveraceae

绿绒蒿属 *Meconopsis* Vig.

红花绿绒蒿 *Meconopsis punicea* Maxim.

【形态特征】二年生或多年生草本，高30~70厘米，植株密被黄色羽状毛或刺毛。叶基生，莲座状；叶片匙形、椭圆形或倒卵形，顶端尖，基部楔形，全缘，具3~5脉。花单生于花葶上，下垂；萼片2，卵形，早落，外面密被淡黄色或棕褐色、具分枝的刚毛；花瓣4~6，菱形、长圆形或椭圆形，先端急尖或圆，红色。蒴果椭圆状长圆形，长1.8~2.5厘米，粗1~1.3厘米，无毛或密被淡黄色、具分枝的刚毛，4~6瓣自顶端微裂。花果期6—9月。

【生态地理分布】产于玉树、玛沁、达日、班玛、久治、同仁、泽库、河南、循化；生于山坡草地、高山灌丛草甸；海拔2 300~4 600米。

总状绿绒蒿 *Meconopsis racemosa* Maxim.

【形态特征】一年生草本，高20~50厘米，全体被黄褐色或淡黄色坚硬而平展的硬刺。基生叶和茎下部叶长圆状披针形、倒披针形，先端急尖或钝，基部狭楔形，下延至叶柄基部，全缘或波状；上部茎生叶长圆状披针形，有时条形。总状花序具数花，有时有基生花葶混生；萼片长圆状卵形；花瓣5~8，倒卵状长圆形，长2~3厘米，宽1~2厘米，天蓝色或蓝紫色。蒴果卵形或长卵形，4~6瓣自顶端开裂至全长的1/3。花果期7—9月。

【生态地理分布】产于玉树、囊谦、玛沁、久治、玛多、同仁、泽库、河南、尖扎、兴海、同德、贵南、门源、大通、互助；生于灌丛、林下、山坡草甸、砾石地；海拔3 200~5 000米。

角茴香属 *Hypecoum* L.

细果角茴香 *Hypecoum leptocarpum* Hook. f. et Thoms.

【形态特征】一年生草本，高10~30厘米。茎丛生，常铺散于地上。基生叶多数，叶片狭倒披针形，二回羽状全裂，裂片4~9对，宽卵形或卵形，羽状深裂，小裂片先端锐尖。花小，排列成二歧聚伞花序；萼片2，卵形或卵状披针形，绿色；花瓣4，宽倒卵形，外微带紫色，内面白色，外面二片全缘，内面二片顶端3裂。蒴果圆柱形，细，常节裂。花果期6—9月。

【生态地理分布】产于玉树、囊谦、杂多、治多、曲麻莱、玛沁、久治、玛多、同仁、泽库、河南、尖扎、共和、兴海、同德、贵南、德令哈、天峻、门源、刚察、祁连、西宁、乐都、互助、民和；生于山坡、灌丛、河谷、滩地；海拔2 250~4 800米。

紫堇属 *Corydalis* DC.

尖突黄堇 *Corydalis mucronifera* Maxim.

【形态特征】多年生垫状草本，高5~8厘米。茎铺散，多分枝。叶掌状分裂或三出羽状分裂，小裂片倒卵形或长圆形，顶端具短尖。总状花序顶生或腋生；花黄色；萼片2，白色，具齿裂；花瓣4，二轮，外瓣片背部具鸡冠状突起，内花瓣顶端暗绿色；距圆筒形，稍短于瓣片；具蜜腺。蒴果椭圆形，长约6毫米，宽2.3毫米，常具4种子及长约2毫米的花柱。花果期7—9月。

【生态地理分布】产于杂多、囊谦、曲麻莱、玛沁、玛多；生于河漫滩；海拔4 200~4 700米。

草黄堇 *Corydalis straminea* Maxim. ex Hemsl.

【形态特征】多年生草本，高30~50厘米。茎丛生，基部宿存残茎或枯叶柄。叶二回羽状深裂，裂片3裂。总状花序；花草黄色；萼片2，宽卵形，具尾状短尖，边缘具不规则齿裂；花瓣4，二轮，外瓣片大，中间具鸡冠状突起，内花瓣小，背面具三鸡冠状突起；距圆柱形，长于瓣片，末端圆钝，稍下弯；具腺体。蒴果线形，具1列种子。花果期6—7月。

【生态地理分布】产于玛沁、久治、尖扎、同德、海晏、门源、大通、乐都、互助、民和、循化；生于灌丛草甸、林下；海拔2 400~3 600米。

叠裂黄堇 *Corydalis dasyptera* Maxim.

【形态特征】多年生草本，高10~30厘米。茎具细棱。叶羽状全裂，裂片5~7对，小裂片椭圆形或倒卵形，裂片互相覆压。总状花序密集近头状；花黄色，顶端淡褐色；萼片2，椭圆形，顶端呈不规则齿裂；花瓣4，二轮，外花瓣大，具高而全缘的鸡冠状突起，内花瓣具粗厚的鸡冠状突起；距圆筒形，约与瓣片等长，末端稍下弯；腺体约长为距的1/2。蒴果下垂，长圆形，长1~1.4厘米，宽2.5~3.5毫米。花果期7—9月。

【生态地理分布】产于玉树、囊谦、杂多、治多、称多、玛沁、久治、玛多、同仁、泽库、河南、尖扎、共和、兴海、同德、贵南、天峻、海晏、门源、刚察、祁连、大通、湟中、乐都、互助；生于高山砾石带、阴坡灌丛；海拔2 700~4 800米。

粗糙黄堇 *Corydalis scaberula* Maxim.

【形态特征】多年生草本，高10~20厘米。块茎棒状长条形。茎单生或丛生，铺散地面。叶二回羽状深裂，小裂片椭圆形或卵形，背面被短腺毛；花序总状，具多花，极密，呈卵球形；花乳黄色、鲜黄色或橘红色；萼片白色，膜质，边缘呈撕裂状；外轮花瓣具鸡冠状突起，距圆柱形，短于花瓣，顶端钝，向下弯曲；内轮花瓣前面黑褐色或紫红色，背部具鸡冠状突起。蒴果。花果期6—8月。

【生态地理分布】产于玉树、杂多、治多、曲麻莱、称多、玛沁、久治、玛多、兴海；生于高山草甸、高山流石滩、砾石带；海拔3 800~5 600米。

条裂黄堇 *Corydalis linarioides* Maxim.

【形态特征】多年生草本, 高15～40厘米。块根纺锤形。茎直立, 不分枝, 茎中部以上生叶。叶片二回羽状分裂, 裂片条形。总状花序, 具数花; 花黄色; 萼片2, 极小, 鳞片状, 边缘撕裂状, 白色, 早落; 花瓣4, 二轮, 外轮二瓣较大, 呈唇状, 内轮二瓣顶端愈合, 后瓣基部具距, 距向下稍弯。蒴果椭圆形, 长约1.2厘米, 宽1.5～2毫米, 成熟时自果梗基部反折。花果期6—9月。

【生态地理分布】产于玉树、囊谦、称多、玛沁、久治、同仁、河南、共和、同德、海晏、门源、祁连、大通、湟中、乐都、互助、民和、循化; 生于阴坡草地、灌丛、草甸; 海拔2 800～4 700米。

曲花紫堇 *Corydalis curviflora* Maxim.

【形态特征】多年生草本，高10~30厘米。肉质须根具柄，中部或末端纺锤状增粗。茎不分枝。基生叶五角形，三全裂，中间裂片三深裂，小裂片椭圆形或披针形，侧裂片二深裂；茎生叶指状分裂，裂片线形。总状花序；萼片2，指状分裂；花瓣4，淡蓝色或淡紫色，二轮；距圆筒形，粗壮，长5~6毫米，末端向上弯曲。蒴果线状长圆形，长0.5~1.2厘米，宽2~3毫米，先端锐尖，基部渐狭，褐红色，成熟时自果梗先端反折，有4~7枚种子。花果期6—9月。

【生态地理分布】产于玉树、玛沁、久治、同仁、尖扎、同德、贵南、贵德、海晏、大通、湟中、乐都、循化；生于高山草甸、灌丛、林下；海拔2 600~4 000米。

红花紫堇 *Corydalis livida* Maxim.

【形态特征】多年生草本，高15~50厘米，具主根。茎具细棱，常分枝。叶三回羽状分裂，小裂片卵形、倒卵形或长圆形。总状花序，具多花，苞片顶端具长尖头；萼片2，白色膜质，早落；花瓣4，紫红色，外轮2枚较大，距长为花瓣片的3/5，末端圆形，较粗；内轮2枚花瓣较小，顶端愈合；雄蕊6，花丝联合呈2束；蒴果圆柱形。花期6—7月，果期8—9月。

【生态地理分布】产于玉树、玛沁、久治、同仁、河南、循化；生于高山草甸、灌丛草甸；海拔3 400~4 700米。

灰绿黄堇 *Corydalis adunca* Maxim.

【形态特征】多年生草本，高20~50厘米，灰绿色，被白粉，具主根。茎多分枝，基部宿存残茎。基生叶多数，肉质，轮廓卵形，三回羽状全裂，末回小裂片狭卵形至狭倒卵形，先端钝，具短尖。总状花序疏生10余朵花；苞片披针形或钻形；萼片卵形或卵圆形，边缘齿裂；花冠黄色，4枚，两轮；外轮先端兜状下凹，褐色，具短尖；内轮2枚花瓣较小，顶端愈合；雄蕊6，花丝联合呈2束。蒴果长柱状。花果期6—8月。

【生态地理分布】产于玛多、同仁、尖扎、兴海、同德、西宁、大通、乐都、互助、民和、循化；生于阴坡灌丛、林下、河滩；海拔1 700~4 300米。

蛇果黄堇 *Corydalis ophiocarpa* Hook. f. et Thoms.

【形态特征】多年生草本，高30～60厘米。茎具细棱，具分枝。叶片轮廓长圆形，二回羽状全裂，裂片卵形或长圆形，3～5深裂或浅裂，小裂片卵形或倒卵形，具短尖头。总状花序长5～15厘米，多花；苞片钻形，边缘膜质，顶端长渐尖；萼片2，半圆形，边缘撕裂状，白色膜质；花冠淡黄色或黄绿色，花瓣4，两轮；外轮呈唇形，中间突起呈鸡冠状，距囊状，向上弯；内轮2枚较小；雄蕊6，花丝联合呈2束；柱头4裂。蒴果线形，蛇曲，长1～2.5厘米。花果期6—8月。

【生态地理分布】产于玉树、河南、同德、西宁、互助；生于河滩、山坡；海拔2 300～3 600米。

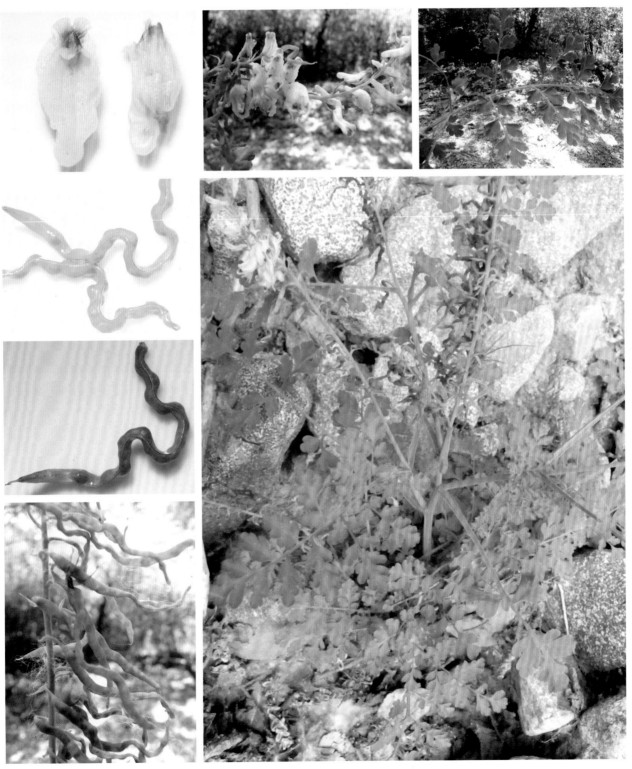

十字花科 Cruciferae

独行菜属 *Lepidium* L.

独行菜 *Lepidium apetalum* Willd.

【形态特征】一或二年生草本,高15~30厘米。植株有头状或短棒状腺毛。基生叶狭匙形,羽状浅裂或深裂,长3~5厘米,宽1~1.5厘米;茎生叶长圆形或线形,羽状浅裂或有疏齿至全缘。总状花序;萼片卵形,长约0.8毫米,外部有柔毛,早落;花瓣无或呈丝状;雄蕊2~4。短角果宽椭圆形或近圆形,扁平,长2~3毫米,宽约2毫米,顶端凹缺。花期5—6月,果期6—8月。

【生态地理分布】产于全省各地;生于林缘、林下、荒地;海拔1 700~5 000米。

宽叶独行菜 *Lepidium latifolium* L.

【形态特征】多年生草本，高30~120厘米。茎直立，上部多分枝。基生叶和茎下部叶长圆披针形、卵状披针形至卵形，叶缘有牙齿或全缘。总状花序于茎顶和分枝上组成大型圆锥花序；萼片倒卵形，上部常带红色；花瓣白色，倒卵形；雄蕊6。短角果卵形、宽卵形或宽椭圆形，有柔毛，顶端全缘。花期5—7月，果期7—9月。

【生态地理分布】产于共和、贵南、贵德、德令哈、都兰、西宁、民和；生于田边、荒地；海拔1 700~3 100米。

菥蓂属 *Thlaspi* L.

菥蓂 *Thlaspi arvense* L.

【形态特征】一年生草本，高10~60厘米，全体无毛。茎直立，具棱。基生叶倒卵状长圆形，顶端圆钝或急尖，基部箭形，抱茎，边缘有疏锯齿；茎生叶椭圆形。总状花序顶生和腋生；萼片长圆状卵形，淡黄绿色，长约2毫米；花瓣长圆状倒卵形，长2~4毫米，白色；雄蕊6。短角果倒卵形或近圆形，长13~16毫米，宽9~13毫米，扁平，具宽翅，顶端凹陷。花期5—7月，果期6—8月。

【生态地理分布】产于全省各地；生于山坡、荒地；海拔2 000~4 200米。

荠属 *Capsella* Medik.

荠 *Capsella bursa-pastoris* (L.) Medic.

【形态特征】一年生草本，高10~40厘米。茎和叶被单毛或叉状毛。基生叶莲座状丛生，大头羽裂或不整齐羽状分裂至边缘为浅波状齿；茎生叶披针形，基部箭形，抱茎，边缘具疏齿。总状花序顶生及腋生；萼片长圆形，长1.5~2毫米；花瓣白色，卵形，长2~3毫米，有短爪。短角果倒三角形或心状三角形，长5~8毫米，宽4~7毫米，扁平，顶端微凹，成熟时开裂。花果期5—8月。

【生态地理分布】产于全省大部分地区；生于灌丛、荒地；海拔1 700~4 000米。

芹叶荠属 *Smelowskia* C. A. Mey

藏芹叶荠 *Smelowskia tibetica* (Thomson) Lipsky

【形态特征】多年生草本，高5~10厘米，全株密生单毛和分枝毛。茎从基部分枝，铺散或匍匐。叶长圆形或长卵形，长8~25毫米，羽状全裂，裂片4~6对，长圆形，全缘或有缺刻。总状花序伞房状，下部花有羽裂叶状苞片；萼片长约2毫米；花瓣白色，倒卵形，长3~4毫米，具爪。短角果长圆形，长5~8毫米，宽3~5毫米，压扁，有1显著中脉。种子多数，卵形，棕色。花期6月，果期7—8月。

【生态地理分布】产于玉树、囊谦、杂多、治多、曲麻莱、称多、玛沁、久治、玛多、泽库、共和、兴海、贵德、德令哈、格尔木、乌兰、门源、祁连；生于河滩、砂质草甸；海拔2 900~5 100米。

碎米荠属 *Cardamine* L.

唐古碎米荠（紫花碎米荠） *Cardamine tangutorum* O. E. Schulz

【形态特征】多年生草本，高10~40厘米。具鞭状、节短、匍匐根状茎。茎单一，不分枝，下半部常无叶，上半部常有3枚羽状复叶，小叶3~5对，长椭圆形，边缘有钝锯齿。总状花序顶生，伞房状；萼片长5~7毫米，边缘白色膜质，外面带紫红色；花瓣紫红色或淡紫色，倒卵状楔形或匙形，长8~15毫米，顶端截形，基部渐狭成爪。长角果线形，长3~3.5厘米，宽约2毫米，果瓣成熟后弹起或卷起。花期6月，果期7—9月。

【生态地理分布】产于玉树、果洛、黄南、海南、海西、海北、西宁及海东；生于河滩、山坡、林缘、林下、灌丛、草甸；海拔2 400~4 600米。

南芥属 *Arabis* L.

垂果南芥 *Arabis pendula* L.

【形态特征】二年生草本，高30~100厘米，全株被硬单毛和2~3叉毛。茎直立。茎下部叶椭圆形或卵状椭圆形或倒卵形，顶端渐尖，边缘有浅齿，基部渐窄成柄，基生叶柄长达6厘米；茎上部叶椭圆形至披针形，较小，基部心形或箭形，抱茎。总状花序顶生或腋生，果期疏散开展；萼片长圆状椭圆形，背面有单毛、2~3叉毛和星状毛；花瓣白色，匙形。长角果线形，弧曲，平展或下垂。花期6—7月，果期7—9月。

【生态地理分布】产于玉树、囊谦、班玛、泽库、兴海、同德、大通、互助、民和；生于林缘草地、山坡、河滩；海拔1 800~3 900米。

薄菜属 *Rorippa* Scop.

沼生薄菜 *Rorippa palustris* (L.) Besser

【形态特征】一年生或二年生草本,高20~45厘米;无毛或有单毛。茎直立,具棱,下部常带紫色。基生叶长圆形或窄长圆形,羽状深裂或大头羽裂,长5~10厘米,侧裂片3~7对,不规则浅裂或深波状,基部耳状抱茎;茎生叶向上渐小,羽状深裂或具齿,基部耳状抱茎。总状花序顶生或腋生;萼片长椭圆形,长1.6~2.6毫米;花瓣黄或淡黄色,长倒卵形或楔形,与萼近等长。短角果椭圆形,有时稍弯曲,长3~8毫米。花期6月,果期7—8月。

【生态地理分布】产于西宁、大通、乐都、民和;生于河滩、田边、山坡荒地;海拔1 800~2 600米。

花旗杆属 *Dontostemon* Andrz. ex Ledeb.

线叶花旗杆 *Dontostemon integrifolius* (L.) Lédeb.

【形态特征】一或二年生草本，高8~30厘米。植株被白色柔毛及黄色或黑色乳头状腺毛。茎单一或在上部分枝。叶线形，长1.5~4.5厘米，宽1~2毫米，有时在茎基部丛生，全缘，被腺毛和贴生柔毛，近无柄。总状花序顶生；萼片长椭圆形，长2.5~3毫米，宽1~1.2毫米，具白色膜质边缘，背面具腺毛和柔毛；花瓣淡紫色，倒卵形，长4~6毫米，宽约3毫米，顶端微凹，下部具爪；长雄蕊花丝成对联合。长角果细圆柱形，长1.5~2.5厘米，具腺毛。花期6月，果期7—8月。

【生态地理分布】产于河南、共和、贵南；生于河滩、沙地；海拔3 200~3 300米。

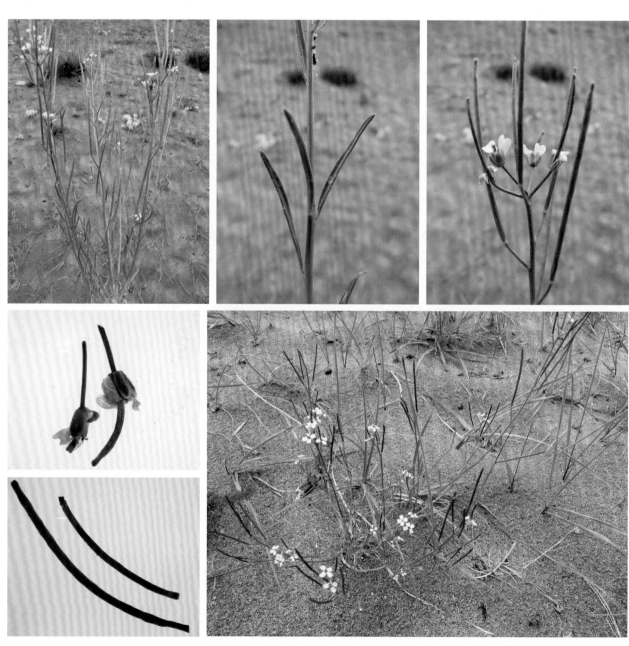

西藏花旗杆（西藏豆瓣菜） *Dontostemon tibeticus* (Maxim.) Al-Shehbaz

【形态特征】二年生草本，高1~8厘米，茎基部多分枝，铺散或稍斜升，被糙硬毛。叶基生和茎生，具柄，叶披针形或狭椭圆状披针形，叶缘篦齿状深裂，小裂片长圆形至线形；叶柄宽扁，具糙毛。总状花序多数，生于分枝末端，短缩呈伞房状；萼片宽卵状椭圆形，具膜质边缘；花瓣白色或瓣片中下部带紫色，宽楔形，顶端平钝或浅波状，基部具细爪。长角果稍四棱状圆柱形，具硬毛，果瓣在种子间稍缢缩，花柱宿存。花期6—7月，果期7—9月。

【生态地理分布】产于杂多、治多、曲麻莱、称多、玛沁、玛多、贵德、门源；生于河滩、湖滩砂砾地；海拔3 800~4 600米。

涩荠属 *Malcolmia* R. Br.

涩荠 *Malcolmia africana* (L.) R. Br.

【形态特征】一或二年生草本，高10~40厘米。全体密被分叉毛或单毛。茎多分枝。叶长圆形、椭圆形或倒披针形，顶端圆形，有小短尖，基部楔形，边缘有牙齿、波状齿或近全缘。总状花序；萼片长圆形，长4~5毫米；花瓣粉红色或紫红色，长8~10毫米。长角果线状圆柱形，长3.5~7厘米，宽1~2毫米，近4棱，密生长、短混杂的分枝毛或叉毛。花期5—6月，果期6—8月。

【生态地理分布】产于玉树、同仁、泽库、尖扎、兴海、同德、都兰、祁连、西宁、互助、民和；生于山坡、河滩；海拔2 100~3 700米。

糖芥属 *Erysimum* L.

红紫糖芥（红紫桂竹香）*Erysimum roseum* (Maxim.) Polatschek

【形态特征】多年生草本，高2~15厘米，植株具二叉丁字毛。几无茎。基生叶倒披针形至线形，顶端急尖或钝尖，基部渐狭，全缘或疏生细齿。总状花序伞房状或短总状；萼片直立，长4~8毫米，披针形或卵状长圆形；花瓣粉红色或紫红色，长6~15毫米，倒披针形或匙形，有深紫色脉纹。长角果线形或线状披针形，背腹压扁，有四棱，宿存花柱长约1毫米。花期6—7月，果期8—9月。

【生态地理分布】产于玉树、囊谦、杂多、治多、曲麻莱、称多、玛沁、久治、玛多、泽库、河南、兴海、同德、门源、祁连、大通、乐都、互助、化隆；生于高山草甸、灌丛、河滩；海拔2 800~5 200米。

紫花糖芥 *Erysimum funiculosum* J. D. Hooker et Thomson

【形态特征】多年生矮小草本，高2~6厘米。茎短缩，根颈多头或再分枝。基生叶莲座状，叶长圆状线形，长1~2厘米，先端尖，基部渐窄，全缘。花葶多数，直立，长约1厘米；萼片长圆形，长2~3毫米，背面凸出；花瓣淡紫色，窄匙形，长7~9毫米，先端圆或平截，有脉纹，基部具爪。长角果长1~2厘米，具4棱，顶端稍弯。花果期6—8月。

【生态地理分布】产于玉树、囊谦、杂多、治多、曲麻莱、称多、玛沁、久治、玛多、贵德；生于高山流石滩、河滩；海拔3 900~5 400米。

大蒜芥属 *Sisymbrium* L.

垂果大蒜芥 *Sisymbrium heteromallum* C. A. Mey.

【形态特征】一年或二年生草本，高30~90厘米。茎直立，不分枝或分枝，具疏毛。基生叶为羽状深裂或全裂，叶片长5~15厘米，顶端裂片大，全缘或具齿，侧裂片2~6对，长圆状椭圆形或卵圆状披针形；上部叶羽状浅裂，裂片披针形或宽条形。总状花序密集成伞房状；萼片淡黄色，长圆形，长2~3毫米，内轮的基部略成囊状；花瓣黄色，长圆形，长3~4毫米，顶端钝圆，具爪。长角果线形，纤细，长4~8厘米，宽约1毫米，常下垂。花期6月，果期7—8月。

【生态地理分布】产于玉树、囊谦、杂多、治多、曲麻莱、称多、玛沁、班玛、久治、玛多、共和、兴海、乌兰、天峻、门源、刚察、祁连；生于林下、林缘、灌丛、河谷滩地；海拔2 500~4 300米。

念珠芥属 *Neotorularia* Hedge et J. Léonard

蚓果芥 *Neotorularia humilis* (C. A. Meyer) Hedge et J. Léonard

【形态特征】多年生草本,高5~20厘米,被2~3叉毛。叶片匙形、窄长卵形或长圆形,顶端钝圆,基部渐窄呈短柄,近全缘或具2~3对钝齿,有时波状浅裂。总状花序密集呈伞房状,花序下部数花常有苞片;萼片长圆形,长1.5~2.5毫米,边缘膜质;花瓣白色、粉红色或淡紫色,长2~3毫米,顶端截形或微凹,基部渐狭成爪。长角果线状圆柱形,长1~2厘米,宽约1毫米,多扭曲,常呈念珠状。花果期6—8月。

【生态地理分布】产于全省各地;生于山坡、山沟、林下、林缘、灌丛;海拔1 800~4 200米。

播娘蒿属 *Descurainia* Webb et Berthel.

播娘蒿 *Descurainia sophia* (L.) Webb ex Prantl

【形态特征】一年生草本,高30~100厘米,全株被叉状星状毛。茎上部多分枝,下部常呈淡紫色。叶2~3回羽状全裂,裂片线形或长圆形。总状花序伞房状,生茎顶和枝顶,组成大型圆锥花序;花小,密集;萼片长圆形,早落;花瓣黄色,长圆状倒卵形,长2~2.5毫米,或稍短于萼片,具爪。长角果线形,长2.5~3厘米,宽约1毫米,无毛,稍内曲。花期5—7月,果期8—9月。

【生态地理分布】产于全省各地;生于河边、山坡、田边;海拔2 100~4 600米。

景天科 Crassulaceae

八宝属 *Hylotelephium* H. Ohba

狭穗八宝 *Hylotelephium angustum* (Maxim.) H. Ohba

【形态特征】多年生草本,高50~80厘米。茎直立,单一。叶3~5枚轮生,叶片长椭圆形,先端钝,基部渐狭,边缘有疏钝齿。花序顶生及腋生,紧密多花,分枝多,由聚伞状伞房花序组成外观为中断的穗状花序;萼片5,肉质,三角形,长1毫米;花瓣5,淡红色,长椭圆形,长约3毫米,先端钝;雄蕊10,对瓣者其下部与花瓣合生;鳞片5,狭倒卵形,长0.7毫米,宽0.3毫米。心皮5,离生。花果期7—9月。

【生态地理分布】产于班玛、西宁、大通、湟中、乐都、互助、循化;生于灌丛、林下;海拔2 000~3 500米。

红景天属 *Rhodiola* L.

狭叶红景天 *Rhodiola kirilowii* (Regel) Maxim.

【形态特征】多年生草本,高15~40厘米。根状茎块状,肥大。茎单一或疏丛生;叶互生,条形,中部者最大,向上向下渐小,基部圆形至耳状。雌雄异株;多歧聚伞花序具多花;萼片5或4,三角形,先端急尖;花瓣5或4,倒披针形;雌花花瓣黄绿色,无雄蕊;雄花中雄蕊10或8,鳞片4~6,近正方形或长方形,长0.8毫米,先端微凹,退化心皮4~5。蓇葖果披针形,长7~8毫米,有短而外弯的喙。花果期6—8月。

【生态地理分布】产于玉树、囊谦、玛沁、班玛、久治、玛多、同仁、泽库、河南、祁连、西宁、大通、乐都、互助、循化;生于高山岩隙、高山草甸、灌丛;海拔2 300~4 500米。

唐古红景天 *Rhodiola tangutica* (Maxim.) S. H. Fu

【形态特征】多年生草本，高5~20厘米。茎丛生，枯茎宿存。叶互生，线形，长5~15毫米，宽0.6~2毫米，先端钝。雌雄异株；聚伞花序伞房状，具7~20花；雌花萼片5，紫红色，舌形，先端钝；花瓣5，浅红色，先端钝；雄蕊无；鳞片5，先端波状齿；心皮4~5。雄花雄蕊10。蓇葖果披针形，直立或外弯。花期6—9月。

【生态地理分布】产于玉树、杂多、曲麻莱、称多、班玛、久治、玛多、泽库、河南、共和、兴海、德令哈、乌兰、天峻、大通、湟中、湟源、乐都、互助、化隆；生于高山草甸、高山流石滩；海拔3 100~4 850米。

小丛红景天 *Rhodiola dumulosa* (Franch.) S. H. Fu

【形态特征】多年生草本，高5~28厘米。花茎聚生主轴顶端，直立或弯曲，不分枝。叶互生，长圆状披针形至线形，长9~16毫米，宽1~2毫米，先端急尖，基部渐狭，全缘。聚伞花序，具5~6花；萼片5，线状披针形，长4~5毫米，宽约1毫米，先端渐尖；花瓣5，白色或淡红色，狭卵形至椭圆形，长7.5~8.5毫米，宽3~3.4毫米，先端渐尖；鳞片5，横长方形，长0.5毫米，宽0.6毫米，先端微缺。花期6—7月，果期8月。

【生态地理分布】产于尖扎、门源、大通、乐都、互助、循化；生于高山草甸、林缘、高山岩石缝隙；海拔2 500~4 100米。

景天属 *Sedum* L.

隐匿景天 *Sedum celatum* Fröd.

【形态特征】二年生草本，高3~9厘米。茎直立，基部分枝。叶披针形或狭卵形，长5~7毫米，有钝或近浅裂的距，先端渐尖。聚伞花序伞房状，具3~9花；萼片5，狭卵形，无距，先端长渐尖；花瓣5，黄色，披针形，长3.5~4.5毫米，基部微合生，先端渐尖并具短尖头；雄蕊10，2轮；鳞片宽匙形，长约0.4毫米，宽约0.5毫米，先端微缺。蓇葖果。花期7月，果期8—9月。

【生态地理分布】产于杂多、达日、同仁、泽库、河南、兴海；生于干山坡、高山草甸；海拔2 800~4 200米。

费菜属 *Phedimus* Raf.

费菜 *Phedimus aizoon* (L.) 't Hart

【形态特征】多年生草本，高15~50厘米。茎1~3条，直立，不分枝。叶互生，狭披针形至卵状披针形，长3.5~8厘米，宽1.2~2厘米，先端急尖，基部楔形，边缘有不整齐锯齿。聚伞花序具多花；萼片5，近线形，肉质，长3~5毫米，先端钝；花瓣5，黄色，披针形，长6~10毫米，有短尖；雄蕊10，较花瓣短；鳞片5，近正方形，长0.3毫米。蓇葖果呈星芒状排列，长7毫米。花期6—7月，果期8—9月。

【生态地理分布】产于平安、乐都、互助、循化；生于林下；海拔2 200~2 700米。

虎耳草科 Saxifragaceae

虎耳草属 *Saxifraga* Tourn. ex L.

黑虎耳草 *Saxifraga atrata* Engl.

【形态特征】多年生草本，高7~23厘米。叶基生，具柄；叶片卵形至阔卵形，先端急尖或稍钝，边缘具圆齿状锯齿和睫毛，两面近无毛。花葶单一，或数条丛生，疏生白色卷曲柔毛。聚伞花序圆锥状或总状，具多花；花梗被柔毛；萼片在花期反曲，先端急尖或稍渐尖，3~7脉于先端汇合成1疣点；花瓣白色，先端钝或微凹，基部狭缩成长约1毫米之爪，5~7脉；心皮2，大部合生，黑紫色，花柱2。花果期7—9月。

【生态地理分布】产于玛多、同仁、共和、乌兰、天峻、门源、祁连、大通、湟源、乐都、互助；生于高山草甸、石隙；海拔3 000~3 810米。

黑蕊虎耳草 *Saxifraga melanocentra* Franch.

【形态特征】多年生草本，高3.5~22厘米。叶基生，卵形、阔卵形至长圆形，边缘具圆齿状锯齿和腺睫毛，或无毛，基部楔形。花葶被卷曲腺柔毛。聚伞花序伞房状，具2~17花；萼片在花期开展或反曲，脉于先端汇合成1疣点；花瓣白色，稀红色，基部具2黄色斑点，卵形至椭圆形，先端钝或微凹，基部狭缩成长0.5~1毫米之爪，3~9脉；花盘环形；2心皮黑紫色，中下部合生。花果期7—9月。

【生态地理分布】产于玉树、囊谦、杂多、治多、曲麻莱、称多、玛沁、久治、玛多、同仁、泽库、河南、兴海、祁连、循化；生于高山草甸、高山灌丛、高山碎石缝隙；海拔3 000~4 800米。

瓜瓣虎耳草 *Saxifraga unguiculata* Engl.

【形态特征】多年生草本，高2.5~13.5厘米。茎丛生，上部具褐色柔毛。具莲座叶丛，叶匙形至近狭倒卵形，长0.5~2.0厘米，宽1.5~6.5毫米，先端具短尖头，全缘，边缘具刚毛状睫毛；茎和叶腋具褐色腺毛。单花生于茎顶或聚伞花序；萼片初直立，后反曲，肉质，卵形，长1.5~3毫米，宽1~2.0毫米，先端钝或急尖，背面被褐色腺毛；花瓣黄色，先端急尖或稍钝，基部渐狭成爪，中部以下具橙黄色斑点，具不明显2痂体或无痂体。花果期7—9月。

【生态地理分布】产于玉树、治多、曲麻莱、称多、玛沁、班玛、久治、玛多、同仁、兴海、祁连、大通、乐都、互助；生于高山草甸、高山碎石隙；海拔3 200~4 800米。

唐古特虎耳草 *Saxifraga tangutica* Engl.

【形态特征】多年生草本,高3.5~30厘米,丛生。茎被褐色卷曲长柔毛。叶披针形或长椭圆形,先端钝或急尖,边缘具褐色卷曲长柔毛。多歧聚伞花序具多花,花梗密被褐色卷曲长柔毛;萼片卵形、椭圆形至狭卵形,边缘具褐色卷曲柔毛,在花期初为直立,后变开展至反曲;花瓣黄色或背面紫红色,卵形、椭圆形至狭卵形,具爪,具2痂体;子房具环状花盘。花果期6—10月。

【生态地理分布】产于玉树、囊谦、杂多、治多、曲麻莱、称多、玛沁、班玛、久治、玛多、同仁、河南、尖扎、共和、兴海、贵南、乌兰、天峻、门源、刚察、祁连、大通、乐都、互助、民和、循化;生于高山草甸、灌丛、高山碎石隙;海拔2 900~4 600米。

山地虎耳草 *Saxifraga sinomontana* J. T. Pan et Gornall

【形态特征】多年生草本,高5~35厘米,丛生。茎疏生褐色卷曲柔毛。基生叶具柄,叶片椭圆形至线状长椭圆形,先端钝或急尖,无毛;茎生叶披针形至线形,有时背面和边缘疏生褐色长柔毛。聚伞花序具2~8花;花梗被卷曲柔毛;萼片在花期直立,先端钝,背面和边缘具柔毛,5~8脉于先端不汇合;花瓣黄色,具爪,5~11脉,具2痂体;子房大部上位,花柱2。花果期5~10月。

【生态地理分布】产于玉树、囊谦、杂多、治多、称多、玛沁、班玛、久治、玛多、同仁、泽库、河南、共和、兴海、乌兰、门源、祁连、大通、湟源、乐都、互助、循化;生于高山草甸、高山灌丛、高山碎石隙;海拔3 200~4 800米。

优越虎耳草 *Saxifraga egregia* Engl.

【形态特征】多年生草本，高10~30厘米。茎中下部疏生褐色卷曲柔毛，上部被短腺毛。基生叶心形至狭卵形，背面和边缘具褐色长柔毛，边缘具卷曲长腺毛；茎中下部叶片心状卵形至心形，被长柔毛；上部叶片披针形至长圆形，边缘具褐色卷曲长腺毛并杂有短腺毛。多歧聚伞花序伞房状，具3~9花；萼片在花期反曲，卵形至阔卵形，先端钝，背面和边缘具腺毛；花瓣黄色，椭圆形至卵形，先端钝或稍急尖，具4~6痂体；花柱2。花果期7—9月。

【生态地理分布】产于班玛、久治、泽库、门源、乐都、互助；生于林下、灌丛、高山草甸；海拔2 800~4 000米。

狭瓣虎耳草 *Saxifraga pseudohirculus* Engl.

【形态特征】多年生草本，高5~15厘米。茎丛生，被褐色腺毛。基生叶具柄，叶片披针形、倒披针形至狭长圆形，先端钝，两面和边缘具腺毛；茎生叶叶片近长圆形至倒披针形，叶柄从下至上渐短。聚伞花序具2~12花，或单花生于茎顶；萼片在花期直立至开展，阔卵形、卵形至狭卵形，长2~4毫米，宽1~2.9毫米，先端钝或急尖，两面被黑褐色腺毛；花瓣黄色，披针形或线形，长4~11毫米，基部具长0.4~1.2毫米之爪，具2痂体。花果期7—9月。

【生态地理分布】产于玉树、囊谦、杂多、班玛、久治、玛多、同仁、泽库、河南、兴海、门源、互助；生于林下、灌丛、高山草甸、高山碎石隙；海拔3 100~4 500米。

金腰属 *Chrysosplenium* Tourn. ex L.

裸茎金腰 *Chrysosplenium nudicaule* Bunge

【形态特征】多年生草本，高4.5~10厘米。茎通常无叶，基生叶具长柄，叶片革质，肾形，长约9毫米，宽约13毫米，边缘具7~15浅齿。聚伞花序密集呈半球形，苞叶阔卵形至扇形，具3~9浅齿；萼片在花期直立，扁圆形，长1.8~2毫米，宽3~3.5毫米，先端钝圆，弯缺处具褐色柔毛和乳头突起；无花瓣。蒴果先端凹缺，长约3.4毫米，2果瓣近等大，喙长约0.7毫米。花果期6—8月。

【生态地理分布】产于囊谦、久治、玛多、泽库、兴海、祁连、大通、互助；生于草甸、石隙；海拔3 450~4 600米。

卫矛科 Celastraceae

梅花草属 *Parnassia* L.

短柱梅花草 *Parnassia brevistyla*（Brieg.）Hand.-Mazz.

【形态特征】多年生草本，高8~20厘米。茎具棱。基生叶具长柄；叶片卵状心形或心形，先端钝，基部心形，全缘；茎生叶1枚，卵状心形，无柄半抱茎。花单生于茎顶；萼片长圆形，先端钝圆，具9~13脉；花瓣白色，倒卵形，先端微凹，边缘呈浅而不规则啮蚀状；雄蕊5，药隔延伸至药室之上，钻形；退化雄蕊5，先端3裂或不明显4~5裂；柱头3裂，裂片短。蒴果倒卵球形。花果期6—9月。

【生态地理分布】产于班玛；生于林下、灌丛；海拔3 200~3 700米。

绣球花科 Hydrangeaceae

绣球属 *Hydrangea* L.

东陵绣球（东陵八仙花）*Hydrangea bretschneideri* Dipp.

【形态特征】落叶灌木，高1.5~3m。叶对生，卵形或椭圆状卵形，长5~10厘米，宽2~5厘米，先端渐尖，基部圆形，边缘有锯齿。复伞房花序生于枝顶，花序轴、花梗密生柔毛；花二型；不育花大型，萼片4，花瓣状，初白色后变淡紫色，阔卵形至阔椭圆形，先端急尖，全缘，长1.2~1.5厘米；孕性花较小，萼片5，近三角形，先端渐尖；花瓣5，白色，卵形，腹面凹陷，长2毫米。蒴果，长4毫米。花期6—7月，果期9—10月。

【生态地理分布】产于门源、大通、互助、循化；生于林下、山坡；海拔2 100~2 600米。

山梅花属 *Philadelphus* L.

山梅花 *Philadelphus incanus* Koehne

【形态特征】落叶灌木,高2~3米。叶对生,叶片卵形至椭圆形,先端急尖,基部圆形,边缘疏生锯齿。总状花序具7~8花;萼片4,卵形,先端渐尖,两面和边缘被贴伏柔毛;花瓣4,白色,阔椭圆形至倒卵形,长13~15毫米,宽8~13毫米,先端钝圆,基部无爪或具短爪;雄蕊27~29;花柱上部4裂。蒴果红色,倒卵形,长7~9毫米,直径4~7毫米。花期5—6月,果期7—8月。

【生态地理分布】产于班玛、湟源、互助、循化;生于林下;海拔2 200~3 700米。

茶藨子科 Grossulariaceae

茶藨子属 *Ribes* L.

长果茶藨子 *Ribes stenocarpum* Maxim.

【形态特征】灌木，高1.5~2米。老枝灰色，当年生枝条黄绿色至黄褐色，节上具3枚粗壮皮刺。叶心形，3深裂，裂片先端圆钝，边缘具粗钝锯齿，两面和边缘具柔毛。花1~2生于叶腋；萼筒钟形，萼片近舌形，先端微凹；花瓣白色，长椭圆形，长4~6毫米，宽2~3毫米，先端急尖。浆果长椭圆形，长2~2.5厘米，直径约1厘米，黄绿色，光滑无毛。花期5—6月，果期7—8月。

【生态地理分布】产于同仁、尖扎、门源、湟源、互助、循化；生于山坡、石隙；海拔2 300~3 200米。

冰川茶藨子 *Ribes glaciale* Wall.

【形态特征】落叶灌木，高1~2米；嫩枝紫红色，被柔毛和腺毛。叶近卵形，3~5裂，基部圆形至宽楔形，叶缘有锯齿，背面被腺毛且混生柔毛。花单性，雌雄异株；雌花序总状，具花7朵，托杯无毛；萼片卵形，花瓣近扇形，先端钝。雄花托杯疏生柔毛；萼片紫红色，背面疏生柔毛；花瓣紫红色，无毛。果实近球形或倒卵状球形，红色，无毛。花果期5—9月。

【生态地理分布】产于玉树、囊谦、杂多、治多、曲麻莱、玛沁、班玛、久治、泽库、河南、共和、兴海、门源、西宁、循化；生于高山灌丛、石缝、河边；海拔2 100~4 000米。

蔷薇科 Rosaceae

珍珠梅属 *Sorbaria* (Ser.) A. Braun

华北珍珠梅 *Sorbaria kirilowii* (Regel) Maxim.

【形态特征】灌木，高达3米。羽状复叶，具有小叶片13~21；小叶片披针形至长圆披针形，先端渐尖，基部圆形至宽楔形，边缘有尖锐重锯齿，脉腋间具短柔毛。顶生大型密集的圆锥花序；萼筒浅钟状；萼片长圆形，先端圆钝或截形，全缘，宿存，反折；花瓣白色，倒卵形或宽卵形，先端圆钝，基部宽楔形，长4~5毫米；雄蕊20，着生在花盘边缘；花盘圆杯状；心皮5。蓇葖果长圆柱形，长约3毫米，花柱稍侧生，向外弯曲。花果期6—10月。

【生态地理分布】产于互助、民和、循化；生于山坡、林下；海拔1 900~2 500米。

绣线菊属 *Spiraea* L.

高山绣线菊 *Spiraea alpina* Pall.

【形态特征】灌木，高0.3~1.2米。小枝有明显棱角；冬芽具数枚外露鳞片。叶多数簇生，线状披针形至长圆倒卵形，长7~16毫米，宽2~4毫米，先端急尖或圆钝，基部楔形，全缘。伞形总状花序，具3~15花；苞片线形；萼片三角形，先端急尖，内面被短柔毛；花瓣白色，倒卵形或近圆形，长2~3毫米，先端钝圆或微凹；雄蕊与花瓣等长或稍短。蓇葖果开张，具直立或开张宿存萼片。花期6—7月，果期8—9月。

【生态地理分布】产于玉树、囊谦、玛沁、班玛、久治、玛多、同仁、泽库、河南、尖扎、共和、兴海、同德、海晏、门源、祁连、大通、湟中、乐都、互助、民和、化隆、循化；生于高山山坡、草甸、灌丛、河漫滩、河谷阶地；海拔2 900~4 600米。

蒙古绣线菊 *Spiraea mongolica* Maxim.

【形态特征】灌木，高达2米。幼枝有棱角。叶片椭圆形或长卵状倒披针形，先端钝圆，有时具小突尖，基部楔形，全缘，或先端有时具2~3锯齿。伞形总状花序具8~15花；萼筒近钟状；萼片三角形，腹面密被短柔毛；花瓣白色，近圆形，先端钝圆；花盘环状，有10枚圆形裂片；蓇葖果沿腹缝线被短柔毛或无毛，花柱生于背部顶端，萼片宿存，直立或反折。花果期6—9月。

【生态地理分布】产于玉树、囊谦、治多、曲麻莱、称多、班玛、同仁、泽库、尖扎、门源、西宁、大通、湟中、湟源、平安、乐都、互助、民和、循化；生于河漫滩、山坡、灌丛、林下；海拔2 100~4 100米。

南川绣线菊 *Spiraea rosthornii* Pritz.

【形态特征】灌木，高1~3米。枝条开张，幼时具短柔毛，黄褐色，以后脱落，老时灰褐色。叶片卵状长圆形至卵状披针形，先端渐尖。基部圆形至近截形，边缘有缺刻和重锯齿，两面被短柔毛。复伞房花序生侧枝先端，有多数花；苞片卵状披针形至线状披针形，边缘有少数锯齿；萼筒钟状，萼片三角形；花瓣白色，卵形至近圆形，先端钝；花盘圆环形，有10裂片。蓇葖果开张，被短柔毛，宿存萼片反折。花期6—7月，果期7—9月。

【生态地理分布】产于班玛、久治、乐都、互助、民和、循化；生于林缘、林下；海拔2 000~3 800米。

鲜卑花属 *Sibiraea* Maxim.

鲜卑花 *Sibiraea laevigata* (L.) Maxim.

【形态特征】灌木，高1~2米。小枝紫红色。叶在当年生枝条互生，在老枝上丛生，叶片披针形或长圆状倒披针形，先端急尖或突尖，基部渐狭，全缘，无毛。雌雄异株；穗状圆锥花序顶生，总花梗与花梗均无毛；萼筒浅钟状，裂片三角形，先端急尖，无毛；花瓣倒卵形，白色，先端圆钝，基部下延呈宽楔形。花盘环状，具10裂片。蓇葖果5，直立，长3~4毫米，具宿存萼片。花期6—7月，果期7—9月。

【生态地理分布】产于治多、玛沁、久治、同仁、泽库、尖扎、共和、兴海、同德、海晏、门源、祁连、西宁、大通、湟中、乐都、互助、民和；生于高山山坡、草甸、灌丛、河滩；海拔2 300~4 000米。

栒子属 *Cotoneaster* Medik.

匍匐栒子 *Cotoneaster adpressus* Bois

【形态特征】匍匐灌木。茎不规则分枝，平铺地面；小枝红褐色至暗褐色。叶片宽卵形或倒卵形，长5~15毫米，宽4~10毫米，先端钝圆或急尖，全缘而呈波状。花单生或聚伞花序具2~3花；萼筒钟状，外具稀疏短柔毛，萼片卵状三角形，先端急尖，外面有稀疏短柔毛；花瓣粉红色，直立，倒卵形，长约4.5毫米，先端微凹或圆钝。果梨果状，鲜红色，卵球形，长5~7毫米，常有2小核。花期5—7月，果期7—9月。

【生态地理分布】产于玉树、囊谦、称多、玛沁、班玛、久治、同仁、泽库、河南、尖扎、同德、门源、大通、湟源、平安、乐都、互助、民和、循化；生于山坡、岩石缝隙、林下；海拔2 200~4 100米。

毛叶水栒子 *Cotoneaster submultiflorus* Popov

【形态特征】落叶直立灌木，高1~3米。小枝细，圆柱形，幼时密被柔毛。叶片卵形、菱状卵形至椭圆形，先端急尖或圆钝，基部宽楔形，全缘；托叶披针形。花多数，成聚伞花序，总花梗和花梗具长柔毛；苞片线形，有柔毛；萼筒钟状，外面被柔毛，萼片三角形，外面被柔毛；花瓣白色，卵形或近圆形；雄蕊15~20；花柱2，离生；子房先端有短柔毛。果实近球形，红色，具1小核。花期5—7月，果期8—9月。

【生态地理分布】产于玉树、囊谦、玛沁、泽库、尖扎、兴海、门源、祁连、大通、湟中、湟源、平安、乐都、互助、民和；生于河谷滩地、灌丛、林缘；海拔1 700~4 200米。

山楂属 *Crataegus* L.

甘肃山楂 *Crataegus kansuensis* Wils.

【形态特征】灌木或小乔木,高1.5~5米。枝刺锥形;小枝圆柱形,红褐色。叶片宽卵形,先端急尖,基部截形或宽楔形,边缘有尖锐重锯齿及5~7对不规则羽状浅裂片,腹面有稀疏柔毛,背面沿中脉具簇毛。伞房花序具8~20花;苞片与小苞片膜质,窄披针形,早落;萼筒钟状,萼片三角状卵形;花瓣白色,近圆形;雄蕊15~20;花柱2~3,子房顶端被绒毛,柱头头状。果近球形,红色,萼片宿存;小核2~3。花期5—6月,果期7—9月。

【生态地理分布】产于贵德、西宁、湟源、民和、循化;生于山坡、林缘;海拔2 100~2 800米。

蔷薇属 *Rosa* L.

峨眉蔷薇 *Rosa omeiensis* Rolfe

【形态特征】灌木，高1~2米。奇数羽状复叶具小叶9~17枚，小叶长圆形或椭圆状长圆形，长8~28毫米，宽4~10毫米，先端急尖或圆钝，基部圆钝或宽楔形，边缘具锐锯齿；叶轴散生小皮刺。花单生于叶腋，无苞片；萼片4，三角状披针形，先端渐尖，全缘；花瓣4，白色，倒三角状卵形，先端微凹，基部宽楔形。果倒卵球形或梨形，直径8~15毫米，亮红色，果成熟时果梗肥大，宿存萼片直立。花期5—7月，果期7—9月。

【生态地理分布】产于班玛、泽库、尖扎、西宁、大通、湟源、乐都、互助、民和、循化；生于林下、林缘、灌丛、河谷、山坡；海拔2 300~3 900米。

小叶蔷薇 *Rosa willmottiae* Hemsl.

【形态特征】灌木, 高1~3米。小叶7~9, 椭圆形、倒卵形或近圆形, 长6~17毫米, 宽4~12毫米, 先端圆钝, 基部近圆形稀宽楔形, 边缘有单锯齿, 中部以上具重锯齿, 近基部全缘。花单生; 萼片三角状披针形, 先端稍伸长, 全缘, 内面密被柔毛; 花瓣粉红色, 倒卵形, 先端微凹, 基部楔形。果长圆形或近球形, 直径约1厘米, 橘红色, 有光泽。花期6—7月, 果期7—9月。

【生态地理分布】产于玛沁、泽库、同德、祁连、西宁、大通、互助; 生于灌丛、山坡、河谷; 海拔2 000~3 450米。

陕西蔷薇 *Rosa giraldii* Crép.

【形态特征】灌木，高达2米。小枝疏生直立皮刺。小叶7~9，近圆形、倒卵形、卵形或椭圆形，先端圆钝或急尖，基部圆形或宽楔形，边缘有锐单锯齿，基部近全缘，下面有短柔毛或至少在中肋上有短柔毛。花单生或2~3朵簇生；萼片卵状披针形，先端延长成尾状，全缘或有1~2裂片，外面有腺毛，内面被短柔毛；花瓣粉红色，宽倒卵形，先端微凹，基部楔形。果卵球形，暗红色，萼片直立宿存。花期6—7月，果期7—9月。

【生态地理分布】产于玛沁、同仁、尖扎、同德、门源、祁连、西宁、大通、湟源、互助；生于山坡、林下、灌丛；海拔2 300~3 100米。

龙芽草属 *Agrimonia* L.

龙芽草 *Agrimonia pilosa* Ledeb.

【形态特征】多年生草本，高30~100厘米。茎被淡黄色长柔毛或短柔毛。间断奇数羽状复叶具小叶5~9，倒卵形或倒卵状椭圆形，长1.5~5厘米，宽1~2.5厘米，顶端急尖至圆钝，稀渐尖，基部楔形至宽楔形，边缘有急尖到圆钝锯齿。穗状总状花序顶生，花序轴被柔毛；萼片5，三角状卵形；花瓣5，长圆形，黄色。瘦果倒卵状圆锥形，具10条肋，被疏柔毛，顶端有数层钩刺。花果期6—9月。

【生态地理分布】产于玉树、班玛、泽库、门源、大通、湟中、乐都、互助、民和、循化；生于林下、林缘、灌丛、山坡草地、河滩草地；海拔1 800~3 500米。

地榆属 *Sanguisorba* L.

地榆 *Sanguisorba officinalis* L.

【形态特征】多年生草本，高30~120厘米。茎直立，有棱。基生叶为羽状复叶，有小叶4~6对，小叶片卵形或长圆状卵形，顶端圆钝，基部心形至浅心形，边缘有多数粗大圆钝稀急尖的锯齿；茎生叶长圆形至长圆披针形，狭长，基部微心形至圆形，顶端急尖。穗状花序，直立；萼片4枚，紫红色，椭圆形至宽卵形，背面被疏柔毛，顶端常具短尖头；雄蕊4枚；柱头顶端扩大，盘形，边缘具流苏状乳头。果实包藏在宿存萼筒内，外面有棱。花期6—7月，果期8—9月。

【生态地理分布】产于同仁、泽库、西宁、乐都、互助、民和、循化；生于草甸、山坡草地、灌丛、林下；海拔2000~3000米。

悬钩子属 *Rubus* L.

紫色悬钩子 *Rubus irritans* Focke

【形态特征】矮小半灌木近草本状，高15~40厘米，植株被柔毛并散生皮刺、针刺及紫红色腺毛。三出复叶，顶生小叶卵形或椭圆形，长3~5厘米，宽2~3.5厘米，顶端急尖至短渐尖，基部宽楔形至近圆形，边缘具重锯齿。花下垂，单生叶腋或2~3朵成伞房状花序；萼片紫色，长卵形或卵状披针形，长1~1.5厘米，顶端渐尖至尾尖；花瓣宽椭圆形或匙形，白色。聚合果近球形，直径1~1.5厘米，红色。花期6—7月，果期7—9月。

【生态地理分布】产于玉树、玛沁、班玛、同仁、泽库、兴海、门源、祁连、西宁、大通、湟中、乐都、互助；生于高山灌丛、林下、草甸；海拔2 700~3 800米。

无尾果属 *Coluria* R.Br.

无尾果 *Coluria longifolia* Maxim.

【形态特征】多年生草本，高5~50厘米。花茎直立或斜上升。基生叶丛生，为间断羽状复叶，具小叶17~37，上部者较大，愈向下方裂片愈小，边缘有锯齿。聚伞花序有花2~4枚；萼片三角状卵形，长3~4毫米，先端锐尖，副萼片小，长圆形，绿色或带紫色，均被长柔毛；花瓣5，黄色，倒卵形或倒心形，长5~7毫米，先端微凹；雄蕊多数，花丝离生，宿存。瘦果长圆形，长2毫米，黑褐色，花萼宿存。花果期6—9月。

【生态地理分布】产于玉树、治多、曲麻莱、称多、玛沁、久治、玛多、泽库、河南、共和、兴海、门源、祁连、大通、湟中、互助、循化；生于高山草甸、砾石滩、河滩、灌丛；海拔2 600~4 800米。

路边青属 *Geum* L.

路边青 *Geum aleppicum* Jacq.

【形态特征】多年生草本，高15～60厘米。茎常被白色、淡黄色粗硬毛。基生叶为不整齐大头羽状复叶，具小叶3～13，边缘具浅裂片或粗锯齿。花疏散排列成伞房花序；萼片5，卵状三角形，顶端渐尖，外具副萼片5，狭小，披针形，顶端渐尖稀2裂；花瓣5，黄色，近圆形；花柱丝状，上部扭曲，宿存。聚合瘦果倒卵状球形，被长硬毛，花柱宿存部分无毛，顶端有小钩；果托被短硬毛，长约1毫米。花果期6—9月。

【生态地理分布】产于玉树、玛沁、班玛、泽库、门源、大通、湟中、乐都、互助、民和、循化；生于林下、林缘、河漫滩、山坡草地；海拔1 800～3 800米。

草莓属 *Fragaria* L.

东方草莓 *Fragaria orientalis* Lozinsk.

【形态特征】多年生草本，高2.5~20厘米。匍匐茎细长。叶基生，掌状三出复叶，顶生小叶基部楔形，侧生小叶基部偏斜，边缘具缺刻状锯齿，疏被柔毛。花1~4朵生花葶顶部；花梗被开展柔毛；萼片卵圆状披针形，先端渐尖，在果期水平开展；副萼线状披针形，有时2裂；花瓣白色，近圆形，基部具短爪。聚合果近球形，紫红色，萼片宿存；瘦果卵形，宽0.5毫米，表面具皱纹。花期5—7月，果期7—9月。

【生态地理分布】产于玉树、囊谦、玛沁、班玛、同仁、泽库、河南、尖扎、兴海、同德、祁连、西宁、大通、乐都、互助；生于高山灌丛、林下、河滩、山坡草丛；海拔2 300~4 100米。

山莓草属 *Sibbaldia* L.

隐瓣山莓草 *Sibbaldia procumbens* L. var. *aphanopetala* (Hand.-Mazz.) Yü et Li

【形态特征】多年生草本，高3~15厘米。茎直立或斜升，被糙伏毛。基生叶为三出复叶，小叶倒卵状长圆形，中间小叶较两侧小叶大，先端有3~5枚三角状卵形锯齿，两侧小叶先端具2~3枚三角状卵形锯齿，基部楔形，两面被糙伏毛；茎生叶1枚。花于茎枝顶端密集呈伞房花序；花小，萼片5，卵形或卵状披针形，副萼片狭披针形；花瓣5，黄色，匙形，极小，长0.5毫米，先端钝圆；雄蕊5枚。瘦果光滑。花果期6—8月。

【生态地理分布】产于玉树、囊谦、班玛、久治、同仁、河南、乐都、互助；生于高山草地、河滩、灌丛；海拔3 200~4 500米。

委陵菜属 *Potentilla* L.

银露梅 *Potentilla glabra* Lodd.

【形态特征】灌木，高0.3~2米。树皮纵向剥落。奇数羽状复叶具小叶5~7，稀三出复叶，小叶卵状椭圆形或倒卵状椭圆形，长0.5~1.2厘米，宽0.4~0.8厘米，顶端圆钝或急尖，基部楔形或近圆形，全缘。花单生，或聚伞花序具数花；花直径1.5~2.5厘米；萼片卵形，急尖或短渐尖，有时带红色，副萼片披针形、倒卵披针形或卵形；花瓣白色，近圆形，顶端圆钝。瘦果被长柔毛。花期6—8月，果期8—9月。

【生态地理分布】产于玉树、囊谦、玛沁、达日、班玛、久治、同仁、泽库、尖扎、同德、门源、大通、乐都、互助；生于山坡、河漫滩、林缘、灌丛；海拔2 400~4 200米。

金露梅 *Potentilla fruticosa* L.

【形态特征】灌木，高0.5~2米。树皮纵向剥落。羽状复叶具小叶5，稀3，呈羽状排列；小叶长圆形、倒卵状长圆形或卵状披针形，长7~20厘米，宽4~10毫米，顶端急尖或圆钝，基部楔形，全缘。花单生叶腋，或数朵成伞房状生于枝顶；萼片卵圆形，顶端急尖至短渐尖，副萼片披针形至倒卵状披针形，顶端渐尖至急尖，外面疏被绢毛；花瓣黄色，宽倒卵形，顶端圆钝，直径1.5~3厘米。瘦果近卵形，褐棕色，长1.5毫米，密被长柔毛。花期6—8月，果期8—9月。

【生态地理分布】产于全省各地；生于高山灌丛、高山草甸、林缘、河滩、山坡；海拔2 500~4 200米。

二裂委陵菜 *Potentilla bifurca* L.

【形态特征】多年生草本，高5~15厘米。茎直立或上升，密被长柔毛或微硬毛。奇数羽状复叶具小叶9~17，倒卵状椭圆形或椭圆形，长0.5~1.5厘米，宽0.4~0.8厘米，先端常2裂，部分小叶先端3裂，基部楔形或宽楔形，伏生疏柔毛。伞房状聚伞花序顶生；花直径7~10毫米；萼片卵形，先端急尖，副萼片椭圆形，顶端急尖或钝；花瓣黄色，倒卵形，顶端圆钝；瘦果表面光滑。花期5—8月，果期8—9月。

【生态地理分布】产于全省各地；生于干旱山坡、河滩、疏林、灌丛、撂荒地；海拔2 000~4 300米。

蕨麻（鹅绒委陵菜） *Potentilla anserina* L.

【形态特征】多年生草本，高5~15厘米。具块根。茎匍匐，节上生不定根，并形成新株。羽状复叶具小叶11~25，长椭圆形、倒卵状椭圆形，长1~2.5厘米，宽0.5~1厘米，顶端圆钝，基部楔形或阔楔形，边缘具缺刻状锐齿，上面绿色，下面密被白色绢状毡毛。花单生叶腋；萼片三角状卵形，顶端急尖或渐尖，副萼片椭圆形或椭圆状披针形，常2~3裂；花瓣黄色，倒卵形，顶端圆形，比萼片长1倍。花果期5—9月。

【生态地理分布】产于全省各地；生于高山草甸、河滩、山坡；海拔1 700~4 400米。

钉柱委陵菜 *Potentilla saundersiana* Royle

【形态特征】多年生草本,高10~20厘米。茎直立或上升,被白色茸毛及疏长柔毛。基生叶为3~5掌状复叶,被白色茸毛及疏长柔毛;小叶长圆状倒卵形,先端圆钝,基部楔形,叶缘有多数缺刻状锯齿,上面贴生稀疏柔毛,下面密被白色茸毛,沿脉贴生疏柔毛;茎生叶1~2,小叶3~5。花多数排成顶生疏散聚伞花序;萼片三角状卵形或三角状披针形,副萼片披针形,短于萼片或近等长,外面被白色茸毛及长柔毛;花瓣黄色,倒卵形,先端凹。瘦果光滑。花果期6—9月。

【生态地理分布】产于玉树、囊谦、杂多、玛沁、久治、玛多、同仁、泽库、河南、尖扎、共和、兴海、同德、贵德、德令哈、乌兰、天峻、海晏、门源、祁连、西宁、大通、湟中、湟源、乐都、互助;生于高山灌丛、草甸、山坡草地、河漫滩;海拔2 500~5 400米。

多裂委陵菜 *Potentilla multifida* L.

【形态特征】多年生草本，高10~40厘米。茎被柔毛。基生叶为奇数羽状复叶，具小叶7~11；小叶长圆形或宽卵形，边缘羽状深裂几达中脉，裂片带状披针形，边缘向下反卷，被毛。伞房状聚伞花序；萼片三角状卵形，先端急尖或渐尖；副萼片披针形或椭圆状披针形，先端钝圆，较萼片稍短或近等长，在果期增大；花瓣黄色，倒卵形，较萼片长。瘦果平滑或具皱纹。花果期5—8月。

【生态地理分布】产于玉树、称多、同仁、尖扎、共和、贵德、门源、祁连、西宁、大通、湟中、乐都、互助；生于山坡草地、河漫滩、灌丛、林缘；海拔3 200~4 200米。

等齿委陵菜 *Potentilla simulatrix* Wolf

【形态特征】多年生匍匐草本。匍匐枝纤细，常在节上生根，长15~30厘米，被短柔毛及长柔毛。基生叶为三出掌状复叶，小叶倒卵形、椭圆形，长1~3厘米，宽0.5~2厘米。花单生叶腋，花梗纤细，长1.5~3厘米，被短柔毛及疏柔毛；花直径0.7~1厘米；萼片卵状披针形，顶端急尖，副萼片长椭圆形，顶端急尖，外被疏柔毛；花瓣黄色，倒卵形，顶端微凹或圆钝。瘦果有不明显脉纹。花果期6—8月。

【生态地理分布】产于大通、乐都、互助、循化；生于林下、山坡、河边；海拔2 300~2 800米。

多茎委陵菜 *Potentilla multicaulis* Bge.

【形态特征】多年生草本，高5~15厘米。茎铺散或上升，有灰白色长柔毛和短柔毛。羽状复叶；基生叶有小叶7~11对，矩圆形或矩圆状卵形；小叶片羽状深裂，上面深绿色，散生柔毛，下面密生灰白色绒茸和柔毛；茎生叶小叶3~5对。聚伞花序，总花梗和花梗密生灰白色长柔毛和短柔毛；萼片三角状卵形，副萼片狭披针形；花瓣黄色，倒卵形或近圆形。瘦果褐色，包被在宿存的花萼内。花果期5—9月。

【生态地理分布】产于玛多、同仁、共和、兴海、贵南、格尔木、门源、刚察、西宁、大通、湟中、乐都、互助；生于林下、林缘、山坡、河滩；海拔2 300~4 800米。

菊叶委陵菜 *Potentilla tanacetifolia* Willd. ex Schlecht.

【形态特征】多年生草本，高10~40厘米。茎自基部丛生，直立或上升，被柔毛及腺体。基生叶奇数羽状复叶，有小叶7~17，长圆形或长圆状披针形，长1~2.5厘米，宽0.4~1.2厘米，顶端圆钝，基部楔形，边缘有缺刻状锯齿，被柔毛。伞房状聚伞花序，多花；花直径1~1.5厘米；萼片卵状披针形，副萼片披针形；花瓣黄色，倒卵形，顶端微凹，比萼片长约1倍。瘦果卵球形，长2.5毫米，具脉纹。花果期6—10月。

【生态地理分布】产于贵德、西宁、大通、湟源、平安、乐都、民和、循化；生于山坡草地、河边、林缘；海拔2 150~3 000米。

杏属 *Armeniaca* Mill.

野杏 *Armeniaca vulgaris* Lam. var. *ansu* (Maxim.) Yü et Lu

【形态特征】灌木或小乔木, 高2~4米。叶片宽卵形或圆卵形, 先端短尾状渐尖, 基部近心形或圆形, 边缘具细锯齿。花常2朵, 先叶开放; 花萼紫绿色, 萼筒圆筒形, 外面基部被短柔毛, 萼片卵形至卵状长圆形, 先端急尖或圆钝, 花后反折; 花瓣圆形至倒卵形, 白色或带红色, 具短爪。果实近球形, 红色。花期4—6月, 果期7—8月。

【生态地理分布】产于同仁、尖扎、西宁、互助; 生于山坡林下; 海拔1 900~2 700米。

豆科 Leguminosae

苦参属 *Sophora* L.

苦豆子 *Sophora alopecuroides* L.

【形态特征】半灌木或小灌木，高30~80厘米。上部多分枝，全株密被灰白色贴伏柔毛。奇数羽状复叶，具小叶15~25，矩圆状披针形或椭圆形，长8~30毫米，宽4~13毫米，先端钝圆，具小尖头，基部宽楔形或圆形。总状花序顶生，花多数，密生；花萼钟状，长7~9毫米，萼齿不等大，三角状卵形；花冠白色或淡黄色，旗瓣长圆状倒披针形，长15~20毫米，宽3~4毫米；雄蕊10，花丝不同程度连合。荚果串珠状，长3~9厘米。花期5—7月，果期7—8月。

【生态地理分布】产于海南、海西、西宁、海东；生于河谷、田边；海拔1 700~2 800米。

野决明属 *Thermopsis* R. Br.

轮生叶野决明（胀果黄华） *Thermopsis inflata* Camb.

【形态特征】多年生草本，高10~20厘米，丛生。茎自基部分枝。掌状三出复叶；托叶2，基部多少联合，背面密被白色长柔毛；小叶矩圆状倒披针形或倒卵形，先端圆，基部渐狭，背面被长柔毛。总状花序顶生，2~3花为一轮；花萼长1.2~1.6厘米，被长柔毛，萼齿披针形；花冠黄色，长约2.5厘米；子房密被污黄色柔毛。荚果矩圆形，长3~4.5厘米，宽1.4~2厘米，膨胀。花期6—7月，果期7—8月。

【生态地理分布】产于玉树、囊谦、杂多、治多、曲麻莱、称多、玛沁、甘德、达日、班玛、久治、玛多、同德、贵南、贵德、共和、兴海、海晏、门源、刚察、祁连；生于河漫滩、高寒草原、高寒草甸；海拔3 200~4 500米。

草木樨属 *Melilotus* (L.) Mill.

白花草木樨 *Melilotus albas* Desr.

【形态特征】一年生或二年生草本，高0.5~1米。茎直立，多分枝。羽状三出复叶，托叶锥状，先端尖；小叶椭圆形或披针状椭圆形，长1.5~3厘米，宽 4~12毫米，先端圆或截形，基部截形，边缘有锯齿。总状花序腋生，萼钟形，长约2毫米，萼齿三角状披针形；花冠白色，长4~5毫米，旗瓣椭圆形，稍长于翼瓣，龙骨瓣与翼瓣等长或稍短。荚果卵球形，长3~3.5毫米，先端锐尖，具细长喙，无毛，具网纹。花期6—8月，果期7—9月。

【生态地理分布】产于黄南、西宁、海东；生于沟谷、山坡草地；海拔1 900~2 800米。

草木樨（黄香草木樨、黄花草木樨）*Melilotus officinalis* (L.) Pall.

【形态特征】一年生或二年生草本，高0.5~2米。茎直立。托叶三角状披针形，基部较宽，先端长渐尖；小叶3，椭圆形至狭矩圆状倒披针形，先端钝圆或截形，具短尖头，基部楔形，边缘有锯齿。总状花序腋生，细长，具多花；苞片等长于花梗；花萼稍被毛，萼齿三角形；花冠黄色，细小。荚果卵圆形，被极疏的毛，顶端具宿存花柱，网脉明显，含种子1枚。花期6—8月，果期7—9月。

【生态地理分布】产于西宁、大通、湟中、乐都；生于林下、河边、田边；海拔1 800~2 800米。

苜蓿属 *Medicago* L.

天蓝苜蓿 *Medicago lupulina* L.

【形态特征】一年生草本，高5～35厘米。茎四棱形，平铺或斜升，基部多分枝，被白色长柔毛。小叶3，宽倒卵形、倒卵形或近菱形，先端圆形或截形，微凹，具齿尖，基部宽楔形，上部边缘有锯齿，两面被柔毛。总状花序花密集，具6～28花；花萼钟状，被柔毛，萼齿条状披针形，长于萼筒；花冠黄色。荚果肾形，黑色，具网纹，被柔毛。花期7—9月，果期8—10月。

【生态地理分布】产于玉树、果洛、黄南、海南、海北、西宁、大通、海东；生于山坡草地、田边、河边；海拔2 000～3 500米。

青海苜蓿 *Medcago archiducis-nicolai* Sirj.

【形态特征】多年生草本，高5~30厘米。茎四棱形，铺散或斜升，基部多分枝。小叶3，近圆形、阔卵形或椭圆形，先端截形或微凹，具短尖，基部宽楔形或近圆形，边缘具不整齐尖齿。总状花序腋生，具2~5花；萼钟形，长3~4毫米，宽约2.5毫米，被柔毛，萼齿三角状披针形，与萼筒近等长；花冠黄色或白色带紫色。荚果矩圆形至近镰形，扁平，长8~16毫米，宽4~6毫米，有网纹，无毛。花期6—7月，果期7—9月。

【生态地理分布】产于西宁、大通、海东；生于高寒草甸、河滩砾地、林缘、灌丛、山坡草地；海拔2 000~4 300米。

花苜蓿 *Medicago ruthenica* (L.) Trautv.

【形态特征】多年生草本，高20~80厘米。茎直立或上升，四棱形，基部分枝，丛生。羽状三出复叶，小叶长圆状倒披针形、楔形、线形以至卵状长圆形，长6~20毫米，宽3~8毫米，先端截平或微凹，有小尖头，基部楔形，边缘具锯齿，下面被贴伏柔毛。总状花序具花4~12朵；花长6~9毫米；萼钟形，长3~3.5毫米，被柔毛，萼齿披针状；花冠黄色带深紫色。荚果长圆形或卵状长圆形，扁平，长6~14毫米，宽3~3.5毫米，具短喙。花期7—8月，果期8—9月。

【生态地理分布】产于黄南、西宁、大通、海东；生于山坡草地；海拔1 900~2 700米。

苦马豆属 *Sphaerophysa* DC.

苦马豆 *Sphaerophysa salsula* (Pall.) DC.

【形态特征】多年生草本或矮小半灌木, 高20~70厘米, 全株被贴伏灰白色短柔毛。茎直立, 具纵条棱。羽状复叶, 具小叶13~21, 先端微凹或圆形, 基部楔形或近圆形, 背面被贴伏白色柔毛。总状花序腋生, 具数至10余花; 花萼钟状, 萼齿5, 三角形; 花冠蓝紫色或朱红色; 子房条状矩圆形, 密被柔毛, 花柱下弯, 内侧具纵列髯毛。荚果膜质, 矩圆形, 呈膀胱状, 有柄。花期6—7月, 果期7—8月。

【生态地理分布】产于黄南、海南、海西、西宁、海东; 生于河谷滩地; 海拔2 000~3 000米。

锦鸡儿属 *Caragana* Fabr.

短叶锦鸡儿 *Caragana brevifolia* Kom.

【形态特征】丛生矮灌木，高0.5~1.5米。老枝灰褐色，幼枝具棱。叶密集，复叶具小叶4，假掌状排列，叶片披针形或倒卵状披针形，先端具针尖，基部楔形；托叶与老叶轴硬化成刺。花单生叶腋；花萼钟形，长5~7毫米，宽3~4毫米，萼齿5，三角形，边缘白色，有短尖头；花冠黄色，长14~17毫米，旗瓣宽卵形。子房线形，无毛。荚果圆柱形，长2~2.5厘米，无毛。花期6—7月，果期8—9月。

【生态地理分布】产于玉树、果洛、黄南、海南、西宁、大通、海东；生于山坡草地、沟谷林缘、灌丛；海拔2 100~3 800米。

鬼箭锦鸡儿 *Caragana jubata* (Pall.) Poir.

【形态特征】矮灌木,高0.2~1.5米。植株密具由老叶轴硬化成的针刺。偶数羽状复叶具小叶4~6对,羽状排列,小叶长椭圆形至条状长椭圆形,长5~18毫米,宽2~6毫米,先端具针尖,被柔毛。花单生叶腋;花萼筒状钟形,长10~18毫米,被柔毛,萼齿5,披针形或三角形;花冠粉红色,长2~3.5厘米。子房长椭圆形,密生短柔毛。荚果长椭圆形,长2~2.2厘米,先端具尖头,密被白色长柔毛。花期6—7月,果期8—9月。

【生态地理分布】产于玉树、果洛、黄南、海南、海北、大通、海东;生于山坡、高山灌丛;海拔3 000~4 700米。

甘蒙锦鸡儿 *Caragana opulens* Kom.

【形态特征】灌木,高1~2米,多细长分枝。长枝上的托叶硬化成针刺,宿存,在短枝上脱落。小叶4,假掌状排列,倒卵状披针形,有刺尖,叶在腋生短枝上具明显的叶轴。花单生,花梗长6~22毫米,中部以上具关节;花萼筒状钟形,长6~10毫米,基部偏斜,呈囊状突起,萼齿三角形,先端具刺尖,有缘毛;花冠黄色,长2~2.3厘米。荚果圆筒形,无毛,长2.5~4厘米。花期5—7月,果期6—8月。

【生态地理分布】产于玉树、黄南、海南、西宁、大通、海东;生于石质山坡、灌丛;海拔1 800~3 600米。

毛刺锦鸡儿 *Caragana tibetica* Kom.

【形态特征】丛生矮灌木，高20~60厘米，常呈垫状。枝条短而密集。叶轴宿存，硬化成针刺；小叶6~10枚，条形，长5~14毫米，宽1~2.5毫米，常对折，先端尖，有刺尖，基部狭近无柄，密被银白色长柔毛。花单生；花萼筒状，长1~1.4厘米，被长柔毛；花冠黄色，长2.2~2.5厘米，旗瓣倒卵形，先端稍凹；子房密生灰白色长柔毛。荚果椭圆形，长8~12毫米，外被长柔毛。花期5—7月，果期7—8月。

【生态地理分布】产于玉树、海南、格尔木、西宁、乐都；生于干旱阳坡、河滩；海拔2 200~3 500米。

沙地锦鸡儿 *Caragana davazamcii* Sancz.

【形态特征】灌木，高0.5~1.5米。一年生枝被绢状柔毛。羽状复叶具小叶3~8对；托叶宿存并硬化成针刺，长4~7毫米；小叶椭圆形或倒卵状椭圆形，长3~10毫米，宽2~6毫米，先端圆，有刺尖，基部楔形，两面密被白色伏贴绢毛。花单生；花萼筒状钟形，长7~12毫米，宽5~6毫米，被伏贴柔毛；花冠黄色，长2~2.5厘米。荚果披针形或矩圆状披针形，长2.5~3.5厘米，宽5~6毫米，向下呈镰刀状弯曲，先端短渐尖。花期5—7月，果期7—8月。

【生态地理分布】产于共和、同德、西宁；生于沙地、沙丘；海拔2 300~2 800米。

川西锦鸡儿 *Caragana erinacea* Kom.

【形态特征】灌木，高30~60厘米。老枝绿褐色或褐色，常具黑色条棱，有光泽；一年生枝黄褐色或褐红色。羽状复叶有2~4对小叶；托叶褐红色，被短柔毛，刺针很短，脱落或宿存；长枝上的叶轴宿存，短枝上叶轴密集，稍硬化，脱落或宿存；短枝上小叶常2对，线形、倒披针形或倒卵状长圆形，长3~12毫米，宽1~2.5毫米，先端锐尖，上面无毛，下面疏被短柔毛。花萼管状；花冠黄色。荚果圆筒形，长1.5~2厘米，先端尖，无毛或被短柔毛。花期5—7月，果期7—9月。

【生态地理分布】产于玉树、囊谦、玛沁、达日、久治、河南、同德、贵德、大通；生于砾石干山坡、林缘、灌丛、河岸、沙丘；海拔2 500~4 500米。

黄耆属 *Astragalus* L.

黑紫花黄耆 *Astragalus przewalskii* Bunge

【形态特征】多年生草本,高30~80厘米。茎常带紫色,中部以下无叶,仅有叶鞘;羽状复叶,托叶分离;小叶5~15,先端钝圆或稍尖,基部圆形。总状花序生上部叶腋,密生多数下垂的花;苞片线形;花梗密被毛;花萼钟状,长5~6毫米,被黑色和白色短柔毛,萼齿两面被黑色毛;花冠深紫色;子房被毛;荚果梭状或卵状披针形,长1.8~3厘米,宽5~9毫米,疏被黑毛。花期7—8月,果期8—9月。

【生态地理分布】产于玉树、玛沁、玛多、同仁、泽库、河南、共和、兴海、同德、门源、祁连、大通、湟中、乐都、互助;生于山坡、沟谷、林缘;海拔2 900~4 300米。

云南黄耆 *Astragalus yunnanensis* Franch

【形态特征】多年生草本。茎短缩，分枝。奇数羽状复叶，叶柄、叶轴被白色柔毛；小叶17~35，卵形、椭圆形或圆形，背面被柔毛；托叶矩圆形或三角状披针形，边缘被长柔毛。总状花序腋生，有花10~20；花萼密被黑色柔毛，其中有少量白色柔毛；花冠橘黄色，龙骨瓣长于旗瓣2毫米以上；子房密被长柔毛，花柱、柱头无毛。荚果卵状披针形，长2~3厘米。花期6—8月，果期8—9月。

【生态地理分布】产于玉树、囊谦、杂多、治多、曲麻莱、称多、玛沁、久治、同仁、河南、共和、兴海、同德、祁连、乐都；生于高山草甸、灌丛、疏林草地，海拔3 200~4 600米。

马衔山黄耆 *Astragalus mahoschanicus* Hand.-Mazz.

【形态特征】多年生草本，高15~35厘米，全株被平伏短柔毛。茎较细，斜升，有分枝。托叶三角形，离生，被毛；羽状复叶，小叶11~19，椭圆形、倒卵形或矩圆状披针形，先端圆或稍尖，基部圆形或楔形，具短柄，腹面无毛，背面密被或疏被贴伏白色短柔毛。总状花序腋生，密生多花；苞片披针形，疏被毛；花萼钟状，与花梗和花序梗同被黑色毛；花冠黄色。荚果圆球形，密被白色和黑色长柔毛。花期6—7月，果期7—8月。

【生态地理分布】产于玉树、果洛、黄南、海南、都兰、海北、西宁、大通、海东；生于林缘、灌丛、高山草甸、河滩草地、沙地；海拔2 000~4 250米。

丛生黄耆 *Astragalus confertus* Benth. ex Bunge

【形态特征】多年生草本,高2~5厘米。茎多数,丛生,平卧。奇数羽状复叶,具小叶9~25枚,矩圆形、椭圆形或长圆状卵形,长1~3毫米,宽0.5~1.5毫米,先端钝尖或微凹,基部宽楔形,两面被白色伏贴柔毛;托叶膜质,基部合生。总状花序密集呈头状;花萼钟状,长3~4毫米,密被黑色短柔毛,萼齿披针形;花冠青紫色,长约7毫米。荚果长圆形,稍弯曲,长4~5毫米,密被黑色和白色短柔毛。花期6—8月,果期8—9月。

【生态地理分布】产于玉树、果洛、海南、海西、大通、湟中;生于高山草地、林缘、河滩;海拔3 500~4 700米。

220

多花黄耆 *Astragalus floridus* Podlech

【形态特征】多年生草本，高30~80厘米。茎直立，下部常无枝叶。奇数羽状复叶，小叶线状披针形或长圆形，长6~20毫米，宽2~6毫米，先端圆形或钝，具小尖头，基部宽楔形，背面被白色柔毛。总状花序腋生，具花13~40，偏向一侧；花萼钟状，长5~6毫米，密被黑白相间的短柔毛，萼齿钻形，不等长；花冠白色或淡黄色。荚果纺锤形，长约18毫米，宽约5毫米，密被黑色和白色长柔毛。花期6—7月，果期8—9月。

【生态地理分布】产于玉树、囊谦、杂多、称多、玛沁、久治、同仁、泽库、河南、兴海、同德、门源、祁连、西宁、大通、互助；生于林缘、灌丛、河谷；海拔2 300~4 300米。

斜茎黄耆 *Astragalus laxmannii* Jacquin

【形态特征】多年生草本，高20~60厘米。茎多分枝，斜升或直立，被白色丁字毛和黑色毛。羽状复叶；托叶三角形，离生；小叶7~29，椭圆形、卵状椭圆形或矩圆形，先端钝圆，有时微凹，全缘，两面或有时仅背面疏被白色丁字毛。总状花序腋生，密生多花；花萼筒状钟形，被黑色或混生白色丁字毛，萼齿几相等，线形，短于萼筒；花冠蓝紫色或紫红色。荚果直立，2室，三棱柱形，顶端具喙，疏被白色和黑色丁字毛。花期6—8月，果期8—10月。

【生态地理分布】产于果洛、黄南、海南、海西、海北、西宁、大通、海东；生于林缘、河滩灌丛、盐碱沙地、山坡草甸、草原；海拔1 900~3 600米。

222

乳白黄耆 *Astragalus galactites* Pall.

【形态特征】多年生草本,高5~10厘米。茎短缩而分枝,奇数羽状复叶具小叶9~21,矩圆形或椭圆形,长3~15毫米,宽1.5~6毫米,先端钝或尖,有小尖头,基部宽楔形,背面密被白色丁字毛。每叶腋具2花,似多花密集于叶丛基部;花萼筒状钟形,长8~12毫米,密被白色长柔毛;花冠白色或稍带紫色,旗瓣菱状矩圆形,长2~2.6厘米。荚果卵形或倒卵形,长4~6毫米,喙长1毫米。花期5—6月,果期6—8月。

【生态地理分布】产于尖扎、共和、贵南、天峻、刚察、西宁、乐都;生于干旱山坡、沙地;海拔2 000~3 400米。

雪地黄耆 *Astragalus nivalis* Kar. et Kir.

【形态特征】多年生草本，高10~20厘米。茎丛生，纤细，常匍匐生长，被灰白色并间有黑色短柔毛。奇数羽状复叶；小叶11~19，矩圆形，两面密被白色丁字毛；托叶下部联合，不与叶柄合生。总状花序密集呈头状，具6~20花；苞片宽披针形，密被长柔毛；花萼筒状，果期膨大，萼齿短，披针形，背面密被黑色毛，腹面被白色和黑色毛；花冠淡蓝色。荚果矩圆形，包于萼筒内，密被白色毛。花期6—7月，果期7—8月。

【生态地理分布】产于玉树、杂多、称多、玛沁、玛多、德令哈、格尔木、都兰、乌兰、天峻、共和、兴海、刚察；生于干旱草原、砾石山坡、沙砾滩地；海拔2 800~4 400米。

蔓黄芪属 *Phyllolobium* Fisch.

蒺藜叶蔓黄芪 *Phyllolobium tribulifolium* (Benth. ex Bunge) M. L. Zhang et Podlechet Podlech

【形态特征】多年生草本，全株被白色粗毛。茎匍匐地面，长5~25厘米。被白色粗毛。总状花序腋生或顶生，花萼钟状，长5~6毫米，萼齿5，短于萼筒，外面被黑色与白色粗毛，里面无毛；花冠蓝色，旗瓣扁圆形，长约1.1厘米，宽1.1~1.3厘米，先端微凹，基部缢缩成爪，翼瓣与龙骨瓣均短于旗瓣，长约8毫米，宽2~4毫米，具短爪和耳；子房具短柄，被短柔毛，花柱无毛，柱头被毛。荚果较短，成熟时2瓣裂。花期6—7月，果期7—8月。

【生态地理分布】产于玉树、黄南、海南、海北、玛沁、久治、西宁、大通、湟源、互助；生于林缘、灌丛、砾石滩、河边草地；海拔2 400~4 300米。

毛柱蔓黄芪 *Phyllolobium heydei* (Baker) M. L. Zhang et Podlech

【形态特征】多年生矮小草本，高2~4厘米。茎短缩，分枝纤细。羽状复叶；托叶与叶柄分离，彼此联合至中部，疏或密被短柔毛；小叶7~17，椭圆形或倒卵形，两面密被白色长柔毛，先端圆形、微凹，基部圆楔形。总状花序有2~3花；总花梗密被毛；花萼钟形，密被毛，萼齿披针形，短于萼筒；花冠紫红色。荚果矩圆形，膨胀，密被白色短柔毛，具短柄和弯曲的花柱。花期7—8月，果期8—9月。

【生态地理分布】产于玉树、治多、玛沁、共和、格尔木、海晏；生于河滩沙砾地、砾石坡、半固定沙丘；海拔3 200~5 000米。

甘草属 *Glycyrrhiza* L.

甘草 *Glycyrrhiza uralensis* Fisch.

【形态特征】多年生草本，高30~100厘米。根粗壮而深长，有甜味。全株被白色短毛及腺状鳞片。小叶7~11枚，长1.5~4厘米，宽1.2~2.5厘米，先端急尖或钝，基部圆形或宽楔形，两面被短毛及腺体。花萼筒状，基部偏斜，长7~8毫米，萼齿披针形；花冠蓝紫色，长1.4~1.6厘米；子房密被腺状鳞片。荚果条状矩圆形，长2~6厘米，宽约7毫米，弯曲成镰刀状或环形。花期6—8月，果期8—9月。

【生态地理分布】产于尖扎、海南、海西、西宁、海东；生于碱化沙地、沙质草原、山麓；海拔2 100~3 000米。

高山豆属 *Tibetia*（Ali）Tsui

高山豆 *Tibetia himalaica* (Baker) Tsui

【形态特征】多年生草本，高5~15厘米。茎多分枝。托叶卵形，2枚合生；小叶7~15，圆形或宽椭圆形，长4~12毫米，宽3~10毫米，先端微凹，基部圆形，两面密被贴伏长柔毛，边缘具睫毛；托叶2枚，合生。伞形花序，通常具花2~3；花萼长4~5毫米。密被毛；花冠深蓝紫色，长约9毫米；子房密被长柔毛。荚果圆柱状，顶端具短尖，疏被短柔毛。花期5—6月，果期7—8月。

【生态地理分布】产于玉树、果洛、黄南、海南、海西、海北、大通、海东；生于高山草甸、林缘、灌丛、河谷阶地、河漫滩；海拔2 400~4 200米。

棘豆属 *Oxytropis* DC.

急弯棘豆 *Oxytropis deflexa* (Pall.) DC.

【形态特征】多年生草本，高4~24厘米，全株密被开展的白色或淡黄色长柔毛。茎短缩或近无茎。羽状复叶，小叶15~35，密集，卵形、卵状披针形或矩圆形，先端尖或钝圆，基部圆形或宽楔形。总状花序密生多花；苞片膜质，线形；花萼钟状，密被黑白色相间的柔毛，萼齿线形；花冠淡蓝紫色，下垂。荚果矩圆形，被开展黑色与黑白色相间的短柔毛。花期6—8月，果期8—9月。

【生态地理分布】产于玉树、果洛、黄南、海南、海西、海北、大通；生于高山草甸、林缘、灌丛、河滩沙地；海拔2 900~4 500米。

小花棘豆 *Oxytropis glabra* (Lam.) DC.

【形态特征】多年生草本。茎长可达1.2米，匍匐或斜升，多分枝。羽状复叶；小叶5~23，披针形、卵状披针形或椭圆形，先端尖或钝，基部圆形，两面被贴伏柔毛。总状花序腋生，疏生数花至多花；苞片披针形，锐尖，被柔毛；花萼钟状，被黑白色相间的毛，萼齿披针状钻形；花冠紫色或蓝紫色。荚果下垂，矩圆形，膨胀，外面密被黑色和白色毛，内面有白色茸毛。花期6—8月，果期7—9月。

【生态地理分布】产于海南、海西、海晏、海东；生于河滩、沙地、湖盆边缘、沙丘、山坡草地；海拔2 200—3 000米。

黄花棘豆 *Oxytropis ochrocephala* Bunge

【形态特征】多年生草本，高20~40厘米。茎粗壮，被白色或黄色长柔毛。小叶卵状披针形，长1~2.8厘米，宽3~9毫米，先端渐尖，基部圆形，两面被丝状长柔毛。总状花序腋生，密生多花；花萼筒状，长1.2~1.6厘米，被白色或黄色长短交织的柔毛，萼齿条状披针形；花冠黄色，旗瓣长1.5~1.6厘米。荚果卵状矩圆形，长1.2~1.5厘米，宽5~6毫米，膨胀，密被黑色、褐色或白色短柔毛。花期6—8月，果期7—9月。

【生态地理分布】产于玉树、果洛、黄南、海南、海北、德令哈、西宁、大通、海东；生于林缘、沟谷灌丛、高山草甸、山坡砾地；海拔2 000~4 300米。

甘肃棘豆 *Oxytropis kansuensis* Bunge

【形态特征】多年生草本，高10~35厘米。茎细弱，被白色和黑色柔毛。小叶卵状披针形，长6~22毫米，宽2~5毫米，先端渐尖，基部圆形，两面疏被白色平伏长柔毛。总状花序腋生，密集多花，呈头状；花萼筒状，长7~10毫米，被黑白相间的短柔毛；花冠黄色，长1.3厘米。荚果长椭圆形或卵状矩圆形，长1~1.4厘米，宽4~5毫米，膨胀，密被毛。花期6—9月，果期8—10月。

【生态地理分布】产于全省各地；生于高山草甸、阴坡灌丛、河滩草地；海拔2 300~4 600米。

黑萼棘豆 *Oxytropis melanocalyx* Bunge

【形态特征】多年生草本，高10~15厘米。羽状复叶，被白色及黑色短硬毛。托叶卵状三角形，基部合生但与叶柄分离；小叶9~25，卵形至卵状披针形，长5~11毫米，宽2~4毫米，先端急尖，基部圆形，两面疏被黄色长柔毛。伞形总状花序腋生，具3~10花；花萼钟状，密被黑色短柔毛，并混有黄色或白色长柔毛，萼齿披针状线形；花冠蓝色。荚果长椭圆形，膨胀，下垂，具紫堇色彩纹，两端尖，具极短的小尖头，密被黑色杂生的短柔毛。花期6~7月，果期7—8月。

【生态地理分布】产于玉树、囊谦、杂多、称多、玛沁、玛多、河南、同德、贵德、湟中；生于高山草甸、阴坡灌丛、林缘；海拔2 500~4 300米。

镰形棘豆(镰荚棘豆) *Oxytropis falcata* Bunge

【形态特征】多年生草本，高10~25厘米。茎短缩，丛生，被白色粗毛，基部密被宿存的残叶柄。羽状复叶具小叶20~45，叶片条状披针形或条形，长3~12毫米，宽1~2毫米，先端锐尖或钝，边缘内卷，被毛。总状花序近头状，密集6~10花；花萼筒状，长1~1.2厘米，被黑、白色长柔毛，萼齿长约2毫米；花冠蓝紫色，长2.5厘米。荚果弯曲，镰形，长2~3.5厘米，宽4~8毫米，有腺毛和柔毛。花期6—8月，果期7—9月。

【生态地理分布】产于玉树、囊谦、杂多、治多、曲麻莱、称多、玛沁、甘德、达日、班玛、久治、玛多、泽库、河南、德令哈、格尔木、大柴旦、都兰、乌兰、天峻、共和、兴海、海晏、门源、刚察、祁连；生于湖滨沙滩、砾石地、山坡草地、河滩灌丛；海拔2 700~4 900米。

地角儿苗（二色棘豆）*Oxytropis bicolor* Bunge

【形态特征】多年生草本，高5~20厘米，全株被开展白色长柔毛。近无茎，花葶及叶平卧。托叶卵状披针形，密被毛；羽状复叶；小叶5~15，对生或3~4枚轮生，卵形、条形至披针形，先端锐尖，基部圆形，两面被白色长柔毛。总状花序疏或密生多花；花萼筒状，密被长柔毛，萼齿长2~6毫米；花冠蓝紫色，干后常有黄绿色斑。荚果矩圆形，顶端有喙，密被白色长柔毛，腹缝线有较深沟槽。花期5—7月，果期6—9月。

【生态地理分布】产于尖扎、同德、西宁、大通、湟源、乐都、互助、民和；生于山坡草地、山脊、沙砾滩地；海拔2 100~3 600米。

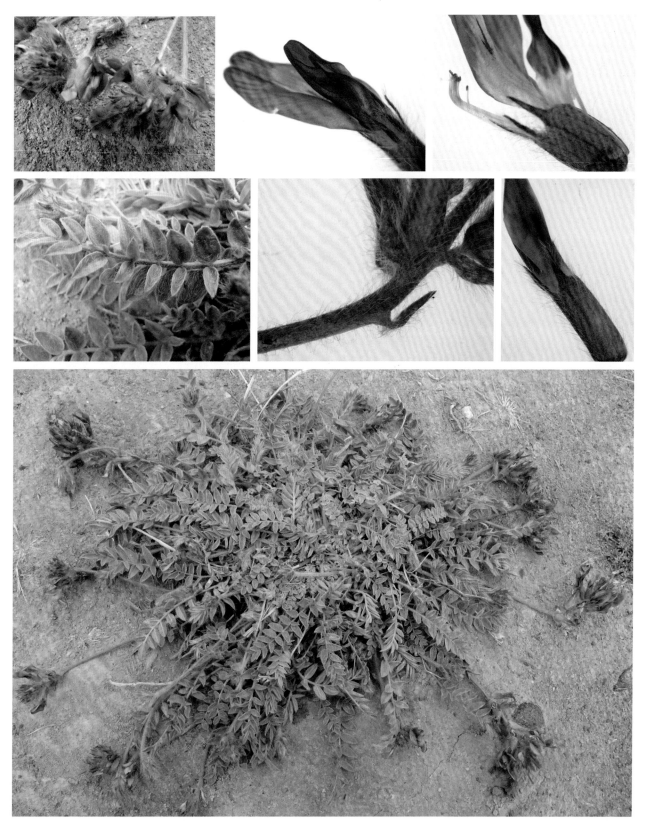

胀果棘豆 *Oxytropis stracheyana* Bunge

【形态特征】多年生垫状草本，高2~6厘米，基部密被宿存的叶柄和托叶。奇数羽状复叶；托叶膜质，基部联合，与叶柄贴生，分离部分三角形；小叶5~13枚，矩圆形，两面密被银灰色贴伏柔毛。总状花序具1~4花；花萼筒状钟形，密被白色或有时杂有黑色长柔毛，萼齿狭三角形或钻形；花冠紫红色或蓝紫色；子房密被白色长柔毛。荚果卵圆形，长1.6厘米，膨胀。花期6—7月，果期7—8月。

【生态地理分布】产于玉树、杂多、治多、曲麻莱、玛沁、玛多、贵德、德令哈、都兰、乌兰、刚察、祁连；生于山坡草地、河滩砾石地、沙丘；海拔3 200~5 000米。

236

胡枝子属 *Lespedeza* Michx.

兴安胡枝子（达乌里胡枝子）*Lespedeza daurica*（Laxm.）Schindl.

【形态特征】小半灌木，高20~60厘米。茎数个簇生，铺散或稍斜升；枝条具棱并被白色短柔毛。托叶2，刺芒状，褐色，被毛；羽状三出复叶，小叶矩圆形或披针状矩圆形，先端圆钝，有短刺尖，基部圆形，全缘，背面有平伏柔毛。总状花序腋生，无冠花簇生于下部枝条的叶腋；萼筒钟状，密被白色柔毛，萼齿披针状钻形，先端刺芒状；花冠黄白色至黄色。荚果包于宿存萼内，倒卵形或长倒卵形，两面凸出，伏生白色柔毛。花期6—8月，果期9—10月。

【生态地理分布】产于共和、兴海、同德、贵南、贵德、西宁、湟中、湟源、互助、民和；生于干旱山坡、灌丛；海拔1 800~2 900米。

牛枝子 *Lespedeza potaninii* Vass.

【形态特征】小半灌木，高20~50厘米。茎簇生，斜升或铺散，具棱并被白色短柔毛。三出复叶；托叶2，刺芒状，褐色，被毛；小叶矩圆形或披针状矩圆形，先端钝圆，有短刺尖，基部圆形，背面伏生短柔毛。总状花序腋生，中上部枝上的总状花序比叶长；无冠花簇生于下部枝条的叶腋。花萼密被白色柔毛，萼齿先端刺芒状；花冠淡黄色，荚果倒卵形或长倒卵形，两面凸起，顶端有宿存花柱，被白色柔毛。花期6—8月，果期9—10月。

【生态地理分布】产于西宁、海东；生于干山坡、河滩砾地；海拔1 800~2 200米。

多花胡枝子 *Lespedeza floribunda* Bunge

【形态特征】小灌木，高30~80厘米。茎常近基部分枝，具棱，被贴伏毛。羽状复叶具3小叶；倒卵形或倒卵状矩圆形，长6~22毫米，宽4~10毫米，先端微凹或截形，具小刺尖，基部楔形，被白色伏柔毛。总状花序腋生，花多数；花萼长4~5毫米，被柔毛，上方2裂片下部合生，上部分离，裂片披针形或卵状披针形，长2~3毫米，先端渐尖；花冠紫红色，旗瓣椭圆形，长8~9毫米。荚果宽卵形，长约5毫米，密被柔毛。花期7—8月，果期9—10月。

【生态地理分布】产于尖扎、循化；生于干旱山坡、灌丛、林缘；海拔1 800~2 200米。

岩黄耆属 *Hedysarum* L.

锡金岩黄耆 *Hedysarum sikkimense* Benth. ex Baker

【形态特征】多年生草本，高10~25厘米。茎基部多分枝。奇数羽状复叶，具小叶9~33，矩圆形、椭圆形或卵状椭圆形；托叶棕褐色，膜质，联合，先端2裂，被白色长柔毛。总状花序腋生，密生12~20花；苞片膜质，长6~12毫米，外被白色长柔毛；花萼钟状，密被黑褐色或白色柔毛，萼齿披针形，长于萼筒，两面被毛，黑褐色；花冠紫红色。荚果2~5节，下垂，节荚具网纹，被毛。花期7—8月，果期8—9月。

【生态地理分布】产于玉树、果洛、黄南；生于高寒草甸、林缘、灌丛；海拔3 500~4 900米。

块茎岩黄耆 *Hedysarum algidum* L. Z. Shue

【形态特征】多年生草本，高10~20厘米。块茎球形。茎较细，被柔毛。奇数羽状复叶，具小叶5~11，椭圆形，长5~8毫米，宽2~3毫米，先端钝，具短尖，基部圆形或宽楔形，下面疏被柔毛。总状花序腋生，具多花；花萼钟形，长4~6毫米，外面被白色柔毛，萼齿5，狭披针形；花冠淡紫色，长1.4~1.6厘米。荚果具2~3节，每节近圆形，疏被柔毛。花期7—8月，果期8—9月。

【生态地理分布】产于玉树、黄南；生于山坡草地、灌丛；海拔2 500~3 500米。

羊柴属 *Corethrodendron* Fisch. et Basiner.

红花山竹子 *Corethrodendron multijugum* (Maxim.) B. H. Choi et H. Ohashi

【形态特征】半灌木，高30~100厘米。奇数羽状复叶，具小叶15~35，椭圆形、卵形或倒卵形，长5~12毫米，宽3~6毫米，先端钝或微凹，基部近圆形；托叶卵状披针形，下部联合。总状花序生于上部叶腋，疏生9~25花；花萼斜钟状，长5~6毫米，被贴伏短柔毛；花冠长1.5~1.9厘米，紫红色，有黄色斑点。荚果扁平，常1~3节，两侧有网脉和小刺。花期6—8月，果期7—9月。

【生态地理分布】产于全省各地；生于山坡、沟谷、河滩、砂砾地；海拔1 800~3 800米。

驴食豆属 *Onobrychis* Mill.

驴食豆（红豆草） *Onobrychis viciifolia* Scop.

【形态特征】多年生草本，高0.6~1米。茎分枝，微被毛，中空，有纵条棱。托叶膜质，卵状三角形，先端渐尖，基部联合，微被柔毛；小叶11~25，侧生小叶对生或近对生，卵状矩圆形、披针形或长椭圆形，先端钝圆或尖，具短尖头，腹面无毛，背面被白色贴伏柔毛，沿中脉毛较密。总状花序腋生，具25~40花；花萼钟形，密被长柔毛，萼齿钻状披针形；花冠紫红色。荚果半圆形或倒卵形。花期6—7月，果期7—9月。

【生态地理分布】产于同德、西宁、平安、民和；生于河谷、河滩；海拔1 800~2 900米。

野豌豆属 *Vicia* L.

大花野豌豆 *Vicia bungei* Ohwi

【形态特征】一年生或二年生缠绕或匍匐状草本，高15~40厘米。茎有棱，多分枝。偶数羽状复叶，卷须有分枝；托叶半箭头形；小叶3~5对，长圆形或狭倒卵形、长圆形，长1~2.5厘米，宽2~8毫米，先端平截、微缺。总状花序长或近等长于叶，具2~4花；花萼钟形，萼齿披针形；花冠红紫色或蓝紫色。荚果扁长圆形长2.5~3.5厘米，宽约7毫米。花果期6—8月。

【生态地理分布】产于班玛、西宁、大通；生于林缘、草地、河边；海拔2 100~2 500米。

歪头菜 *Vicia unijuga* A. Br.

【形态特征】多年生草本，高15~100厘米。数茎丛生，具棱。叶轴顶端为细刺尖头，偶有卷须；托叶戟形或近披针形，边缘不规则啮蚀状；小叶1对，卵状披针形或近菱形，长3~7厘米，宽1.5~4厘米，先端渐尖，边缘小齿状。总状花序，密生8~20花，排列于总花梗一边；花萼钟状，长约4毫米；花冠蓝紫色、紫红色，1~1.6厘米。荚果扁，长圆形，长2~3.5厘米，宽5~7毫米，具喙。花果期6—9月。

【生态地理分布】产于班玛、同仁、泽库、河南、尖扎、门源、刚察、祁连、西宁、大通、湟中、湟源、平安、乐都、互助、民和、化隆、循化；生于林缘草甸、河谷灌丛、河边、山坡湿地、林下；海拔1 800~3 000米。

窄叶野豌豆 *Vicia sativa* L. subsp. *nigra* Ehrhart

【形态特征】一年生或二年生草本，高20~50厘米。茎斜升、蔓生或攀缘。偶数羽状复叶，卷须发达；托叶戟形；小叶4~6对，线形或线状长圆形，长1~2.5厘米，宽2~5毫米，先端平截或微凹，具短尖头。花单生，或2~4花组成总状花序，腋生。花萼钟形，萼齿5，三角形，背面被黄色疏柔毛；花冠红色或紫红色，长1~1.5厘米。荚果长线形，果皮黑色，长2.5~5厘米。宽约5毫米。花果期6—9月。

【生态地理分布】产于班玛、同仁、泽库、河南、尖扎、共和、兴海、同德、贵德、西宁、湟源、平安、乐都、互助、民和、化隆、循化；生于河滩、林缘；海拔2 100~3 300米。

多茎野豌豆 *Vicia multicaulis* Ledeb.

【形态特征】多年生草本,高10~50厘米。茎多分枝,具棱。偶数羽状复叶,顶端卷须分支或单一;托叶半戟形;小叶4~8对,长圆形至线形,长1~2厘米,宽1.5~3毫米,先端具短尖头,基部圆形,全缘。总状花序长于叶,具14~15花;花萼钟状,萼齿5,狭三角形,下萼齿较长;花冠紫色或紫蓝色,长1.3~1.7厘米。荚果扁,长3~3.5厘米,先端具喙,表皮棕黄色。花果期6—9月。

【生态地理分布】产于玉树、玛沁、同德。生于沙地、草甸、林缘、灌丛;海拔3 000~3 900米。

山黧豆属 *Lathyrus* L.

山黧豆（五脉山黧豆、五脉香豌豆）*Lathyrus quinquenervius* (Miq.)Litv.

【形态特征】多年生草本，高20~50厘米。茎通常直立，单一，具棱及翅。卷须单一，下部叶的卷须短，成针刺状；小叶1~3对，椭圆状披针形或线状披针形，先端渐尖，有细尖，基部楔形，两面被短柔毛，腹面毛稀疏，具5行凸出平行脉。总状花序腋生，具5~8花；花萼钟形，被短柔毛，最大1枚萼齿约与萼筒等长；花冠蓝紫色或紫色。荚果线形。花果期6—9月。

【生态地理分布】产于同仁、尖扎、贵德、西宁、湟中、湟源、平安、乐都、互助、民和、化隆、循化；生于林缘、河谷草地；海拔1 800~2 600米。

小冠花属 *Coronilla* L.

绣球小冠花 *Coronilla varia* L.

【形态特征】多年生草本，高25~50厘米。分枝多，匍匐生长，匍匐茎长达1米。奇数羽状复叶，小叶互生，11~27枚，长椭圆形或倒卵形。伞形花序腋生，长5~6厘米，具5~10花，密集排列成绣球状；苞片2，披针形；花萼膜质，萼齿短于萼筒；花似冠，紫色、淡红色或白色，有明显紫色条纹，长8~12毫米。荚果细长圆柱形，稍扁，具4棱，先端有宿存的喙状花柱，荚节长约1.5厘米，各荚节有种子1粒。花期6—7月，果期8—9月。

【生态地理分布】产于西宁；生于田边、河滩；海拔2 200米。

熏倒牛科 Biebersteiniaceae

熏倒牛属 *Biebersteinia* Stephan

熏倒牛 *Biebersteinia heterostemon* Maxim.

【形态特征】一年生草本, 高30~90厘米。全株有深褐色密腺毛和白色短柔毛, 有恶臭味。叶长圆状披针形, 长7~24厘米, 宽4~16厘米, 三回羽状分裂, 小裂片条状披针形, 边缘有粗齿。聚伞状圆锥花序, 顶生, 长达35厘米; 萼片宽卵圆形, 长约6毫米, 内面2枚稍窄; 花瓣黄色, 倒卵形, 边缘波状。蒴果近圆球形, 不开裂, 顶端无喙, 成熟时果瓣不向上翻卷。花期6—8月, 果期8—9月。

【生态地理分布】产于玉树、玛沁、同仁、泽库、尖扎、兴海、同德、西宁、湟中、平安、乐都、互助、民和; 生于山坡、草地、河滩、田边; 海拔1 900~3 700米。

牻牛儿苗科 Geraniaceae

老鹳草属 *Geranium* L.

鼠掌老鹳草 *Geranium sibiricum* L.

【形态特征】多年生草本，高15~80厘米。茎多分枝，斜上或略直，有棱，具节，被倒向紧贴短毛。叶宽肾状五角形，基部截形或心形，两面被短毛。花单生叶腋或顶生；苞片2，条状披针形；萼片长卵形，长4~6毫米，具3脉，沿脉被疏柔毛，先端具芒尖；花瓣较萼片稍长，白色或淡红色，长5~7毫米，倒卵形，基部具长爪，微被毛。蒴果长1.5~2厘米，被短毛。花期6—7月，果期7—9月。

【生态地理分布】产于玉树、囊谦、称多、玛沁、同仁、泽库、同德、贵德、门源、祁连、西宁、大通、湟源、乐都、互助、民和、循化；生于山坡草地、林缘、灌丛、河滩；海拔2 100~3 700米。

草地老鹳草 *Geranium pratense* L.

【形态特征】多年生草本，高25~70厘米。具多数肉质粗根。茎和花梗被腺毛。叶对生，肾状圆形，掌状7~9深裂，裂片菱状卵形，羽状分裂，小裂片具缺刻，顶端常3~5深裂。聚伞花序具2花，花梗果期下弯；萼片卵形，具3脉，先端具短芒，密被短柔毛及腺毛；花瓣蓝紫色，倒卵形，较萼片长1倍。蒴果长2~3厘米，具短柔毛及腺毛，成熟时果瓣由基部向上反卷。花期6—7月，果期8—9月。

【生态地理分布】产于玉树、囊谦、杂多、称多、玛沁、班玛、同仁、泽库、共和、兴海、乌兰、门源、祁连、大通、乐都；生于林下、灌丛、河滩；海拔1 900~3 700米。

甘青老鹳草 *Geranium pylzowianum* Maxim.

【形态特征】多年生草本，高8~35厘米。根状茎细长，节部膨大，呈串珠状。茎细弱，被倒向伏毛。叶互生，肾状圆形，掌状5深裂，裂片再深裂。聚伞花序具2~4花，花梗果期下垂；萼片长圆状披针形，长8~10毫米，先端具短芒尖；花瓣紫红色，倒卵状圆形，先端平截，长14~20毫米。蒴果长2~3厘米，被疏短柔毛，成熟时果瓣由基部向上反卷。花期7—8月，果期9—10月。

【生态地理分布】产于玉树、囊谦、玛沁、班玛、久治、玛多、同仁、泽库、尖扎、兴海、同德、贵德、湟中、湟源、乐都、互助；生于高山草甸、灌丛、林下、滩地；海拔2 900~3 900米。

牻牛儿苗属 *Erodium* L' Her.

牻牛儿苗 *Erodium stephanianum* Willd.

【形态特征】一年生或二年生草本，高15~45厘米。叶对生，二回羽状深裂，小裂片卵状条形，全缘或具疏齿。伞形花序腋生，常有2~5花；萼片矩圆状或椭圆形，长6~8毫米，宽2~3毫米，先端具长芒，被长糙毛；花瓣倒卵形，蓝紫色或淡紫色，先端圆形或微凹；具药雄蕊5，与5个退化雄蕊互生；蒴果长2.5~4厘米，密被短糙毛，顶端有长喙，熟时5枚果瓣喙部由上向下呈螺旋状卷曲。花期5—6月，果期7—8月。

【生态地理分布】产于玉树、囊谦、玛沁、同仁、泽库、兴海、同德、贵南、贵德、德令哈、西宁、乐都、互助、民和；生于山坡草地、田边；海拔1 700~3 700米。

亚麻科 Linaceae

亚麻属 *Linum* L.

宿根亚麻 *Linum perenne* L.

【形态特征】多年生草本，高20~40厘米。茎直立。叶线形至线状披针形，具1条明显中脉，先端尖，基部楔形。花3~6朵，组成蝎尾状聚伞花序；萼片5，卵状长圆形至卵状椭圆形，长4~5毫米，外面3片先端急尖，内面2片先端钝，脉仅达萼片一半；花蓝色至蓝紫色，倒卵圆形，长9~15毫米，顶端圆形，基部楔形。蒴果球形，直径6~7毫米，顶端无喙。花期6—7月，果期8—9月。

【生态地理分布】产于囊谦、班玛、同仁、河南、同德、贵德、都兰、海晏、西宁、湟源、乐都、化隆；生于山坡草地、山沟荒地；海拔2 300~3 800米。

白刺科 Nitrariaceae

白刺属 *Nitraria* L.

小果白刺 *Nitraria sibirica* Pall.

【形态特征】灌木,高0.5~1米。茎多分枝,铺散地面。小枝灰白色,顶端针刺状。幼枝叶4~6枚簇生,叶肉质,无柄,倒披针形或倒卵状匙形,长6~15毫米,宽2~5毫米,两面无毛。聚伞花序蝎尾状,顶生;萼片5,三角形,长4~5毫米,先端钝圆具有小突尖;花瓣5,白色或背面带浅蓝色,长圆形或倒披针形,长3~5毫米;花丝长达4毫米。核果浆果状,近球形或椭圆形,长6~8毫米,熟时暗红色。花期5—6月,果期7—8月。

【生态地理分布】产于尖扎、德令哈、格尔木、冷胡、大柴旦、都兰、乌兰、共和、兴海、贵德、西宁、乐都、民和、化隆、循化;生于山坡滩地、湖边沙地、荒漠草原、沙丘;海拔1 800~3 700米。

白刺 *Nitraria tangutorum* Bobr.

【形态特征】灌木, 高1~2米。茎多分枝, 小枝灰白色, 顶端针刺状。幼枝上叶2~3枚簇生, 叶倒披针形或宽倒披针形, 长1.3~2.5厘米, 宽4~8毫米, 先端圆钝, 基部渐窄成楔形, 全缘, 嫩时两面密被白毛。聚伞花序蝎尾状, 顶生; 萼片5, 三角形, 密被柔毛; 花瓣5, 黄白色; 花丝长约1毫米。核果卵形或椭圆形, 熟时深红色, 长8~12毫米。花期5—6月, 果期7—8月。

【生态地理分布】产于同仁、共和、兴海、贵德、德令哈、格尔木、大柴旦、都兰、乌兰、西宁、民和; 生于干山坡、河谷、河滩、戈壁滩; 海拔1 900~3 500米。

骆驼蓬属 *Peganum* L.

多裂骆驼蓬 *Peganum multisectum* (Maxim.) Bobrov

【形态特征】多年生草本。茎多分枝，平卧或斜上升，长20~80厘米。叶互生，二至三回深裂，裂片条形，长5~15毫米，宽1~2毫米。花单生，与叶对生；萼片3~5深裂，裂片条形；花瓣黄色或黄白色，倒卵状长圆形，长1~1.7厘米，宽5~6毫米。蒴果近球形，顶端压扁，3瓣裂。花期5—7月，果期6—9月。

【生态地理分布】产于同仁、尖扎、共和、贵德、乌兰、西宁、乐都、民和、循化；生于干山坡、草地、沙丘；海拔1 700~3 900米。

蒺藜属 *Tribulus* L.

蒺藜 *Tribulus terrestris* L.

【形态特征】一年生草本，茎由基部分枝，平卧，长可达80厘米，被绢状柔毛。叶对生或互生，具小叶6~14枚，小叶长圆形，长6~15毫米，宽2~5毫米，先端锐尖或钝，基部稍偏斜，全缘，背面被白色伏毛。花单生叶腋；萼片5，宿存；花瓣5，黄色；雄蕊10，着生于花盘基部，有鳞片状腺体。果实由5个果瓣组成，每果瓣具长短棘刺各1对，背面被短硬毛和瘤状突起。花期5—6月，果期7—8月。

【生态地理分布】产于尖扎、兴海、贵南、贵德、大通、民和、循化；生于干旱山坡、河滩沙地；海拔1 800~3 200米。

驼蹄瓣属 *Zygophyllum* L.

霸王 *Zygophyllum xanthoxylon* (Bunge) Maxim.

【形态特征】灌木, 高0.5~1.5米。枝开展, 先端刺状。叶在老枝上簇生, 幼枝上对生。复叶具2小叶, 条形倒卵形或长匙形, 长8~20毫米, 宽2~5毫米, 肉质; 花单生叶腋, 萼片4, 绿色, 长4~6毫米; 花瓣4, 黄白色, 倒卵形, 长约10毫米, 先端钝圆, 基部渐狭成爪; 雄蕊长于花瓣, 花丝基部的鳞片状附属物长约4毫米。蒴果近球形, 长1.5~3厘米, 具3宽翅。花期5—6月, 果期7—8月。

【生态地理分布】产于同仁、尖扎、贵德、格尔木、大柴旦、都兰、西宁、乐都、民和; 生于沙质河流阶地、山沟、干山坡、河谷地; 海拔1 600~2 600米。

粗茎驼蹄瓣（粗茎霸王） *Zygophyllum loczyi* Kanitz

【形态特征】一年生或二年生草本，高5~20厘米。茎开展或直立，由基部多分枝，具沟棱。小叶在茎上部常为1对，下部为2对；叶片歪倒卵形或长圆形，常5~18毫米，宽4~8毫米。花1~2朵生于叶腋；萼片长圆形或长卵形，长4~5毫米，具白色膜质边缘；花瓣橘红色，匙状倒卵形，与花萼近等长；雄蕊8~10，稍短于花瓣，花丝的鳞片附属物长约2毫米。蒴果圆柱形，长1.5~2.3厘米，宽5~6毫米，顶端钝或锐尖，果皮膜质。花期6—7月，果期7—8月。

【生态地理分布】产于德令哈、大柴旦；生于砂砾地；海拔2 900~3 000米。

蝎虎驼蹄瓣（蝎虎霸王） *Zygophyllum mucronatum* Maxim.

【形态特征】多年生草本，高5~20厘米。茎多分枝。复叶具小叶2~3对，条形，长4~14毫米，宽1~3毫米，先端具短尖头。花1~2生于叶腋，萼片5，长圆形，长4~8毫米，边缘膜质，白色；花瓣5，粉红色或白色，倒卵形，长5~10毫米；雄蕊10，长于花瓣，花丝基部的附属物长约为雄蕊之半。蒴果圆柱形或窄卵形，长1~2厘米，宽4~6毫米，具5棱。花期6—8月，果期7—9月。

【生态地理分布】产于共和、贵德、乌兰、化隆、循化；生于山地荒漠、山坡滩地、河流阶地、湖积平原；海拔1 800~3 500米。

远志科 Polygalaceae

远志属 *Polygala* L.

西伯利亚远志 *Polygala sibirica* L.

【形态特征】多年生草本，高10~30厘米。茎丛生，被短柔毛。叶互生，披针形或长圆状披针形，长1~2.3厘米，宽3~7毫米，先端钝，具骨质短尖头，基部楔形，全缘，被短柔毛。总状花序；花蓝紫色；萼片5，外3枚大，内2枚小，花瓣状，镰刀形；花瓣3，鸡冠状附属物流苏状；花丝2/3以下合生成鞘。蒴果倒心形，长5~6毫米，扁平，顶端微缺，具窄翅及疏生柔毛。花果期6—9月。

【生态地理分布】产于玉树、囊谦、同仁、尖扎、兴海、门源、祁连、大通、湟中、湟源、乐都、民和；生于林下、灌丛、河谷坡地；海拔1 800~4 000米。

大戟科 Euphorbiaceae

大戟属 *Euphorbia* L.

泽漆 *Euphorbia helioscopia* L.

【形态特征】一年生或二年生草本，高11~48厘米。茎分枝，疏生柔毛。叶互生，倒卵形，长1.5~2.2厘米，宽7~14毫米，先端微凹并具细齿，基部渐狭，边缘中下部全缘，两面疏生长柔毛。杯状花序组成聚伞花序，顶生和腋生；顶生者下部具苞叶5枚，末级伞梗具苞叶2枚；总苞杯状，5裂；腺体4，横椭圆形；雄花10；雌花1，花柱3，先端2裂。蒴果卵球形，长约2.4毫米，表面被微突。花期5—7月，果期7—8月。

【生态地理分布】产于玛沁、班玛、同仁、泽库、尖扎、共和、西宁、湟中、乐都、互助、循化；生于林缘、山坡、河滩；海拔2 200~3 800米。

青藏大戟 *Euphorbia altotibetica* O. Pauls.

【形态特征】多年生草本,高15~30厘米。茎多分枝,光滑。茎生叶三角状心形、椭圆形至披针形,长7~22毫米,宽4~18毫米,先端钝,边缘微波状并具细齿,基部心形抱茎。杯状花序组成聚伞花序,总苞裂片先端2裂,具柔毛;腺体4~5,横椭圆形。雌花花梗下苞片5,花瓣状,先端具齿,背面具1枚片状附属物,被柔毛。蒴果阔卵球形,长4~5毫米,光滑。花期5—7月,果期7—8月。

【生态地理分布】产于玉树、杂多、曲麻莱、玛沁、玛多、河南、尖扎、共和、兴海、德令哈、格尔木、刚察;生于高山草甸、草原、山坡、沙丘;海拔2 500~4 500米。

凤仙花科 Balsaminaceae

凤仙花属 *Impatiens* L.

川西凤仙花 *Impatiens apsotis* Hook. f.

【形态特征】一年生草本，高10~30厘米。茎纤细，有细弱的短枝。叶互生，卵形，顶端渐尖或稍尖，基部楔形，边缘具粗齿，齿端钝或微凹或具小尖头。花序具花1~2，腋生；萼片2，条形，顶端尖，背面中肋具龙骨状突起；花白色；旗瓣舟状，直立，背面中肋具短而宽的翅；翼瓣具柄，基部裂片卵形，尖，上部裂片斧形，钝；唇瓣檐部舟状，向基部狭成内弯且与檐部等长的距；雄蕊5。蒴果狭线形，顶端尖。花果期6—9月。

【生态地理分布】产于班玛；生于沟谷、山坡林下；海拔3 200~3 700米。

水金凤 *Impatiens noli-tangere* L.

【形态特征】一年生草本，高30~60厘米。茎直立，分枝。叶互生，卵形或椭圆形，长4~8厘米，宽1.5~3.5厘米，先端钝或短渐尖，基部楔形，边缘具钝锯齿。总花梗腋生，花2~3朵，花梗纤细，下垂，中部有披针形苞片；花大，黄色，喉部常有红色斑点；萼片2，宽卵形，先端急尖；旗瓣圆形，背面中肋有龙骨突，先端有小喙；翼瓣二裂，基部裂片矩圆形，上部裂片大，宽斧形，带红色斑点；唇瓣宽漏斗状，基部延长成内弯的长距。花期6—7月，果期8—9月。

【生态地理分布】产于乐都、互助、循化；生于山坡、灌丛；海拔1 700~2 800米。

锦葵科 Malvaceae

锦葵属 *Malva* L.

野葵 *Malva verticillata* L.

【形态特征】二年生草本，高10~70厘米。茎直立，被星状毛。叶片肾形至圆形，长4~11厘米，掌状5~7浅裂，基部心形，裂片三角形，先端钝圆，边缘具钝锯齿。花簇生于叶腋，花直径约1厘米；萼齿宽三角形，被长硬毛和星状毛；花瓣淡红色，倒卵形，长为花萼的2倍，先端微凹；花柱10~11分枝。分果扁圆形，直径5~7毫米，分果瓣10~11，两侧具脉纹。花果期6—9月。

【生态地理分布】产于玉树、囊谦、治多、玛沁、同仁、泽库、河南、尖扎、共和、兴海、同德、贵南、门源、西宁、大通、湟中、湟源、乐都、互助、民和、循化；生于田边、河滩；海拔1 800~4 200米。

猕猴桃科 Actinidiaceae

藤山柳属 *Clematoclethra* Maxim.

刚毛藤山柳 *Clematoclethra scandens* Maxim.

【形态特征】攀援灌木，高3~8米。老枝黑褐色；小枝褐色。叶卵圆形或椭圆形，长4~9厘米，宽1.5~5.5厘米，顶端渐尖至长渐尖，基部钝形或圆形，边缘有刺毛状细齿。聚伞花序具3~6花；苞片2，披针形，长3~5毫米；花白色，直径8~10毫米；萼片卵圆形，长2~4毫米，被短柔毛；花瓣宽卵圆形，长5~7毫米。果球形，直径6~8毫米。花期6—7月，果期8—9月。

【生态地理分布】产于民和、循化；生于山坡林中；海拔2 100~2 600米。

金丝桃科 Hypericaceae

金丝桃属 *Hypericum* L.

突脉金丝桃 *Hypericum przewalskii* Maxim.

【形态特征】多年生草本，高30~60厘米。茎直立，少分枝。叶对生，卵形至长圆状卵形，长2~5厘米，宽1~2.5厘米，先端钝且常微缺，基部心形，无柄，抱茎，全缘。聚伞花序顶生；花黄色；萼片长圆形，长5~10毫米，先端尖，脉明显；花瓣倒披针形，长1~2厘米；花柱细长，先端5裂。蒴果圆锥形，长约1.5厘米，宽1.2厘米，散布有纵线纹，成熟后先端5裂。花期6—7月，果期8—9月。

【生态地理分布】产于门源、大通、乐都、互助、民和、循化；生于河谷灌丛、林缘、林下；海拔2 300~2 800米。

柽柳科 Tamaricaceae

琵琶柴属 *Reaumuria* L.

红砂 *Reaumuria songarica* (Pall.) Maxim.

【形态特征】小灌木,株高10~80厘米。茎多分枝,树皮片状剥落。叶常3~5簇生,圆柱形,肉质,先端粗大,长2~4毫米。花单生叶腋;花萼钟形,上部5裂,萼齿边缘膜质,淡紫色或白色,具腺体;花瓣5,粉红色或白色,长圆形,长3毫米,宽2毫米,每花瓣内侧近中部有2枚鳞片状附属物;花柱3;雄蕊5~8。蒴果纺锤形,长约4毫米,3棱,3瓣裂。花期6—8月,果期8—9月。

【生态地理分布】产于海南、海西、西宁、海东;生于荒漠、半荒漠、盐碱地、干旱山坡;海拔1 800~3 000米。

柽柳属 *Tamarix* L.

多花柽柳 *Tamarix hohenackeri* Bunge

【形态特征】灌木或小乔木,高1.5~5米。叶条状披针形或卵状披针形,渐尖,内弯。春季总状花序侧生于去年生枝上,长1.5~8.5厘米,多簇生;夏秋季总状花序生于当年生枝上,长1~3.5厘米,集生成大型圆锥花序;苞片条形或条状披针形,膜质,内弯;萼片5,卵圆形,边缘膜质;花瓣5,卵形或卵状椭圆形,粉红色或紫红色,花冠互相靠合成鼓形或球形;花盘肥厚,5裂,先端钝或微缺;花柱3,棒状匙形。蒴果长圆锥形。花期6—8月,果期7—9月。

【生态地理分布】产于德令哈、格尔木、都兰;生于盐碱地、河湖沙地、河谷、灌丛;海拔2 700~2 900米。

水柏枝属 *Myricaria* Desv.

匍匐水柏枝 *Myricaria prostrata* Hook. f. et Thoms. ex Benth. et Hook. f.

【形态特征】匍匐矮生灌木,高10~30厘米。叶密集,矩圆状条形、狭椭圆形或长圆形,全缘,无柄。总状花序圆球形,由2~4花构成,稀花单生,基部被鳞片,紫红色或绿色,有白色膜质边缘;苞片卵形或矩圆形,萼片5,披针形,绿色;花瓣5,淡紫红色,倒卵形,长5毫米,宽2毫米;雄蕊10,约2/3以下合生。蒴果圆锥形,长1.3厘米,宽约5毫米,5瓣裂。花期6—8月,果期7—9月。

【生态地理分布】产于玉树、玛多、门源、祁连;生于河滩、湖边;海拔3 500~5 000米。

三春水柏枝 *Myricaria paniculata* P. Y. Zhang et Y. J. Zhang

【形态特征】灌木，高0.5~1.6米，枝条无皮膜。叶披针形、卵状披针形或矩圆形，长2~4毫米，宽0.4~1毫米。总状花序二型，春季侧生于老枝上，基部被膜质鳞片；夏秋季顶生于当年生枝上，组成大型圆锥花序，基部无鳞片。萼片5，长2.5~3毫米，宽约1毫米，先端内曲；花瓣5，淡紫红色，倒卵圆形，长5~6.5毫米，先端常内曲；雄蕊10，花丝2/3合生。蒴果圆锥形，长约8毫米；种子顶端芒柱一半以上被白色柔毛。花期6—7月，果期7—9月。

【生态地理分布】产于海南、海西、西宁、海东；生于河谷滩地、河床沙地、砾石滩、河边；海拔2 200~2 800米。

堇菜科 Violaceae

堇菜属 *Viola* L.

圆叶小堇菜 *Viola biflora* L. var. *rockiana* (W. Becker) Y. S. Chen

【形态特征】多年生草本，高5~10厘米。根状茎有结节，具鳞片。茎2至数条。基生叶具长柄；叶片肾形，长9~18毫米，宽1.1~2.4厘米，边缘具圆齿，基部心形，腹面和边缘具柔毛。花腋生；萼片披针形，长4~5毫米，宽1~2毫米，边缘具睫毛，基部附属物耳垂状，末端钝圆；花瓣黄色，具紫色脉纹，匙形至狭倒卵形，下瓣先端钝圆或微凹；距浅囊状，长1毫米；下方雄蕊之距短而宽，近三角形；花柱膝曲，柱头2裂。花期6—7月，果期7—8月。

【生态地理分布】产于玛沁、久治、同仁、尖扎、乐都、互助、循化；生于草甸、灌丛、林下、山坡、河滩；海拔2 600~3 700米。

鳞茎堇菜 *Viola bulbosa* Maxim.

【形态特征】多年生草本，高2.5~4.5厘米。根状茎细长，下部具一小鳞茎。叶基生；叶片卵形、狭卵形或宽卵形，长7~32毫米，宽4~20毫米，先端钝圆，基部楔形或浅心形，边缘具波状圆齿，无毛或背面具白色柔毛。萼片狭卵形至披针形，长3~4毫米，宽1.2~1.5毫米，先端尖，基部延伸呈耳垂状；花瓣白色，下方花瓣长7~8毫米，有紫堇色条纹，先端有微缺；距短而粗，呈囊状，长1.2~1.7毫米，粗约2毫米，末端钝；蒴果椭圆形，长6毫米。花果期5—8月。

【生态地理分布】产于囊谦、杂多、玛沁、久治、同仁、泽库、河南、兴海、门源、刚察、大通、乐都、互助、民和；生于高山草甸、灌丛、林下、河边；海拔2 500~4 150米。

西藏堇菜 *Viola kunawarensis* Royle Illustr.

【形态特征】多年生草本，高3.5~5厘米。根状茎短缩，无鳞茎。无地上茎。叶基生，卵形、椭圆形至长椭圆形，基部楔形，全缘。萼片狭卵形至披针形，长3~3.5毫米，先端钝，基部附属物耳状；花瓣蓝紫色，匙形或狭倒卵形，长6~7.3毫米，无毛；距囊状，长约1.5毫米；下方雄蕊之距短角状，长约0.9毫米；花柱膝曲，柱头先端钝圆，先端具短喙。蒴果卵形，长4~5毫米。花期6—7月，果期7—8月。

【生态地理分布】产于玉树、囊谦、杂多、玛沁、尖扎、兴海、天峻、门源；生于高山灌丛、高山草甸、林缘；海拔3 100~4 800米。

早开堇菜 *Viola prionantha* Bunge

【形态特征】多年生草本，高4.5~12厘米。根状茎短粗。叶基生，披针形、狭卵形至卵形，边缘具圆齿，基部楔形至心形。花腋生，花梗近中部具2线性小苞片；萼片卵形至披针形，长5~6毫米，基部附属物边缘通常具齿；花瓣淡紫色或紫堇色，长1.1~1.6厘米，侧瓣腹面具髯毛，下瓣先端微凹；距长管状，长约6毫米；下方2枚雄蕊之距长角状，长3毫米；花柱稍膝曲，柱头先端具短喙。蒴果椭圆形，长6~10毫米。花果期5—7月。

【生态地理分布】产于同仁、西宁、湟中、乐都、互助、民和、循化；生于灌丛、林下、河滩、田边；海拔2 200~2 800米。

瑞香科 Thymelaeaceae

狼毒属 *Stellera* L.

狼毒 *Stellera chamaejasme* L.

【形态特征】多年生草本，高15~30厘米。根肉质圆柱状。茎丛生，不分枝。叶披针形或矩圆状披针形，长1.4~2厘米，宽3~4毫米，先端锐尖或钝尖，基部圆形或宽楔形，全缘。头状花序顶生；花被筒长1~1.2厘米，高脚碟状；花萼呈花瓣状，顶端5裂，裂片卵形，长约3毫米，内白外紫红；雄蕊10，2轮，着生于萼喉部与萼筒中部。小坚果卵形，包藏于花萼管基部，黑褐色。花期6—8月，果期7—9月。

【生态地理分布】产于全省各地；生于草原、高山草甸、河滩；海拔2 200~4 500米。

瑞香属 *Daphne* L.

唐古特瑞香(甘肃瑞香) *Daphne tangutica* Maxim.

【形态特征】常绿灌木,高15~60厘米。叶片革质,条状披针形、倒披针形或矩圆形,多密集枝顶,先端钝或有一凹缺,基部楔形,边缘反卷,叶面皱缩。花序头状,常3~8花与1芽共生于当年生枝顶端;花被筒高脚碟状,外面紫红色或浅紫色,里面白色,裂片4,卵状三角形;雄蕊8,2轮;花盘环状,边缘不规则裂;花柱极短,柱头头状,具乳突。浆果卵形,肉质,红色。花期6—7月,果期7—9月。

【生态地理分布】除海西外,全省各地均产;生于灌丛、林下、林缘、山坡岩石缝隙;海拔2 700~3 800米。

胡颓子科 Elaeagnaceae

胡颓子属 *Elaeagnus* L.

沙枣 *Elaeagnus angustifolia* L.

【形态特征】小乔木或乔木，高4～6米，具刺。幼枝密被银白色盾鳞。叶片矩圆状披针形至条状披针形，长2.7～7厘米，宽7～15毫米；花枝叶较小，通常椭圆形；叶背面密生银白色盾鳞。1～3花簇生新枝基部叶腋内；花被筒钟形，先端4裂，外面银白色，里面黄色并散生星状毛；雄蕊花丝极短，着生在花被筒上部，与花被裂片互生；花柱先端弯曲，基部为筒状花盘包被。果椭圆形，长11～20毫米，宽6～12毫米，黄色或栗色，果肉粉质。花期5～6月，果期8～9月。

【生态地理分布】产于尖扎、贵德、德令哈、格尔木、都兰、西宁、海东；生于河岸阶地、田边；海拔1 700～2 800米。

沙棘属 *Hippophae* L.

肋果沙棘 *Hippophae neurocarpa* S. W. Liu et T. N. He

【形态特征】灌木，高0.6~3米。具棘刺，棘刺常侧生多条小刺。叶互生，条形至条状披针形，长1.8~3.5厘米，宽2~4毫米，先端急尖，基部楔形，全缘，两面被银白色星状毛和盾鳞。花单性，雌雄异株，花序短总状；花黄绿色；雌花花被筒2裂，裂片长1毫米；雄花的花被片长约3毫米，被银色和褐色盾鳞。果实圆柱形，长6~8毫米，宽3~4毫米，弯曲，肉质，褐色，密被银白色鳞片，具5~7纵肋；种子圆柱形，黄褐色。花期5—6月，果期8—9月。

【生态地理分布】产于囊谦、久治、河南、兴海、祁连；生于河谷、阶地、河漫滩；海拔2 900~4 000米。

中国沙棘 *Hippophae rhamnoides* L. subsp. *sinensis* Rousi

【形态特征】灌木或小乔木，高1~4米，具棘刺。单叶对生，叶片条形至条状披针形，长2~6厘米，宽4~9毫米，先端钝尖，基部楔形，两面被银白色鳞片。花单性，雌雄异株；短总状花序，着生短枝基部；花小，雄花淡黄色，花被片2；雌花花被筒2裂。果实卵圆形或圆球形，橙色或橘黄色，多浆汁，长5~8毫米，或直径5~7毫米。花期5—6月，果期7—9月。

【生态地理分布】产于全省各地；生于高山灌丛、河谷两岸、阶地、河漫滩、山坡；海拔1 800~3 800米。

柳叶菜科 Onagraceae

露珠草属 *Circaea* L.

高原露珠草 *Circaea alpina* L. subsp. *imaicola* (Asch. et Mag.) Kitamura

【形态特征】多年生草本，高10~25厘米，具块茎。茎被毛。叶对生，被短柔毛；叶片卵形、阔卵形至近三角形，基部圆形至截形或心形，先端急尖至短渐尖，边缘具疏锯齿。总状花序，花序轴被毛，苞片三角状卵形，萼片2，卵形至椭圆形，3脉于先端汇合；花瓣2，白色，倒阔卵形，长1.3~1.5毫米，宽1.2~1.4毫米，先端2裂，基部渐狭呈爪；雄蕊2。果坚果状，棒状倒卵形，长约2.4毫米，被钩状毛。花期7—8月，果期8—9月。

【生态地理分布】产于玉树、囊谦、班玛、久治、同仁、泽库、同德、门源、湟中、平安、乐都、互助、民和；生于林下、灌丛、岩石缝隙；海拔2 300~4 300米。

柳兰属 *Chamerion* (Raf.) Raf. ex Holub

柳兰 *Chamerion angustifolium* (L.) Holub

【形态特征】多年生草本，高0.5~1米。茎直立。叶互生，长椭圆状线形至披针形线形，长6~18厘米，宽6~25毫米，先端锐尖，边缘具波状齿或全缘。总状花序顶生，长20~30厘米；萼片4，线形，长1.7~1.9厘米，宽3~3.7毫米，先端渐尖，背面被短柔毛；花瓣4，紫红色，倒卵形至倒宽卵形，长1.9~2厘米，宽1.2~1.5厘米，稍两侧对称，先端微缺，边缘啮蚀状；雄蕊8枚，1轮。蒴果圆柱形，长约2.3厘米；种子多数，顶端有白色簇毛。花期6—9月，果期8—10月。

【生态地理分布】产于玉树、班玛、泽库、河南、同德、祁连、大通、湟中、平安、乐都、互助、民和；生于林下、林缘、山沟、河滩；海拔2 100~3 800米。

柳叶菜属 *Epilobium* L.

沼生柳叶菜 *Epilobium palustre* L.

【形态特征】多年生草本，高15~40厘米。茎被曲柔毛，无毛棱线。叶对生，线形至狭披针形，长2.2~4.5厘米，宽4~10毫米，先端渐尖，全缘或具疏浅齿，基部具短柄。近伞房花序；萼片4，狭卵形，长约3毫米，宽约1.3毫米，先端短渐尖，背面和边缘被短柔毛；花瓣5，紫红色，倒卵形，长5毫米，宽3毫米，先端微缺；雄蕊8，2轮；柱头棍棒状。蒴果圆柱形，长4.4~6.8厘米。花期6—8月，果期8—9月。

【生态地理分布】产于玉树、囊谦、治多、称多、玛沁、玛多、河南、共和、贵德、乌兰、门源、西宁、大通、湟中、平安、乐都、互助、民和；生于高山灌丛、林下、林缘、河滩；海拔2 000~3 600米。

短梗柳叶菜 *Epilobium royleanum* Hausskn.

【形态特征】多年生草本，高30~50厘米。茎具4条凸起棱线，其2条具曲柔毛。叶对生，长椭圆形至披针形，长1.2~3.5厘米，宽4~10毫米，先端急尖，叶缘具疣状齿突，背面和边缘被曲柔毛。近伞房花序；萼片4，狭卵形至披针形，长3.7~4.1毫米，宽1~1.5毫米，背面和边缘被腺毛；花瓣4，紫红色，倒卵形，长6.5~7毫米，宽约4毫米，先端微缺；雄蕊8，2轮；柱头头状。蒴果圆柱形，长5.7~6厘米，被腺毛。花期7—8月，果期8—9月。

【生态地理分布】产于玉树、玛沁、班玛、同德、乐都、互助、民和、循化；生于林下、林缘、山坡、河滩；海拔1 500~4 200米。

伞形科 Umbelliferae

变豆菜属 *Sanicula* L.

首阳变豆菜 *Sanicula giraldii* Wolff

【形态特征】多年生草本，高20~60厘米。茎具少数分枝。叶片五角状心形，3全裂，侧裂片再2深裂，小裂片倒卵形至狭倒卵形，再3浅裂，边缘有锯齿，齿先端具芒；茎生叶与基生叶同形。假二叉分歧式伞形花序；总苞片4，狭卵形，全缘或具3齿，先端具芒；小总苞片4，先端具短尖；小伞形花序具5~6花；雄花3，两性花2~3；萼齿先端具短尖；花瓣白色，先端微凹，内折成小舌片；两性花的花柱外曲。果椭圆形，具钩状皮刺。花果期6—8月。

【生态地理分布】产于玉树、班玛、同仁、大通、湟中、乐都、互助、民和、循化；生于林缘、林下、灌丛；海拔2 300~3 550米。

独活属 *Heracleum* L.

裂叶独活 *Heracleum millefolium* Diels

【形态特征】多年生草本，高5~35厘米。基生叶为二回羽状复叶，小叶扇形至近圆形，羽状分裂，末回裂片狭卵形至披针形，背面具柔毛。复伞形花序，总苞片5~7；伞辐7~11；小总苞片7~9，披针形至线形；小伞形花序具9~21花；萼片卵形至狭卵形，长0.5~1毫米；花瓣白色或粉红色，二型，不等大，长1~4毫米；花柱基黑褐色。果阔椭圆形，长5~6毫米，被柔毛。花果期7—9月。

【生态地理分布】产于玉树、杂多、治多、曲麻莱、称多、玛沁、甘德、达日、久治、玛多、同仁、泽库、河南、共和、兴海、贵南、同德、天峻、大通、湟源、刚察、祁连；生于高山草甸、草原、灌丛、林下；海拔2 700~4 800米。

棱子芹属 *Pleurospermum* Hoffm.

粗茎棱子芹 *Pleurospermum wilsonii* H. de Boissieu

【形态特征】多年生草本，高15~35厘米。茎直立，通常分枝，淡紫色，有细条棱。一回羽状复叶，小叶阔卵形至倒卵形，羽裂，末回裂片卵形至狭卵形。复伞形花序顶生，总苞片6~8，叶状，长2~2.5厘米，其柄扩大成鞘，边缘膜质；小总苞片7~10，卵形，长7~9毫米，有宽的白色膜质边缘，顶端羽裂；萼片近半圆形；花瓣白色或带紫红色，狭卵形，长1.5~2毫米。果实长圆形，长2.5~3毫米，果棱翅状，具波状褶皱，表面密生水泡状微突起。花果期7—9月。

【生态地理分布】产于久治、门源、祁连、大通、乐都；生于灌丛、高山草甸；海拔3 000~4 000米。

西藏棱子芹 *Pleurospermum hookeri* C. B. Clarke var. *thomsonii* C. B. Clarke

【形态特征】多年生草本，高10~35厘米。茎直立，单一或数茎丛生，圆柱形，有条棱。二回羽状复叶，小叶卵形至阔卵形，羽状深裂至全裂，末回裂片卵形至披针形，长1~2.5毫米。复伞形花序顶生；总苞片4~6，披针形或线状披针形，顶端尾状分裂，边缘具细齿；小总苞片10~18；萼齿卵形，长约0.8毫米，先端渐尖；花瓣白色，近圆形，长约3毫米，顶端有内折的小舌片。果实卵圆形，长3~4毫米，果棱有狭翅。花果期7—9月。

【生态地理分布】产于玉树、囊谦、治多、曲麻莱、称多、玛沁、甘德、达日、久治、玛多、泽库、兴海、同德、祁连、大通；生于高山灌丛、高山草甸、高山流石滩；海拔3 200~4 800米。

藁本属 *Ligusticum* L.

长茎藁本 *Ligusticum thomsonii* C. B. Clarke

【形态特征】多年生草本，高20～55厘米。茎少分枝，具短毛。基生叶为一回羽状复叶，小叶近卵形，羽裂，具齿，边缘与脉具刚毛。复伞形花序；总苞片4～8，边缘膜质，线形，先端尾状；小伞形花序具22～23花；小总苞片11～13，线形，先端尾状，边缘膜质；萼齿小；花瓣白色或淡红色，先端内折成小舌片，在腹面中脉凸出呈鸡冠状；花柱基肥厚。果椭圆形，疏生乳突，果棱5，翅状。花果期7—9月。

【生态地理分布】产于玉树、杂多、治多、曲麻莱、玛沁、甘德、达日、班玛、久治、玛多、同仁、泽库、河南、兴海、德令哈、门源、刚察、祁连、大通、乐都、互助；生于林下、林缘、高山灌丛、高山草甸；海拔2 600～4 300米。

柴胡属 *Bupleurum* L.

小叶黑柴胡 *Bupleurum smithii* Wolff var. *parvifolium* Shan et Y. Li

【形态特征】多年生草本，高30~60厘米。茎少分枝，丛生。叶狭长圆形、披针形至线形，长2.8~11厘米，宽3~5毫米。先端急尖或钝，基部渐狭，7~8脉。复伞形花序；总苞片1~3或无，披针形至长圆形，先端急尖或钝，基部具短柄，7至多脉；小伞形花序具19~21花；小总苞片5~10，黄绿色，椭圆形至长圆形，先端具短尖，5~7脉，长过小伞形花序0.5~1倍；花瓣黄色。幼果黄褐色，卵球形，长1.5毫米，宽1毫米，棱狭翅状。花果期7—9月。

【生态地理分布】产于玉树、班玛、久治、同仁、泽库、门源、祁连、西宁、大通、湟中、湟源、乐都、互助、民和、循化；生于灌丛、林缘、山坡；海拔2 400~3 800米。

葛缕子属 *Carum* L.

葛缕子 *Carum carvi* L.

【形态特征】多年生草本，高50~70厘米。茎多分枝。基生叶为近二回羽状复叶，小叶卵形至椭圆形，长0.8~1厘米，宽3~7毫米，羽状全裂，末回裂片狭卵形至披针形。复伞形花序；总苞片无，或1~3，线形，有时2深裂，基部鞘状；伞辐8~9，无毛；小总苞片无，或3~5，退化呈鳞片状舌形；小伞形花序具9~14花；花瓣白色或粉红色，圆形，长1.3~1.6毫米，先端内折，5脉；花柱基圆锥状。果椭圆形。花果期6—9月。

【生态地理分布】产于全省各地；生于高山草甸、高山灌丛、林下、林缘；海拔2 100~4 100米。

杜鹃花科 Ericaceae

鹿蹄草属 *Pyrola* L.

鹿蹄草 *Pyrola calliantha* H. Andr.

【形态特征】多年生常绿草本，高15～30厘米。叶基生，卵圆形至圆形，先端圆钝，基部阔楔形或近圆形，边缘近全缘或有疏齿。花葶有2～4枚鳞片状叶，卵状披针形或披针形，先端渐尖，基部稍抱花葶。总状花序有花5～10，花倾斜，稍下垂；花梗腋间有长舌形苞片，先端急尖；萼片狭披针形或卵状披针形，先端急尖或钝尖，边缘近全缘；花白色或粉红色，花瓣卵圆形，长5～9毫米；雄蕊10。蒴果扁球形，直径约7毫米。花果期7—8月。

【生态地理分布】产于门源、互助、循化；生于林下；海拔1 700～4 100米。

杜鹃属 *Rhododendron* L.

烈香杜鹃 *Rhododendron anthopogonoides* Maxim.

【形态特征】灌木，高60~160厘米，植物体具强烈香味。幼枝密被鳞片和毛。叶卵状椭圆形或宽椭圆形，长15~40毫米，宽9~20毫米，先端圆形或钝，基部圆形，边缘略反卷，下面密被中心突起、边缘撕裂的圆形鳞片。花序头状，多花（10余朵）；花萼长3~4.5毫米，裂片长圆形，边缘有缘毛；花冠黄绿色，狭筒形，长10~12毫米，裂片小，半圆形，长至3毫米；雄蕊5枚。蒴果有鳞片。花果期6—7月。

【生态地理分布】产于泽库、河南、贵德、海晏、门源、湟中、乐都、互助、民和、循化；生于高山阴坡；海拔3 000~4 100米。

头花杜鹃 *Rhododendron capitatum* Maxim.

【形态特征】灌木，高约1米。幼枝密被鳞片。叶椭圆形、长圆形或近卵圆形，长6～26毫米，宽3.5～9毫米，先端圆形或钝，基部楔形，上面鳞片灰色，下面鳞片褐色和黄绿色。花3～5朵，簇生呈头状；花萼长2～6毫米，常带蓝紫色，裂片长圆形，背面有鳞片；花冠宽漏斗形，蓝紫色或淡紫红色，长1～1.7厘米，筒部长3～5毫米，裂片卵状长圆形；雄蕊10枚。蒴果有鳞片。花果期6—8月。

【生态地理分布】产于玛沁、同仁、泽库、河南、尖扎、兴海、同德、贵德、门源、湟中、平安、乐都、互助、循化；生于高山阴坡；海拔3 000～4 300米。

千里香杜鹃 *Rhododendron thymifolium* Maxim.

【形态特征】灌木，高40～130厘米。幼枝被鳞片。叶椭圆形、长圆形或狭倒卵形，长3～13毫米，宽1.5～4毫米，先端钝，基部楔形，上面鳞片灰白色，下面鳞片淡黄色或黄绿色。花单生枝顶，稀2朵；花萼长约1毫米，近半圆形，具缘毛，背面具鳞片；花冠宽漏斗形，蓝紫色或淡紫色，长7～10毫米，裂片长圆形；雄蕊10枚。蒴果球形，直径约3毫米，密被鳞片。花果期6—8月。

【生态地理分布】产于同仁、泽库、尖扎、贵德、门源、平安、乐都、互助、循化；生于阴坡；海拔2 800～3 800米。

报春花科 Primulaceae

海乳草属 *Glaux* L.

海乳草 *Glaux maritima* L.

【形态特征】多年生草本，高2~15厘米。茎直立或下部匍匐。叶小，交互对生；近茎基部的3~4对叶鳞片状，膜质；茎上部叶长椭圆形或阔卵形，肉质，长4~11毫米，宽1.5~4.5毫米，先端渐尖或钝圆，基部楔形，全缘。花单生叶腋；花萼钟形，粉红色，花冠状，长约4毫米，分裂达中部，裂片长圆形，先端钝圆；无花冠；雄蕊5。蒴果卵球形，长2.5~3毫米，先端稍尖呈喙状。花期6月，果期7—8月。

【生态地理分布】产于玉树、囊谦、杂多、治多、久治、玛多、同仁、泽库、河南、尖扎、共和、格尔木、大柴旦、乌兰、门源、刚察、西宁、大通、民和；生于河滩沼泽、草甸、盐碱地、河边；海拔2 800~4 500米。

羽叶点地梅属 *Pomatosace* Maxim.

羽叶点地梅 *Pomatosace filicula* Maxim.

【形态特征】一年生或二年生草本，高7~14厘米。叶基生，多数，叶片轮廓长圆形，羽状深裂或全裂，裂片三角形或矩圆形，先端钝圆，全缘或具牙齿。花葶多数，疏被白色长柔毛；伞形花序具4~16花；苞片线状至狭披针形；花萼杯状，长4~5毫米，裂片三角形，先端尖；花冠粉红色，冠筒长约2毫米，裂片倒卵状长圆形，先端钝圆。蒴果球形，直径4毫米，盖裂。花果期7—8月。

【生态地理分布】产于玉树、囊谦、杂多、曲麻莱、称多、玛沁、班玛、久治、玛多、同仁、泽库、河南、尖扎、共和、兴海、同德、天峻、门源、祁连；生于灌丛、林缘、林下、草甸、干旱山坡；海拔3 100~4 800米。

点地梅属 *Androsace* L.

小点地梅 *Androsace gmelinii* (Gaertn.) Roem. et Schult.

【形态特征】一年生草本，高1.9~2.7厘米。叶基生，近圆形，直径0.5~1.1厘米，基部心形，边缘具7~8个圆齿，两面疏被贴伏毛。花葶单一，纤细；伞形花序具2~3花；苞片披针形，长1~2毫米，先端尖，上密被短毛；花梗长4~12毫米；花萼钟形，密被短毛，长约2毫米；花冠白色，略长于花萼，裂片长卵形，先端钝。蒴果球形。花果期6—8月。

【生态地理分布】产于玛沁、久治、玛多、同仁、尖扎、同德、祁连、大通、湟中、互助、循化；生于灌丛、草地；海拔2 400~4 500米。

西藏点地梅 *Androsace mariae* Kanitz

【形态特征】多年生草本，高2～17厘米。根出条较长，叶丛间有明显的间距形成疏丛；叶二型，外层叶舌形至匙形，长4～9毫米，宽1.5～2毫米，先端锐尖，基部渐狭，边缘具长缘毛；内层叶倒披针形或匙形，长1.2～4.5厘米，宽2～5毫米，叶缘具软骨质及长缘毛。伞形花序有2～10花；花萼钟形，长3毫米，密被长柔毛，萼分裂达中部，裂片三角形；花冠红色或白色，裂片倒卵形，全缘或呈波状。蒴果球形。花果期6—8月。

【生态地理分布】产于囊谦、杂多、称多、玛沁、久治、玛多、同仁、泽库、尖扎、都兰、乌兰、共和、兴海、同德、贵德、门源、西宁、大通、湟源、乐都、互助、民和、循化；生于山坡、灌丛、草甸、林缘；海拔2 000～4 500米。

直立点地梅 *Androsace erecta* Maxim.

【形态特征】一年生或二年生草本，高10～35厘米。茎单生，直立，被柔毛。叶在茎基部多少簇生，早枯；茎生叶互生，椭圆形至卵状椭圆形，先端锐尖或稍钝，具软骨质骤尖头，基部短渐狭，边缘增厚，软骨质，两面均被柔毛。花多朵组成伞形花序，生于枝端或叶腋；花萼钟状，裂片狭三角形，先端具小尖头，外面被稀疏的短柄腺体，具不明显的2纵沟；花冠白色或粉红色，裂片长圆形。蒴果长圆形。花果期6—8月。

【生态地理分布】产于玉树、杂多、玛沁、同仁、泽库、兴海、同德、大通、湟源、乐都、民和；生于山坡草地、河漫滩；海拔2 700～4 000米。

石莲叶点地梅 *Androsace integra* (Maxim.)Hand.-Mazz

【形态特征】二年生或多年生草本，高5～12厘米。莲座状叶丛基生；叶匙形，先端近圆形，具小尖头，边缘软骨质，具篦齿状缘毛。花葶自叶丛中抽出，被多细胞柔毛；伞形花序具多花；苞片披针形或线状披针形，先端渐尖，基部囊状，被稀疏柔毛及缘毛；花萼钟状，长约5毫米，密被短硬毛；萼裂片三角形，先端锐尖，背面中肋稍隆起，边缘具密集的纤毛；花冠紫红色，裂片倒卵形，全缘或先端微凹。蒴果长圆形，明显高出宿存花萼。花果期7—8月。

【生态地理分布】产于班玛；生于林下；海拔3 200～3 400米。

报春花属 *Primula* L.

甘青报春 *Primula tangutica* Duthie

【形态特征】多年生草本，高15～60厘米。全株无粉。叶丛基生；叶片椭圆状披针形或倒披针形，先端钝圆或渐尖，基部楔形，边缘具小齿，有时全缘，叶柄具狭翅。伞形花序1～2轮，具2～7花，苞片线状披针形，长4～9毫米；花萼筒状，长1～1.4厘米，分裂达全长的1/3处，裂片三角形至披针形；花冠红褐色，裂片线形，长达10毫米，宽约1毫米。蒴果筒状，长于宿存花萼。花期6—7月，果期8月。

【生态地理分布】产于玉树、玛沁、久治、同仁、河南、尖扎、共和、兴海、同德、贵德、天峻、祁连、大通、湟中、乐都、互助、民和、循化；生于阴坡湿地、林下草地、灌丛；海拔2 600～4 100米。

狭萼报春 *Primula stenocalyx* Maxim.

【形态特征】多年生草本，高5～22厘米。植株具粉。叶丛基生；叶片匙形或倒卵形，先端圆形或钝，基部楔形，下延呈柄，边缘具齿，下面具粉。伞形花序具3～11花；花萼筒状，长5～11毫米，具5棱，外被腺体，裂片披针形或长圆形；花冠蓝紫色或紫红色，裂片倒心形，先端2裂，长3～10毫米，喉部具黄色环状附属物。蒴果椭圆形，长6～8毫米。花期5—7月，果期8—9月。

【生态地理分布】产于玉树、囊谦、杂多、称多、玛沁、久治、同仁、尖扎、同德、贵德、门源、大通、乐都、互助、民和；生于灌丛、阴坡、林下、草地，海拔2 300～4 400米。

天山报春 *Primula nutans* Georgi

【形态特征】多年生草本，高3～30厘米。叶丛基生；叶片卵圆形或近圆形，先端钝圆，基部圆形或楔形，全缘；伞形花序1～2轮，具2～6花；花萼狭钟状，长5～7毫米，具5棱，外被褐色斑点，裂片边缘密被小腺毛，裂片阔三角形，长为花萼的1/3；花冠红紫色或蓝紫色，冠筒长5～8毫米，裂片倒心形，先端深2裂，喉部具黄色环状附属物。蒴果筒形，长7～8毫米。花期5—6月，果期7—8月。

【生态地理分布】产于玉树、玛沁、班玛、久治、玛多、同仁、泽库、尖扎、共和、兴海、德令哈、格尔木、天峻、门源、刚察、祁连、乐都；生于沼泽、湿地、草甸、山坡；海拔2 700～4 500米。

紫罗兰报春 *Primula purdomii* Craib

【形态特征】多年生草本，高5～40厘米。叶丛基部被鳞片，枯存叶柄包叠成假根茎状；叶片披针形或倒披针形，先端尖，基部渐狭，边缘具小齿，两面微被白粉；叶柄具宽翅。花葶上端被白粉；伞形花序具花多数；苞片基部三角形，上部钻形；花萼钟状，长6～10毫米，裂片长圆形，先端钝圆，内面被白粉；花冠蓝紫色至近白色，裂片矩圆形或狭矩圆形，长9～10毫米，宽4～8毫米，先端钝圆。蒴果筒状，长于花萼1倍。花果期6—8月。

【生态地理分布】产于玉树、囊谦、杂多、治多、曲麻莱、称多、久治、河南、同德、贵德；生于高山草甸、砾石滩；海拔3 700～5 000米。

白花丹科 Plumbaginaceae

鸡娃草属 *Plumbagella* Spach

鸡娃草 *Plumbagella micrantha* (Ledeb.) Spach

【形态特征】一年生草本，高5～40厘米。茎具棱，棱上有小皮刺。叶倒卵状披针形至卵状披针形，长2～9厘米，宽1～3.5厘米，先端急尖至渐尖，基部由无耳至有耳抱茎而沿棱下延，边缘常有细小皮刺。2～3花簇生为小聚伞花序；花萼长4～4.5毫米，筒具5棱，棱上生鸡冠状突起，萼裂片狭三角形，有具柄腺体；花冠淡蓝紫色，长5～6毫米，狭钟形，裂片5，卵状三角形裂片，长约1毫米；花柱单一；蒴果暗红褐色，具5条浅色条纹。花果期7—9月。

【生态地理分布】产于杂多、治多、达日、久治、玛多、泽库、河南、共和、贵南、德令哈、门源、刚察、祁连、西宁、湟源、乐都、互助；生于荒地、田边、河滩、山坡；海拔2 250～4 200米。

补血草属 *Limonium* Mill.

黄花补血草 *Limonium aureum* (L.) Hill.

【形态特征】多年生草本，高10~40厘米。基生叶匙形或倒披针形，长1.5~3.5厘米，宽0.6~1.2厘米，全缘或有皱褶。花序圆锥状，多分枝，不育枝多数，小枝曲折，密被疣状突起；穗状花序生分枝顶端，由3~5个小穗组成；小穗含2~3花；花萼漏斗状，长6~7毫米，檐部金黄色，具5脉，裂片狭三角形或近圆形，先端具尖头，有时无尖头，间生裂片多数；花冠橙黄色或金黄色。花果期6—8月。

【生态地理分布】产于玉树、玛多、德令哈、格尔木、大柴旦、都兰、乌兰、西宁、门源、刚察；生于林缘、荒漠、盐碱地、山坡；海拔2 250~4 200米。

龙胆科 Gentianaceae

龙胆属 *Gentiana* (Tourn.) L.

刺芒龙胆 *Gentiana aristata* Maxim.

【形态特征】一年生草本，高3～10厘米。茎从基部多分枝，铺散。基生叶卵形或卵状椭圆形；茎生叶线状披针形，长5～10毫米，宽1.5～2毫米，对折，先端具芒尖。花单生枝顶；花萼漏斗形，长7～10毫米，裂片线状披针形，长3～4毫米，先端渐尖，具小尖头，边缘膜质，在背面呈脊状突起；花冠下部黄色，上部蓝紫色、紫红色或蓝色，喉部有蓝灰色条纹，褶先端平截，有条裂齿。蒴果倒卵状矩圆形，长5～6毫米，先端钝圆，有宽翅，两侧边缘有狭翅。花果期6—9月。

【生态地理分布】产于玉树、杂多、称多、玛沁、久治、同仁、泽库、河南、兴海、门源、祁连、大通、湟源、乐都、互助、化隆、循化；生于山坡草地、河滩草地、沼泽草甸、高山草地、灌丛；海拔2 900～4 500米。

鳞叶龙胆 *Gentiana squarrosa* Ledeb.

【形态特征】一年生草本，高2～8厘米。茎自基部分枝，铺散。基生叶卵形，宿存，茎生叶匙形或倒卵形；叶先端钝或急尖，具小尖头，密生乳突。花单生分枝顶端；花萼筒形，长5～8毫米，具白色或绿色条纹，裂片卵形，外翻，长1～2毫米，先端具小尖头；花冠蓝色，筒状漏斗形，长7～10毫米，裂片卵状三角形，长约2毫米。蒴果倒卵状长圆形，先端及边缘有翅。花果期6—9月。

【生态地理分布】产于同仁、泽库、共和、兴海、贵南、格尔木、刚察、祁连、乐都、互助、化隆、循化；生于山坡、河滩、高山草甸；海拔2 200～3 600米。

蓝白龙胆 *Gentiana leucomelaena* Maxim.

【形态特征】一年生草本，高2~7厘米。茎在基部多分枝，铺散。基生叶卵形或卵状椭圆形，长5~8毫米，宽2~3毫米，先端钝圆；茎生叶椭圆形至椭圆状披针形，长3~9毫米，宽0.7~2毫米，先端钝。花单生于小枝顶端；花萼钟形，裂片三角形，先端钝；花冠白色或淡蓝色，外面具蓝灰色宽条纹，喉部具蓝色斑点，钟形，长8~13毫米，裂片卵形，褶矩圆形，先端截形，具不整齐条裂。蒴果倒卵圆形，长3.5~5毫米，具宽翅，两侧边缘具狭翅。花果期6—9月。

【生态地理分布】产于玉树、囊谦、杂多、治多、曲麻莱、称多、玛沁、玛多、同仁、泽库、河南、共和、兴海、门源；生于沼泽草甸、河滩草甸、高山草甸；海拔2 500~4 600米。

花锚属 *Halenia* Borkh.

椭圆叶花锚 *Halenia elliptica* D. Don

【形态特征】二年生草本，高5～50厘米。茎四棱形。基生叶早落；茎生叶对生，椭圆形、卵形或卵状披针形，基部圆形，半抱茎，叶脉3～5条。圆锥状聚伞花序；花4数；萼裂片椭圆形或卵形，长3～6毫米，宽1.5～2.5毫米，先端钝或急尖，有小尖头；花冠蓝色或蓝紫色，冠筒长约2毫米，裂片卵圆形或椭圆形，距细，长4～5毫米，水平开展。蒴果宽卵形，长约10毫米，直径3～4毫米，上部渐狭，淡褐色。花果期7—9月。

【生态地理分布】产于玉树、囊谦、杂多、称多、玛沁、班玛、同仁、泽库、祁连、大通、湟中、湟源、互助、化隆；生于林缘、灌丛、河滩、山坡草地；海拔1 900～4 100米。

扁蕾属 *Gentianopsis* Ma

湿生扁蕾 *Gentianopsis paludosa* (Hook. f.) Ma

【形态特征】二年生草本，高15~40厘米。茎直立，常从基部分枝。基生叶3~5对，匙形；茎生叶长圆形或卵状披针形。花4数，单生茎顶；花萼筒状钟形，短于冠筒，裂片2对，近等长，内对三角形，外对披针形，先端急尖；花冠蓝色或上部蓝色，下部黄白色；裂片4，长圆形，长至2厘米，先端圆形，两侧的中下部具细条裂齿。蒴果与花冠等长或外露，具柄。花果期7—8月。

【生态地理分布】产于玉树、囊谦、杂多、治多、曲麻莱、称多、玛沁、班玛、玛多、同仁、泽库、河南、共和、兴海、贵德、天峻、刚察、祁连、湟中、湟源、乐都、互助、化隆；生于灌丛、河滩、山坡草地；海拔2 400~4 500米。

喉毛花属 *Comastoma* (Wettst.) Toyok.

喉毛花 *Comastoma pulmonarium* (Turcz.) Toyok.

【形态特征】一年生草本，高5~30厘米。茎单生，近四棱形。基生叶早落；茎生叶卵状披针形，先端钝或急尖，基部钝，半抱茎。聚伞花序或单花顶生；花5数；花萼深裂，裂片披针形或狭椭圆形，先端急尖，边缘有糙毛；花冠淡蓝色，具深蓝色纵脉纹，筒形，浅裂，裂片卵状椭圆形，先端急尖或钝，喉部具一圈白色副冠，副冠5束，上部流苏状条裂，裂片先端急尖，冠筒基部具10个小腺体。蒴果椭圆状披针形。花果期7—8月。

【生态地理分布】产于玉树、囊谦、杂多、治多、曲麻莱、称多、玛沁、班玛、久治、同仁、泽库、共和、兴海、贵德、门源、祁连、湟中、大通、乐都、互助、民和、化隆、循化；生于河滩、山坡草地、林下、灌丛、高山草甸；海拔2 600~4 500米。

假龙胆属 *Gentianella* Moench

黑边假龙胆 *Gentianella azurea* (Bunge) Holub

【形态特征】一年生草本，高5～30厘米。茎直立，常紫红色，有棱。茎生叶无柄，椭圆形或狭披针形，先端钝或急尖，基部略狭。聚伞花序顶生和腋生，稀花单生；花5数，稀4数；花萼长为花冠1/2或2/3，裂片卵状长圆形、椭圆形或线状披针形，先端钝或急尖，边缘及背部中脉常黑色；花冠蓝色，筒状，中裂，裂片长圆形或椭圆形，先端钝或急尖，冠筒基部具10个小腺体。蒴果稍长于花冠。花果期7—9月。

【生态地理分布】产于玉树、囊谦、杂多、治多、曲麻莱、玛沁、泽库、河南、共和、兴海、同德、德令哈、门源、刚察、祁连、大通、湟中、乐都、化隆；生于高山流石滩、高山草甸、山坡草地、湖边沼泽地；海拔2 700～4 850米。

獐牙菜属 *Swertia* L.

四数獐牙菜 *Swertia tetraptera* Maxim.

【形态特征】二年生草本，高5～30厘米。茎直立，四棱形，棱上有窄翅，基部分枝，枝多数；纤细枝具小花。叶对生，主茎上的叶比小枝的叶大。圆锥状聚伞花序或聚伞花序；花4数；大花的花萼裂片卵状披针形或披针形，长6～8毫米，先端急尖；花冠黄绿色，裂片卵形，先端钝，基部具2个长圆形，边缘具短裂片状流苏的腺窝。小花的花萼裂片宽卵形，长1.5～4毫米；花冠裂片卵形，先端钝圆，腺窝不明显。蒴果大小不等，卵状长圆形或近圆形。花果期7—9月。

【生态地理分布】产于玉树、囊谦、杂多、称多、玛沁、班玛、久治、同仁、泽库、河南、共和、兴海、贵德、大通、湟中、湟源、乐都、互助、民和、化隆、海晏、门源、刚察、祁连；生于山顶草地、山坡湿地、山麓、河滩、灌丛；海拔2 300～4 000米。

抱茎獐牙菜 *Swertia franchetiana* H. Smith

【形态特征】一年生草本，高10～45厘米。茎直立，从基部起分枝，四棱形。叶对生；基生叶早落；茎生叶披针形或卵状披针形，先端渐尖，基部耳形，半抱茎，并向茎下延成狭翅。圆锥状复聚伞花序；花5数，大小不等；花萼裂片狭披针至线形，先端渐尖；花冠淡蓝灰色，裂片卵状披针形至披针形，先端渐尖，具芒尖，基部具2个腺窝，腺窝长圆形，边缘具长柔毛状流苏。蒴果长于花冠。花果期7—9月。

【生态地理分布】产于玉树、称多、玛沁、泽库、共和、西宁、大通、湟中、乐都、互助、化隆；生于林缘、山坡草地、河滩；海拔2 300～3 800米。

夹竹桃科 Apocynaceae

鹅绒藤属 *Cynanchum* L.

鹅绒藤 *Cynanchum chinense* R. Br.

【形态特征】多年生草本。茎缠绕，长约20厘米。全株被白色短毛。叶对生，卵状心形，长4~9厘米，宽4~7厘米，顶端锐尖，基部心形，两面均被短白毛，侧脉10对。伞状聚伞花序腋生，二歧，花约20朵；花萼5深裂，裂片披针形，被柔毛；花冠白色，裂片狭披针形；副花冠二型，杯状，上端丝状10裂，2轮，外轮较长。蓇葖果双生或仅有1个发育，细圆柱状，向端部渐狭，长约11厘米，直径约5毫米。花果期6—8月。

【生态地理分布】产于尖扎、贵德、西宁、互助、循化；生于灌丛、河滩地、干旱阳坡；海拔1 800~2 400米。

旋花科 Convolvulaceae

打碗花属 *Calystegia* R. Br.

打碗花 *Calystegia hederacea* Wall.

【形态特征】一年生草本，高8~40厘米。茎自基部分枝，细，平卧，有细棱。基部叶片长圆形，顶端圆，基部戟形，上部叶片3裂，中裂片长圆形或长圆状披针形，侧裂片近三角形，全缘或2~3裂，叶片基部心形或戟形。花单生叶腋；苞片宽卵形，顶端钝或锐尖至渐尖；萼片长圆形，长至1厘米，顶端钝，具小短尖头，内萼片稍短，萼片宿存；花冠淡紫色或淡红色，钟状，长约2厘米，冠檐近截形或微裂。蒴果卵球形。花果期6—8月。

【生态地理分布】产于西宁、民和；生于农田、荒地、路旁；海拔1 800~2 250米。

旋花属 *Convolvulus* L.

田旋花 *Convolvulus arvensis* L.

【形态特征】多年生草本。茎缠绕或蔓生，具棱。叶卵状长圆形至线形，长1.5～5厘米，宽1～3厘米，先端钝或具小短尖头，基部戟形或箭形，侧裂片线形或三角形，外展或弯向下方。花1～3朵生于叶腋；苞片2，线形，着生花梗基部；萼片5，长圆形或椭圆形，长3～4毫米，不等大，先端钝，有小尖头；花冠宽漏斗形，长1.5～2厘米，白色，外面瓣中带淡红色或淡紫红色，5浅裂。蒴果卵球形，长5～8毫米，光滑。花果期6—9月。

【生态地理分布】产于玉树、称多、同仁、尖扎、共和、兴海、湟中、湟源、平安、乐都、互助、民和、化隆、循化；生于山坡、荒地；海拔1 800～3 900米。

银灰旋花 *Convolvulus ammannii* Desr.

【形态特征】多年生草本，高2～15厘米。茎直立，丛生，密被银灰色绢毛。叶线形或线状披针形，长1～2.5厘米，宽1～3毫米，两端渐狭，两面密被银灰色绢毛。花单生叶腋；花梗中部具1对线形苞片；萼片5，长4～5毫米，不等大，卵形或长圆形，先端渐尖，密被银灰色绢毛；花冠漏斗形，长7～10毫米，白色，具紫红色条纹，5浅裂。蒴果球形，2裂，长4～5毫米，先端被短毛。花果期6—8月。

【生态地理分布】产于玛沁、同仁、尖扎、德令哈、乌兰、共和、贵南、刚察、西宁、民和、化隆；生于干旱山坡、荒滩；海拔1 800～3 400米。

花荵科 Polemoniaceae

花荵属 *Polemonium* L.

中华花荵 *Polemonium chinense* (Brand) Brand

【形态特征】多年生草本，高30~50厘米。茎直立，被长柔毛。羽状复叶；小叶互生，11~17枚，长1~1.5厘米，宽2~5毫米，披针形，先端渐尖，基部近圆形，全缘。聚伞花序圆锥状，具长花序梗，花序梗及花梗密被腺毛；花萼钟状，长3~5毫米，分裂达中部，裂片三角形，先端急尖，外被腺毛；花冠蓝紫色，钟状，长8~12毫米，裂片倒卵形，先端钝圆；雄蕊5，着生花冠筒基部，花丝基部被毛；花盘5裂。蒴果，3瓣裂。花果期6—8月。

【生态地理分布】产于玛沁、门源、大通、湟中、互助、民和、循化；生于林下、灌丛、河漫滩；海拔2 300~3 700米。

紫草科 Boraginaceae

软紫草属 *Arnebia* Forssk.

疏花软紫草 *Arnebia szechenyi* Kanitz

【形态特征】多年生草本，高15～30厘米。茎密生柔毛和硬毛。叶无柄，狭卵形至线状长圆形，长0.7～2.3厘米，宽达1.1厘米，先端钝，基部楔形，两面密被硬毛，边缘具钝锯齿。镰状聚伞花序，有数朵花；花萼长约1厘米，裂片线形，两面密生硬毛；花冠黄色，筒状钟形，长1～1.2厘米，外面有短毛，檐部直径5～7毫米，裂片近圆形，常有紫色斑点；雄蕊着生花冠筒中部或喉部；子房4裂。小坚果三角状卵形，长约3毫米，有疣状突起和短伏毛。花果期7—8月。

【生态地理分布】产于同仁、西宁、循化；生于干旱山坡、河滩；海拔1 800～2 350米。

聚合草属 *Symphytum* L.

聚合草 *Symphytum officinale* L.

【形态特征】多年生草本，高30～90厘米，全株被向下稍弧曲的硬毛和短伏毛。基生叶具长柄，叶片带状披针形、卵状披针形至卵形，长15～40厘米，宽6～18厘米，稍肉质，先端渐尖。花序含多数花；花萼裂至近基部，裂片披针形，先端渐尖；花冠淡紫色或紫红色，筒状钟形，长至15毫米，檐部5浅裂，裂片三角形，先端外卷，喉部附属物披针形，不伸出花冠檐。小坚果歪卵形，黑色，平滑，有光泽。花果期6—9月。

【生态地理分布】产于西宁；生于田边；海拔2 200米。

糙草属 *Asperugo* L.

糙草 *Asperugo procumbens* L.

【形态特征】一年生草本，茎柔弱，长达60厘米。茎具棱，棱上具短倒钩刺毛。叶片匙形至倒卵状长圆形，全缘或有极疏小齿，被短伏毛。花遍生叶腋；花萼钟形，长约2毫米，5裂，有短糙毛，裂片线状披针形，稍不等大，裂片之间各具2小齿，花后增大，左右压扁，呈蚌壳状，边缘齿不整齐；花冠蓝紫色，长约3毫米，喉部附属物梯形，先端微凹。小坚果狭卵形，长约3毫米，表面有疣点，着生面圆形。花果期6—9月。

【生态地理分布】产于囊谦、甘德、久治、同仁、河南、共和、兴海、同德、贵南、贵德、海晏、西宁、大通、乐都、民和；生于干旱山坡、田边；海拔3 200～3 900米。

斑种草属 *Bothriospermum* Bunge

狭苞斑种草 *Bothriospermum kusnezowii* Bunge

【形态特征】二年生草本，高10~25厘米。茎多分枝，被硬毛或杂生短伏毛。茎生叶线状长圆形至线状狭倒卵形，长达8厘米，宽达1.2厘米，基部下延成柄或无柄，全缘或有疏小齿，两面密被长硬毛。聚伞花序；苞片线形；花梗长1.3厘米；花冠辐状，花萼裂片卵状披针形，长2.5毫米，果期增大至6毫米；花冠蓝紫色或淡紫色，附属物近梯形，顶端凹缺至浅裂。小坚果肾形，密生疣状突起，腹面的环状凹陷位于中部。花果期5—9月。

【生态地理分布】产于同仁、门源、西宁、乐都、互助、民和；生于河漫滩、林下；海拔1 800~2 800米。

鹤虱属 *Lappula* Moench

卵盘鹤虱 *Lappula redowskii* (Hornem.) Greene

【形态特征】一年生草本，高15～50厘米。茎直立，单生，中部以上多分枝，密被灰色糙毛。茎生叶线形或狭披针形，长1.1～3.8厘米，宽2～4毫米，先端急尖或渐尖，两面有具基盘的长硬毛。花序生于茎或小枝顶端；花萼5深裂，裂片狭披针形或狭长圆形，长约3毫米；花冠蓝紫色至淡蓝色，钟状，长2～3毫米，筒部长约1毫米，檐部直径约3毫米，裂片长圆形，附属物梯形。小坚果卵形，长2.5～3毫米，具疣状突起，边缘具1行锚状刺，基部略增宽相互邻接。花果期6—9月。

【生态地理分布】产于玛沁、同仁、尖扎、共和、兴海、同德、贵南、贵德、乌兰、海晏、门源、刚察、西宁、乐都、互助、民和、循化；生于干旱山坡；海拔1 800～3 500米。

锚刺果属 *Actinocarya* Benth.

锚刺果 *Actinocarya tibetica* Benth.

【形态特征】一年生草本。茎铺散丛生，长15厘米。叶互生，倒卵状线形或匙形，长不过2.4厘米，宽5毫米，下面疏被短伏毛，先端钝圆，基部渐狭成具翅的短柄，全缘。花遍生于叶腋；花萼5深裂，长约1毫米，狭披针形，具缘毛；花冠白色或淡蓝色，近辐状，筒部长约1毫米，檐部5深裂，裂片近圆形，喉部具5枚肾形附属物，顶端微凹。小坚果狭倒卵形，具锚状刺和短毛，部分锚状刺联合成环状或鸡冠状突起。花果期7—9月。

【生态地理分布】产于囊谦、久治、同仁、泽库、兴海；生于河漫滩、灌丛草甸；海拔3 100～4 500米。

琉璃草属 *Cynoglossum* L.

甘青琉璃草 *Cynoglossum gansuense* Y. L. Liu

【形态特征】多年生草本，高30~60厘米。茎直立，仅上部分枝，被具基盘的硬毛。叶线状长圆形，长9~16厘米，宽1~1.5厘米，先端渐尖，全缘或微波状，两面被短伏毛及具基盘的长硬毛。花序集为较紧密的圆锥状花序；花萼长4~5毫米，裂片线形或线状披针形；花冠蓝色，檐部裂片圆形或倒卵状长圆形，喉部附属物梯形。小坚果卵圆形，长5~7毫米，密生锚状刺，边缘增厚而突起，中央有明显的龙骨状突起，腹面顶端有菱状卵形的着生面。花果期6—8月。

【生态地理分布】产于同仁、大通、湟中、湟源、乐都；生于林缘草地、河滩、林下；海拔2 300~2 700米。

微孔草属 *Microula* Benth.

小花西藏微孔草 *Microula tibetica* Benth. var. *pratensis* (Maxim.) W. T. Wang

【形态特征】植株平铺地面，高约1厘米。茎缩短，自基部有多数分枝，疏被短糙毛或近无毛。叶匙形，长3～13厘米，宽8～28毫米，顶端钝，基部渐狭成柄，边缘近全缘或有波状小齿，两面被糙伏毛和具基盘的白色刚毛。花萼5深裂，裂片狭三角形，外面疏被短柔毛，边缘有短睫毛；花冠蓝色或白色，檐部直径1.5～1.8毫米，裂片圆卵形，附属物梯形。小坚果背孔位于背面近中部，近圆形，长0.2～1毫米，着生面位于腹面近中部，有较密的瘤状突起和短毛。花果期7—9月。

【生态地理分布】产于玉树、囊谦、称多、玛沁、班玛、河南、共和、兴海、天峻、祁连、湟源；生于草甸、河滩、干旱山坡；海拔3 300～4 700米。

微孔草 *Microula sikkimensis* (Clarke) Hemsl.

【形态特征】多年生草本，高5~55厘米。茎自基部起分枝，被糙伏毛和开展刚毛。叶卵状披针形，基部宽楔形至近心形，顶端微尖至渐尖，两面被糙伏毛。花序腋生或顶生；花萼长2~3毫米，5裂，裂片线形或狭三角形，外面和边缘被较密的短柔毛和长糙毛；花冠蓝色或白色，檐部直径4~11毫米，裂片近圆形，筒部长2.5~3.5毫米，附属物梯形。小坚果卵形，长2~3毫米，有小瘤状突起和短刺毛，背孔位于背面中上部，狭长圆形，长1.5~2毫米。花果期6—9月。

【生态地理分布】产于玉树、囊谦、杂多、治多、曲麻莱、玛沁、达日、班玛、久治、玛多、同仁、泽库、共和、兴海、同德、贵德、门源、刚察、祁连、西宁、大通、湟中、湟源、乐都、互助、民和；生于灌丛、林下、林缘、草甸、河滩；海拔2 300~4 700米。

疏散微孔草 *Microula diffusa* (Maxim.) Johnst.

【形态特征】多年生草本，高5~25厘米。茎多分枝，具刚毛。叶狭长圆形或倒披针形，顶端微尖或钝，基部渐狭，两面被短糙伏毛和刚毛。花序短而密集；花萼长约1.6毫米，5深裂，裂片线形或卵状三角形，被刚毛；花冠紫蓝色或白色，5裂，阔卵形，筒长约1毫米；附属物低梯形或半月形，高约0.3毫米。小坚果狭卵形，长2~2.2毫米，有稀疏小瘤状突起和短毛，背孔狭三角形，长1.2~1.5毫米，着生面位于腹面近基部处。花果期6—9月。

【生态地理分布】产于玉树、甘德、泽库、河南、共和、同德、贵德、德令哈、都兰、乌兰、天峻、门源；生于山坡草地、河滩；海拔3 800~3 800米。

唇形科 Lamiaceae

莸属 *Caryopteris* Bunge

蒙古莸 *Caryopteris mongholica* Bunge

【形态特征】小灌木，高20～70厘米。枝初被毛，呈灰色，后脱毛。叶狭披针形至线状披针形，先端急尖，全缘或有时具少数小齿，基部楔形，上面疏被短毛，下面密被短毛，叶腋有不育枝。聚伞花序顶生或腋生；花萼钟形，长约3毫米，果期膨大，长约8毫米，5中裂，裂片狭披针形，外面被短毛；花冠蓝紫色，筒状，外被短毛，5裂，其中下裂片较大，前缘有齿，其余4裂片较短小；雄蕊及花柱远出于花冠外。果球形，褐色，果瓣边缘有狭翅。花果期7—8月。

【生态地理分布】产于共和、兴海、乌兰、循化；生于干旱山坡；海拔2 200～3 200米。

毛球莸 *Caryopteris trichosphaera* W. W. Sm.

【形态特征】灌木，高30～50厘米。枝条密被白色长柔毛。叶卵形、卵圆形或卵状长圆形，先端钝或钝圆，边缘具圆齿或钝锯齿，基部圆形或楔形，两面有腺体，上面疏生短毛，下面密被白色柔毛。聚伞花序顶生或腋生，常多轮；花萼钟形，5裂，裂片长圆形，先端尖，外部密被长柔毛；花冠蓝紫色，筒状，檐部5裂，其中1裂较大，前缘流苏状条裂，全缘，全部花冠外面均被白色长柔毛；雄蕊及花柱远出于花冠之外。蒴果果瓣边缘有狭翅。花果期7—9月。

【生态地理分布】产于玉树、囊谦、称多；生于河谷、山坡、灌丛；海拔3 500～4 000米。

筋骨草属 *Ajuga* L.

白苞筋骨草 *Ajuga lupulina* Maxim.

【形态特征】多年生草本，高7～35厘米。茎直立，沿棱被白色有节长柔毛。叶片椭圆形，先端钝或急尖，基部楔形，近全缘；叶柄具翅，基部抱茎。穗状花序；苞叶黄白色，卵形或阔卵形，向上渐小；花黄白色，具紫色斑纹；花萼狭钟状，长7～10毫米，萼齿5，狭三角形，先端渐尖呈尾状，边缘具缘毛；花冠长1.5～2.1厘米，外面被长柔毛，内面具毛环，二唇形，上唇2裂，下唇3裂；雄蕊4，二强。小坚果4，背部具网状皱纹。花期7—8月，果期8—9月。

【生态地理分布】产于全省大部分地区；生于河谷滩地、山坡、灌丛、高山草甸；海拔2 900～4 500米。

薄荷属 *Mentha* L.

薄荷 *Mentha canadensis* L.

【形态特征】多年生草本，高40～80厘米。茎直立，四棱形，具倒向羽毛。叶对生，叶片椭圆形或卵状披针形，长2～5厘米，宽1～2.5厘米，先端急尖，边缘有锯齿。轮伞花序具多花；花梗短，具线形小苞片；花萼筒状钟形，长2毫米，萼齿5，钻形；花冠淡紫色，长至4毫米，被柔毛，裂片4枚，上裂片宽，先端2浅裂；雄蕊4，伸出花冠外。小坚果4，卵形，具腺窝。花果期6—8月。

【生态地理分布】产于同仁、西宁、湟源、乐都、民和、循化；生于河边、田边；海拔1 800～2 500米。

香薷属 *Elsholtzia* Willd.

鸡骨柴 *Elsholtzia fruticosa*（D. Don）Rehd.

【形态特征】灌木，高达1.5米。幼枝密被白色卷曲毛。叶椭圆形或椭圆状披针形，长2.5～8厘米，宽1.2～2.5厘米，先端急尖或渐尖，基部楔形，边缘具锯齿，下面常无毛。轮伞花序组成密穗状花序，常偏向一侧；苞片线状披针形；花萼钟形，长2～4毫米，外面被灰色短柔毛，萼齿5，三角状钻形，长约0.5毫米，近相等；花冠白色至浅黄色，长3～6毫米，二唇形，外面被卷曲长柔毛；雄蕊4，前对较长。小坚果4，长圆形，长1.5毫米，腹面具棱，顶端钝。花果期7—9月。

【生态地理分布】产于玉树、囊谦、称多、班玛；生于河谷；海拔3 600～4 300米。

高原香薷 *Elsholtzia feddei* Lévl.

【形态特征】一年生草本，高4～40厘米。茎自基部起分枝，被短柔毛。叶对生，叶片卵形，先端钝，边缘有锯齿，两面被短柔毛，下面带紫红色。穗状花序偏向穗轴一侧；花萼筒状，外面被短柔毛，萼齿5，三角形，前2齿较长，先端具芒尖；花冠紫红色，外面被柔毛，冠筒向上渐扩大，二唇形，上唇直立，不裂，下唇3裂，中裂片圆形；雄蕊4，前对长而外露。小坚果4，棕色，光滑。花果期7—8月。

【生态地理分布】产于玉树、囊谦、治多、曲麻莱、称多、同仁、泽库、同德、西宁、互助、民和、循化；生于河滩、山坡草丛、荒地；海拔2 000～4 100米。

密花香薷 *Elsholtzia densa* Benth.

【形态特征】一年生草本，高达80厘米。茎直立，多分枝，四棱形，被短柔毛。叶对生，宽披针形至椭圆形，边缘有锯齿，基部楔形，两面被短柔毛。轮伞花序组成穗状花序的花在穗轴上均匀着生，形成圆柱状花序，顶生；花萼钟形，果期膨大，萼齿5，三角形，外面密被紫红色念珠状毛；花冠紫红色，长约3毫米，外面被紫红色念珠状毛；雄蕊4，前对外露。小坚果4，近球形，暗褐色，有短毛和突起。花果期6—9月。

【生态地理分布】产于全省大部分地区；生于荒地、田边、河边；海拔1 800～3 800米。

鼠尾草属 *Salvia* L.

粘毛鼠尾草 *Salvia roborowskii* Maxim.

【形态特征】二年生草本,高10~60厘米。全株密被黏腺状长毛。叶对生,叶片戟形或三角状戟形,长2.5~8厘米,宽1.5~6厘米,先端钝或急尖,基部浅心形或截形,边缘具圆齿。轮伞花序组成总状花序;花萼绿色,钟状,长5~10毫米,二唇形,上唇具3小齿,下唇2裂,外面被腺状长毛及腺体;花冠黄色,二唇形,上唇全缘,下唇3裂;雄蕊2。小坚果4,倒卵形,长约2毫米。花果期7—8月。

【生态地理分布】产于全省各地;生于山谷、林中空地、河滩、田边;海拔2 800~4 200米。

黄芩属 *Scutellaria* L.

并头黄芩 *Scutellaria scordifolia* Fisch. ex Schrank.

【形态特征】多年生草本，高10～35厘米。茎直立，多分枝，四棱形。叶对生，卵状长圆形或披针形，长8～30毫米，宽3～12毫米，先端钝，基部浅心形，边缘有浅齿。花单生叶腋，偏向一侧，形成腋生总状花序；苞片与茎生叶同形；花萼长3～4.5毫米，被短柔毛及缘毛；花冠蓝紫色，长约2厘米，二唇形，冠筒基部浅囊状膝曲。小坚果黑色，椭圆形，长1.5毫米，具瘤状突起，腹面近基部具果脐。花果期7—8月。

【生态地理分布】产于同仁、门源、西宁、大通、湟源、乐都、互助、民和、循化；生于田边、水沟边、山坡、林下；海拔2 200～2 800米。

连翘叶黄芩 *Scutellaria hypericifolia* Lévl.

【形态特征】多年生草本，高15～35厘米。茎下部弯曲，上部直立，四棱形，被短柔毛。叶对生，无柄或近无柄；叶片卵状长圆形或长圆形，先端钝圆或有时急尖，基部圆形，全缘，有缘毛，两面有短毛；叶脉在下面突起，白色。总状花序顶生；苞片叶状；花萼钟形，带紫色，口部边缘具长睫毛，二唇形；花冠蓝紫色，二唇形，长2.4～2.9厘米；雄蕊4，前对较长。花果期7—8月。

【生态地理分布】产于班玛、久治、河南；生于山坡草地、山谷；海拔3 200～3 700米。

夏至草属 *Lagopsis* (Bunge ex Benth.) Bunge

夏至草 *Lagopsis supina* (Steph. ex willd) Ik.-Gal. ex Knorr.

【形态特征】多年生草本，高10~30厘米，全株被短柔毛。茎四棱形，具沟槽，带紫红色，密被微柔毛，常在基部分枝。叶片轮廓圆形，掌状3裂，裂片浅裂。轮伞花序疏离；花萼管状钟形，长4~6毫米，外密被微柔毛，萼齿5，近等大，三角形，先端针刺状；花冠白色，长约6毫米，外面被长柔毛，二唇形，上唇直立，长圆形，全缘，下唇3裂；雄蕊4。小坚果4，三棱形，长约1.5毫米，褐色。花果期5—7月。

【生态地理分布】产于玉树、同仁、尖扎、西宁、湟中、乐都、互助、民和；生于田边、河边、荒地；海拔2 000~3 450米。

水苏属 *Stachys* L.

甘露子 *Stachys sieboldi* Miq.

【形态特征】多年生草本，高10～50厘米。根茎横走，末端膨大呈念珠状块茎。茎直立，四棱形，被疏的硬毛和腺状柔毛。叶对生，卵状披针形或卵状长圆形，先端急尖，边缘具圆齿，基部近圆形或平截，两面疏被硬毛。顶生穗状花序，有间断；花萼钟形，外面被硬毛和腺状柔毛，萼齿5，三角形，先端刺状，反折；花冠紫红色，下唇有紫斑，外面有微柔毛，内面下部有毛环，二唇形，上唇直立，下唇3裂，中裂片大；雄蕊4，前对较长。小坚果卵形，黑色，光滑。花果期7—8月。

【生态地理分布】产于玉树、囊谦、称多、班玛、同仁、泽库、河南、尖扎、门源、祁连、西宁、大通、湟中、乐都、互助、民和、循化；生于林下、河滩草地、河边；海拔2 000～4 200米。

青兰属 *Dracocephalum* L.

甘青青兰（唐古特青兰）*Dracocephalum tanguticum* Maxim.

【形态特征】多年生草本，高15～45厘米。茎多数，丛生，四棱形。叶羽状全裂，侧裂片2～3对，裂片线形，边缘翻卷，下面密被灰白色短毛。轮伞花序3～9轮，每轮2～10花，形成间断穗状花序；花萼长1.2～1.6厘米，外面密被短毛及金黄色腺点，常带紫色，近二唇形，5齿近等大，披针形，先端渐尖，针状；花冠蓝紫色，长2～3厘米，外面被短毛，二唇形，下唇较长，中裂片近圆形。小坚果4。花果期7—8月。

【生态地理分布】产于全省大部分地区；生于林下、河谷；海拔2 400～4 200米。

白花枝子花（异叶青兰） *Dracocephalum heterophyllum* Benth.

【形态特征】多年生草本，高5~40厘米。茎多数，丛生，铺伏地面或下部平卧地面。叶对生，阔卵形或狭长圆形，长5~42毫米，宽2~32毫米，先端钝或圆形，基部心形或平截，边缘具齿。轮伞花序密集成穗状；苞片边缘具刺齿及缘毛；花萼二唇形，长9~22毫米，萼齿先端具刺；花冠白色，长1.5~3厘米，二唇近等长，外面被白色短毛。小坚果4，倒卵状三棱形，长约3毫米。花果期7—8月。

【生态地理分布】产于全省各地；生于山坡、河滩、田边、沙丘；海拔2 000~4 700米。

岷山毛建草 *Dracocephalum purdomii* W. W. Smith

【形态特征】多年生草本，高15～28厘米。茎单生或少数，下部膝曲，不分枝，四棱形，被白色柔毛。基生叶多数，叶片卵形，先端钝或圆形，边缘具圆齿，基部心形，两面被短毛。轮伞花序顶生，密集成头状；苞片宽倒卵形至狭长圆形，上部边缘具齿，齿端有长刺，通常带蓝色；花萼筒状，蓝紫色，上唇中齿宽倒卵形或长圆形，先端平截或圆形，具刺状细齿；花冠蓝紫色，外面密被白色长柔毛，下唇中裂片具深紫色斑点。花果期7—8月。

【生态地理分布】产于门源、乐都、互助、民和；生于河滩、林下；海拔2 000～3 000米。

荆芥属 *Nepeta* L.

康藏荆芥 *Nepeta prattii* Lévl.

【形态特征】多年生草本，高40~80厘米。茎直立，四棱形，不分枝，被短硬毛及腺毛。叶卵状披针形、宽披针形至披针形，先端急尖，边缘有齿，基部平截或浅心形，两面被短硬毛及腺毛；叶具短柄或无柄。轮伞花序生茎端；苞叶紫色或绿色；花萼钟状，带蓝紫色，被短毛，萼齿披针形，先端渐尖；花冠蓝紫色，长20~30毫米，外面被短毛，冠筒细，略弯曲，上部二唇形。小坚果4，倒卵形。花果期7—8月。

【生态地理分布】产于玉树、囊谦、称多、班玛、同仁、泽库、河南、兴海、同德、门源、大通、湟中、湟源、乐都、互助、民和、循化；生于灌丛、山坡草地；海拔2 300~3 900米。

独一味属 *Lamiophlomis* Kudo

独一味 *Lamiophlomis rotata* (Benth. ex Hook. f.) Kudo

【形态特征】多年生草本，高2~10厘米。无茎或有短茎，呈花莛状，常单生。叶4枚，两两相对，铺于地面；叶片扇形、肾形或卵形，长宽可达15厘米，先端圆形，基部浅心形或宽楔形，下延至叶柄，边缘具圆齿。轮伞花序密集成穗状；花萼筒状，长8~9毫米，具10脉，萼齿5，短三角形，先端具长约2毫米的刺尖；花冠紫红色，长10~11毫米，二唇形。小坚果4，倒卵状三棱形。花果期6—9月。

【生态地理分布】产于玉树、囊谦、杂多、称多、玛沁、久治、达日、河南、民和；生于高山草甸、灌丛、河滩；海拔3 450~4 300米。

益母草属 *Leonurus* L.

细叶益母草 *Leonurus sibiricus* L.

【形态特征】二年生草本，高20～100厘米。茎从基部分枝，四棱形，被倒向糙伏毛。叶掌状3全裂，裂片再3裂或羽状分裂，小裂片线形，边缘反卷，两面被糙伏毛。轮伞花序多花，组成疏离的穗状花序；花萼筒状，外面中部以上脉上密被有节长柔毛，基部被短柔毛，萼齿5，钻形，具刺尖；花冠粉红色，外面在冠筒以上被长柔毛，内面近基部有毛环，上唇直伸，下唇3裂，中裂片有紫色脉纹；雄蕊4，花丝中部有鳞状毛。花果期6—8月。

【生态地理分布】产于尖扎、西宁、乐都、互助；生于山坡、田边；海拔2 200～2 600米。

野芝麻属 Lamium L.

宝盖草 Lamium amplexicaule L.

【形态特征】二年生草本，高8～35厘米。叶圆形或肾形，长7～20毫米，宽1～3.5厘米，边缘有圆齿，基部浅心形。轮伞花序多花，疏离；花萼管状钟形，长4～6毫米，外面密被白色直伸的长柔毛，萼齿5，钻形，等大；花冠二唇形，紫红色，直立，长1.3～1.5厘米，上唇顶部被紫红色柔毛，冠筒细长；雄蕊4枚。小坚果倒卵状三棱形，先端近截状，基部收缩，长约2毫米，宽约1毫米，淡灰黄色，表面具疣状突起。花果期6—8月。

【生态地理分布】产于玉树、囊谦、杂多、治多、曲麻莱、称多、玛沁、久治、同仁、泽库、河南、兴海、贵德、门源、西宁、湟中、乐都、互助、民和；生于河边；海拔2 200～4 300米。

糙苏属 *Phlomis* L.

尖齿糙苏 *Phlomis dentosa* Franch.

【形态特征】多年生草本，高20～40厘米。茎多分枝，四棱形，被星状短毡毛及中枝较长的星状毛。基生叶三角形或卵状三角形，先端圆形，基部心形，边缘具圆齿，两面被短硬毛及星状毛。轮伞花序多数；苞片针刺状，被星状毛；花萼管状钟形，外面密被星状毛，萼齿先端具长3～4毫米的刺尖；花冠粉红色，长1.2～1.6厘米，冠筒外面近喉部被短柔毛；冠檐二唇形，上唇盔形，下唇3裂；后对花丝基部有长距状附属器。小坚果无毛。花果期7—8月。

【生态地理分布】产于同仁、尖扎、贵德、西宁、乐都、互助、民和、循化；生于干旱山坡、河滩；海拔1 800～2 800米。

茄科 Solanaceae

枸杞属 *Lycium* L.

宁夏枸杞 *Lycium barbarum* L.

【形态特征】灌木，高1~2米，有棘刺。叶在长枝上互生，短枝上丛生，披针形或椭圆形，长1.5~4.5厘米，宽3~8毫米，顶端急尖，基部楔形。花在短枝上2~6朵与叶丛生，在短枝上单生叶腋；花萼钟形，长3~4毫米，常2中裂，裂片顶端有胼胝质小尖头或2~3小齿；花冠漏斗状，长10~14毫米，紫红色，花冠筒长于花萼，5深裂，裂片卵形，顶端圆钝，边缘有缘毛。浆果红色，椭圆形，顶端尖或钝，长7~15毫米。花果期5—9月。

【生态地理分布】产于玉树、尖扎、共和、兴海、贵南、西宁、乐都、民和、循化；生于山坡、河谷、河边；海拔1 900~3 400米。

茄属 *Solanum* L.

红果龙葵 *Solanum* villosum Miller

【形态特征】二年生草本，高25～40厘米。茎直立，从基部起分枝；小枝被短伏毛，棱上有狭翅，翅上具瘤状突起。叶卵形或近菱形，先端钝，全缘或具浅波状齿，基部宽楔形，两面被稀疏的短毛。伞房状聚伞花序，具2～6花；花萼杯状，外面被短柔毛，5裂，裂片宽三角形，边缘具缘毛；花冠淡蓝紫色、白色，5裂，裂片卵状披针形，先端渐尖，具缘毛。浆果球形，成熟时红色。花果期6—9月。

【生态地理分布】产于尖扎、共和、乐都、循化；生于河边、荒地；海拔2 000～2 500米。

野海茄 *Solanum japonense* Nakai

【形态特征】多年生草本，高30～120厘米。茎直立，多分枝，四棱形，被有节短柔毛。叶卵状披针形、三角状披针形或披针形，先端尾状渐尖或急尖，基部圆形或楔形，全缘或基部2～5裂。聚伞花序顶生或对叶生；花萼浅杯状，长约2毫米，萼齿极小，波状或宽三角形；花冠蓝紫色，长约6毫米，檐部5裂，裂片卵状披针形，基部具10个斑点。浆果近球形，红色。花果期6—9月。

【生态地理分布】产于同仁、泽库、兴海、互助、民和、循化；生于河滩灌丛、荒地、河边；海拔1 900～2 800米。

通泉草科 Mazaceae

肉果草属 *Lancea* Hook. f. et Thoms.

肉果草 *Lancea tibetica* Hook. f. et Thoms.

【形态特征】多年生草本，高2～10厘米。基部叶1～2对，鳞片状或匙形；茎生叶倒卵形或倒卵状披针形，全缘或有疏齿。总状花序腋生，有花2至数朵；花萼钟状，长约1厘米，萼筒长2～3毫米，萼齿钻状三角形；花冠紫色或蓝紫色，长1.5～1.8厘米，上唇2裂，下唇喉部有褶，密被黄色长柔毛，先端3裂。果实卵球形，长约1厘米，红色或紫褐色，被包于宿存的花萼内。花果期6—9月。

【生态地理分布】产于全省大部分地区；生于高山灌丛、草甸、河漫滩、砾石滩地、林缘、林下；海拔2 200～4 500米。

玄参科 Scrophulariaceae

玄参属 *Scrophularia* L.

砾玄参 *Scrophularia incisa* Weinm.

【形态特征】半灌木状草本，高达100厘米。茎基部木质化，被短柄腺毛或下部光滑。叶互生或近对生，基部叶鳞片状，茎上部叶狭披针形或卵状披针形，顶端急尖，边缘羽状深裂至具锯齿，基部楔形，疏被腺毛。聚伞花序组成顶生的圆锥花序。花萼仅基部合生，长2~3毫米，裂片卵圆形，具膜质边缘；花冠紫红色，下唇色浅至黄白色，基部缢缩，下唇侧裂仅及上唇一半长，中裂片长圆形，与上唇近等长；退化雄蕊卵状长圆形。蒴果卵球形，长8~9毫米。花果期6—8月。

【生态地理分布】产于玛沁、共和、同德、门源、刚察、祁连、民和；生于山坡林缘、干旱山坡、沙质草滩；海拔2 500~3 400米。

列当科 Orobanchaceae

小米草属 *Euphrasia* L.

小米草 *Euphrasia pectinata* Ten.

【形态特征】一年生草本，高8～25厘米。茎少有分枝，被伏生硬毛。叶无柄，近宽卵形或倒卵形，基部楔形，边缘有条状齿，齿端有长尾尖，两面多少被伏生硬毛，背面靠边缘脉间密被腺状突起。花萼管状钟形，长约7毫米，背面脉上被毛，裂片三角形，先端渐尖呈尾尖；花冠白色至淡蓝紫色，长约9毫米，外面被柔毛，上唇盔状，先端浅裂，较短，下唇裂片先端凹缺。蒴果长6～8毫米。花期6—8月，果期7—9月。

【生态地理分布】产于囊谦、同仁、泽库、共和、兴海、同德、门源、互助、循化；生于高山灌丛、草甸、河漫滩、林缘、林下；海拔2 200～4 600米。

短腺小米草 *Euphrasia regelii* Wettst.

【形态特征】一年生草本，高5~25厘米，植株具伏生硬毛和具柄腺毛。叶无柄，宽卵形，长6~20毫米，宽6~17毫米，基部楔形，边缘有条状齿，齿端有尾尖，两面被伏生硬毛和腺毛。花萼管状筒形，长约6毫米，裂片狭三角形，先端尾状；花冠白色至浅粉红色，有数条深色脉纹，上唇盔状，顶端2浅裂，下唇裂片先端凹缺。蒴果长矩圆状，长约7毫米，宽2~3毫米。花期6—8月，果期7—9月。

【生态地理分布】产于全省大部分地区；生于灌丛、草甸、林下、林缘、河滩；海拔2 200~4 200米。

大黄花属 *Cymbaria* L.

蒙古芯芭（大黄花）*Cymbaria mongolica* Maxim.

【形态特征】多年生草本，高6~20厘米。茎簇生，多少被毛。叶无柄，线状披针形至狭线形，先端渐尖，全缘，两面多少被毛。花腋生，1~6朵；花萼钟形，被毛及腺毛，裂片5~6，三角状线形，有时大齿间还有1~3枚小齿；花冠黄色，上唇宽三角状圆形，兜状，先端浅2裂，外面被长柔毛及头状腺毛，内面具2列长柔毛，下唇侧裂长圆形，中裂片三角扇状形。蒴果长约1.1厘米。花期5~6月，果期6—9月。

【生态地理分布】产于同仁、尖扎、共和、贵南、西宁、乐都、互助、民和、循化；生于干旱山坡、滩地；海拔1 800~3 200米。

马先蒿属 *Pedicularis* L.

硕大马先蒿 *Pedicularis ingens* Maxim.

【形态特征】多年生草本，高0.15～1.1米。茎直立，粗壮，不分枝。叶密集，向上渐小为苞片，羽状浅裂至深裂，裂片有细锯齿，齿端翻卷，叶基部耳状抱茎。花萼筒状钟形，长9～13毫米，齿5枚，长2～3毫米，近等大，有细锯齿，翻卷；花冠黄色，长2～3厘米。筒部稍弯曲，盔略膨大为舟形，前端渐狭为极短的喙，下唇裂片卵形至倒卵形，顶端急尖或有啮状小齿。花果期7—9月。

【生态地理分布】产于囊谦、杂多、甘德、达日、久治、玛多、泽库、兴海、贵德；生于山坡、灌丛、草甸；海拔3 400～4 600米。

藓生马先蒿 *Pedicularis muscicola* Maxim.

【形态特征】多年生草本。茎柔弱，分枝多而细长，铺散地面，长达20厘米。叶互生，具长达2.5厘米的柄；叶片卵状披针形，长4～8厘米，宽1～3.2厘米，羽状全裂，裂片披针形或卵形，再裂，小裂片具重锯齿。花单生于叶腋；花萼筒状钟形，长约12毫米，裂片5枚，近等大；花冠红色或紫红色，下唇喉部白色；管细长达4厘米；盔具长喙，喙先端具圆齿；下唇宽达2厘米，侧裂片极大。花果期6—9月。

【生态地理分布】产于同仁、泽库、尖扎、兴海、同德、海晏、门源、祁连、大通、湟中、湟源、平安、乐都、互助、民和、循化；生于林下、灌丛、山坡岩石缝隙；海拔2 300～3 500米。

甘肃马先蒿 *Pedicularis kansuensis* Maxim.

【形态特征】一年生草本，高15~40厘米。茎自基部分枝或单一。叶3~4枚轮生，叶片线状长圆形至卵形，长达6厘米，宽达1.6厘米，羽状全裂，裂片披针形，浅裂至深裂，齿端常具胼胝而翻卷。花序占茎长的2/3以上，中部以下多少疏离；苞片下部叶状，向上渐为近3掌状分裂；花萼近球形，萼齿5枚，不等大，均有锯齿；花冠紫红色或白色，前端不形成喙，无长管。花果期5—9月。

【生态地理分布】产于全省各地；生于林下、林缘、河滩、灌丛、草甸、山坡；海拔2 200~4 600米。

毛颏马先蒿 *Pedicularis lasiophrys* Maxim.

【形态特征】多年生草本，高8~30厘米。茎直立，不分枝，被卷曲状毛或仅有4条毛线。叶互生，叶片线状椭圆形或线状长圆形，先端圆钝或急尖，边缘有羽状深齿，基部耳状抱茎，被毛。花萼钟形，前方稍裂，外面密被腺毛，齿5枚；花冠黄色，筒部近直，盔顶端以直角弓曲，额部、颏部及下缘密被黄色长须毛，先端有长3~5毫米的喙，下唇裂片近圆形，基部有短柄，有极疏的缘毛。花果期7—8月。

【生态地理分布】产于玉树、囊谦、杂多、玛沁、玛多、泽库、共和、兴海、天峻、门源、祁连、大通、湟中、乐都；生于高山灌丛、草甸、沼泽滩地、林缘灌丛、林下、高山碎石带；海拔2 500~4 800米。

366

四川马先蒿 *Pedicularis szetschuanica* Maxim.

【形态特征】一年生草本，高8~30厘米。茎自基部分枝，有时单出，具4条毛线。叶多两轮，卵状长圆形至三角状披针形，羽状浅裂至半裂，裂片具齿，齿常反卷而有白色胼胝，疏被毛。花序穗状而密，苞片下部者叶状；萼膜质，钟形，长5~6毫米；齿5枚，卵状披针形，具缘毛；花冠紫红色，长13~15毫米，管在基部2毫米处膝屈，下唇长达7~8毫米，宽达10毫米，盔长约5毫米；花丝两对无毛。花果期7—8月。

【生态地理分布】产于玉树、称多、玛沁、久治、同仁、泽库、河南、同德；生于高山草地、灌丛草甸、林下；海拔3 200~4 300米。

碎米蕨叶马先蒿 *Pedicularis cheilanthifolia* Schrenk

【形态特征】多年生草本，高5～28厘米。茎单出或从基部发出数枝，沟内生有密毛。茎生叶3～4枚轮生；叶片线状披针形或卵状披针形，羽状全裂，裂片具齿。花序穗状；花萼筒状钟形，前面开裂至1/2，背面脉上密被长毛，口部沿边缘具毛环，齿5枚，后方1枚狭三角形，全缘，具钝齿；花冠花色多变，筒部在萼内膝曲，喉部内面具毛线及腺点，盔镰状弓曲，喙长约1毫米，下唇宽心形，有褶。花果期6—9月。

【生态地理分布】产于玉树、囊谦、杂多、治多、曲麻莱、称多、玛沁、久治、玛多、同仁、泽库、河南、共和、兴海、同德、贵南、贵德、格尔木、天峻、门源、刚察、祁连、大通、乐都、互助；生于林下、河滩、高山草甸、高山灌丛；海拔2 500～4 700米。

阿拉善马先蒿 *Pedicularis alaschanica* Maxim.

【形态特征】多年生草本，高10~30厘米。茎自基部发出数条斜升的分枝，被毛。叶对生或3~4枚轮生，卵状长圆形或披针形，长2.5~6厘米，宽7~12毫米，羽状全裂，裂片线形，长6毫米，宽1毫米，有钝齿。花序穗状，生于茎枝之端；花萼坛状，长9~15毫米，萼齿5枚，后方1枚全缘，其余均有锯齿；花冠黄色，长1.7~2.2毫米，花管约与萼等长，下唇与盔等长或稍长，浅裂，盔顶端渐细成为稍下弯的短喙，长2~3毫米。花果期6—10月。

【生态地理分布】产于全省各地；生于干旱山坡、沙地、河漫滩；海拔2 300~4 300米。

多齿马先蒿 *Pedicularis polyodonta* H. L. Li

【形态特征】多年生草本，高5～15厘米。茎单生或自基部分枝，密被褐色柔毛。叶2～4枚，对生，下部叶具长柄；叶片三角状线形或卵状披针形，基部圆形至近心形，浅裂，裂片具圆齿，两面被较密长毛。花萼管状钟形，密被柔毛，齿5枚，后方1枚狭小，余者上部略膨大而具反卷之齿；花冠黄色，花管直立，喉部被长柔毛，盔弓曲，额部具波状鸡冠状凸起，下缘有齿3～5对，下唇裂片近圆形，边缘啮蚀状，中部有两条高凸之褶。蒴果长约1.5厘米。花果期7—9月。

【生态地理分布】产于玉树、囊谦、班玛、同仁、泽库、兴海、同德；生于高山草甸、灌丛、林缘、林间草地、河滩地；海拔3 000～4 200米。

中国马先蒿 *Pedicularis chinensis* Maxim.

【形态特征】一年生草本，高10～35厘米。全株被长柔毛。茎斜卧或直立。叶互生，叶片长圆形或卵状长圆形，羽状全裂至浅裂，裂片宽卵形，边缘具细齿。花序穗状；花萼筒状，长约18毫米，前方开裂至中部，齿2枚，偏聚后方，基部缢缩，先端宽卵形，掌状开裂；花冠黄白色或浅黄色，盔前端渐狭成长6～8毫米的喙；花丝2对被密毛。蒴果长约2.4厘米。花期7—8月，果期9—10月。

【生态地理分布】产于玛沁、久治、同仁、泽库、河南、同德、贵德、门源、刚察、祁连、大通、乐都、互助；生于河滩草地、高山草甸、高山灌丛；海拔2 300～3 600米。

大唇拟鼻花马先蒿 *Pedicularis rhinanthoides* Schrenk subsp. *labellata* (Jacq.) Tsoong

【形态特征】多年生草本，高5~35厘米。茎直立，或略斜向上升，不分枝或由根茎发出数枝。叶基生，具长柄，叶片线状长圆形，羽状全裂，裂片9~12对，卵形，长约5毫米。总状花序顶生；花冠玫瑰色，花管长于花萼1倍，外面被毛，盔具长8~10毫米的喙，喙向下转向呈"S"形卷曲，顶端全缘不裂，下唇宽2.1~2.3厘米，基部宽心脏形，延至管的后方，3裂，侧裂大于中裂1倍，边缘无毛；蒴果长2.2~2.5厘米。花果期7—9月。

【生态地理分布】产于玉树、果洛、同仁、泽库、河南、共和、兴海、乌兰、天峻、门源、祁连、互助、循化；生于高山草甸、河滩；海拔2 700~4 800米。

粗野马先蒿 *Pedicularis rudis* Maxim.

【形态特征】多年生草本，高50～100厘米。茎中空；叶披针状线形，抱茎，羽状深裂，裂片紧密，长圆形至披针形，端稍指向前方，边缘有重锯齿，齿有胼胝。花序穗状；萼狭钟形，密被白色腺毛；齿5枚，略相等，卵形，有锯齿；花冠白色，中部多少向前弓曲，有密毛，上部紫红色，弓曲呈舟形，额部黄色，前端上仰而成一小凸喙，下缘有极长的须毛，背部毛较密，下唇裂片3，卵状椭圆形，有长缘毛。蒴果宽卵圆形，先端有刺尖。花果期7—9月。

【生态地理分布】产于班玛、同仁、泽库、贵德、大通、湟中、平安、乐都、民和；生于山坡灌丛、林下、林缘；海拔2 000～3 750米。

阴郁马先蒿 *Pedicularis tristis* L.

【形态特征】多年生直立草本，高15～60厘米。茎中空，直立，不分枝。叶线形至线状披针形，中部者最大，无柄，羽状深裂，裂片三角形至卵形，边缘具重锯齿，两面被毛。总状花序；苞片三角状卵形；萼狭钟形，长1.4～1.8毫米，常被密毛，裂片5，线状披针形，几全缘；花冠黄色，长3.2～5厘米，筒部弯曲，外面被毛，下唇3裂，中裂较宽，盔弓曲，先端钝而常有喙状小凸尖，下缘有浓密的长须毛。花果期7—9月。

【生态地理分布】产于玛沁、久治、同仁、泽库、河南、尖扎、同德、贵德、门源；生于山坡灌丛、林下、草甸；海拔2 700～4 000米。

车前科 Plantaginaceae

婆婆纳属 *Veronica* L.

婆婆纳 *Veronica polita* Fries

【形态特征】一年生蔓生草本，高10～30厘米。茎自基部分枝，匍匐地面或斜升。叶对生，宽卵形至卵状长圆形，边缘上部有疏圆齿或全缘，基部近心形或截形，两面被长柔毛。小花遍生叶腋，花萼4裂，裂片披针形至卵状披针形，背面被毛；花冠淡红色或蓝紫色，直径4～5毫米，冠筒极短，长约0.3毫米，辐状，裂片4～6枚，长约1.2毫米，倒卵圆形。蒴果倒心形，宽4～5毫米，二瓣裂，密被毛。花期5月，果期6月。

【生态地理分布】产于同仁、循化；生于山坡草地，河边滩地；海拔2 500～2 600米。

长果婆婆纳 *Veronica ciliata* Fisch

【形态特征】多年生草本，高5~30厘米，全株被长柔毛。叶对生，卵形至卵状披针形，边缘有锯齿或全缘，基部圆形。总状花序1~4条，侧生于茎顶端叶腋；花萼裂片5，后方1枚小或缺失；花冠蓝紫色，近辐状，长4~6毫米，裂片4~5，倒卵形至近圆形，不等宽；冠筒为全长的1/4~2/5，内面无毛，子房和蒴果被硬毛。蒴果长卵圆形，长6~8毫米，被毛。花果期6—8月。

【生态地理分布】产于全省大部分地区；生于高山灌丛、草甸、林下、流石滩；海拔2 400~4 500米。

毛果婆婆纳 *Veronica eriogyne* H. Winkl.

【形态特征】多年生草本，高15~40厘米，全株被白色长柔毛。茎不分枝，草质。叶对生，披针形至线状披针形，长2~4.4厘米，宽4~12毫米，基部楔形，边缘有锯齿。总状花序1~4条，侧生于茎顶端叶腋，小花密集近头状；花萼裂片5，后方1枚小或缺失；花冠蓝色或蓝紫色，长5~6毫米，冠筒为全长的1/2~2/3，有时内面有毛，冠裂片5，近开展。蒴果长卵形，长6~7毫米，顶端钝，密被毛。花期6—7月，果期7—9月。

【生态地理分布】产于玉树、曲麻莱、玛沁、班玛、久治、同仁、泽库、河南、共和、同德、贵德、海晏、门源、祁连、互助、民和；生于高山灌丛、草甸、河滩灌丛、林下；海拔2 500~4 500米。

两裂婆婆纳 *Veronica biloba* L.

【形态特征】一年生草本，高10～20厘米。茎中下部分枝，铺散，被白色柔毛。叶对生，卵形至卵状披针形，全缘或有疏而浅的锯齿，基部宽楔形至圆钝。花遍生叶腋。苞片披针形至线形；花萼裂片4，卵形或卵状披针形，长2.8～3.5毫米，果期增大至8毫米；花冠紫色，近辐状，直径约2毫米，檐部3～4裂，上方2～3枚等大，宽卵形或近圆形，下方1枚倒卵形。蒴果倒心形，顶端深凹，近2瓣裂。花期5—6月，果期6—8月。

【生态地理分布】产于玉树、同仁、泽库、河南、同德、门源、西宁、大通、互助、循化；生于林下、林缘、草甸；海拔2 500～3 700米。

兔耳草属 *Lagotis* Gaertn.

短穗兔耳草 *Lagotis brachystachya* Maxim.

【形态特征】多年生草本，高5～8厘米。植株具匍匐茎。叶莲座状，长披针形或线状披针形，长2～7厘米，顶端渐尖，基部渐窄成柄，全缘；花茎无叶。花序穗状，长1～1.5厘米，花密集；花萼2裂，具缘毛；花冠白色至蓝紫色，长7～8毫米，上唇全缘，狭椭圆形，下唇2裂，裂片线形或线状披针形，宽1～1.2毫米；花柱伸出花冠外；花盘4裂。果实红色，倒卵形，光滑无毛。花果期6—7月。

【生态地理分布】产于全省大部分地区；生于滩地、林下、林缘；海拔2 600～4 500米。

车前属 *Plantago* L.

平车前 *Plantago depressa* Willd.

【形态特征】多年生草本，高7~25厘米。直根圆柱状。叶基生，椭圆形或椭圆状披针形，基部楔形，渐狭成叶柄，有宽叶鞘，先端渐尖，全缘或具不整齐的缺刻，脉5~7条。花葶4~11个，弧曲，长4~25厘米，疏被柔毛；穗状花序长4~20厘米，苞片三角状卵形，具绿色龙骨状突起；花萼裂片椭圆形，具明显的龙骨状突起；花冠裂片椭圆形或卵形，先端有浅齿。蒴果圆锥形，棕褐色。花期5~7月，果期7~9月。

【生态地理分布】产于玉树、囊谦、杂多、治多、曲麻莱、玛沁、久治、玛多、同仁、河南、尖扎、共和、兴海、贵南、德令哈、都兰、门源、刚察、西宁、大通、湟中、乐都、互助、民和、循化；生于灌丛草甸、山坡；海拔2 300~4 100米。

大车前 *Plantago major* L.

【形态特征】多年生草本，高15～30厘米。须根多数。叶基生，叶片卵圆形或卵形，长4～15厘米，宽2.8～8厘米，先端钝圆，边缘具波状钝齿或全缘。花序1至数个；穗状花序细圆柱状，长5～18厘米，下面花较稀疏；苞片卵形；花萼裂片椭圆形，长2.5～3毫米，具龙骨状突起；花冠白色，裂片椭圆形或卵圆形，长1～1.5毫米，于花后反折。蒴果圆锥形，长3～4毫米，盖裂。花果期6—8月。

【生态地理分布】产于同仁、共和、兴海、贵南、西宁、乐都、民和；生于林缘、河滩、荒地；海拔1 700～3 200米。

茜草科 Rubiaceae

茜草属 *Rubia* L.

茜草 *Rubia cordifolia* L.

【形态特征】多年生攀缘草本。根丛生，橙红色。枝四棱，棱上具倒刺。叶4枚轮生，心状卵形至心状披针形，长1～7厘米，宽0.5～4厘米，顶端急尖或渐尖，基部钝圆或心形，两面被糙毛，边缘有齿状皮刺；基出脉3条，叶脉及叶柄上有倒刺。聚伞花序组成疏松的圆锥花序，腋生和顶生，花序和分枝有微小皮刺；花黄色，檐部直径3～3.5毫米，裂片5，披针形，长约1.5毫米。浆果球形，直径4～5毫米，熟时黑色。花果期6—8月。

【生态地理分布】产于玉树、囊谦、称多、班玛、玛沁、同仁、泽库、兴海、贵南、祁连、湟中、湟源、乐都、互助、民和、循化；生于河谷、阴坡、林下、沙丘；海拔2 000～4 200米。

拉拉藤属 *Galium* L.

猪殃殃（刺果猪殃殃）*Galium spurium* L.

【形态特征】多年生蔓生或攀缘草本。茎有分枝，具4棱，棱上多少生有倒刺毛。叶4~6枚轮生，无柄，线状倒披针形或狭匙形，长1~3.5厘米，宽2~5毫米，先端渐尖，具芒状尖头，基部楔形，两面散生短刺毛，基出脉1。聚伞花序腋生，具花1~3朵；花小，白色，柄纤细，被刺毛；花冠裂片4，长圆形，长不及1毫米。果近球形或双球形，密被钩状毛。花果期7~9月。

【生态地理分布】产于玉树、囊谦、称多、班玛、久治、玛多、同仁、泽库、共和、贵德、德令哈、门源、刚察、西宁、互助、民和；生于河边、阳坡灌丛、山坡；海拔2 200~4 300米。

蓬子菜 *Galium verum* L.

【形态特征】多年生草本，高10～40厘米。茎四棱形，分枝，被短柔毛。叶6～10枚轮生，线形，长0.7～3厘米，宽0.5～2毫米，先端锐尖，具小尖头，基部渐狭，边缘反卷，两面光滑；基出脉1条。聚伞花序顶生和腋生，组成顶生的圆锥花序；花冠黄色，辐状，裂片4，卵形，长约1.5毫米，背面及内面近喉部被短毛。果小，果片双生，近球状，直径约2毫米，无毛。花果期7—9月。

【生态地理分布】产于玛沁、同仁、泽库、尖扎、共和、贵南、刚察、祁连、大通、湟源、乐都、民和；生于高山草甸、灌丛、河滩、山坡；海拔2 100～4 300米。

北方拉拉藤 *Galium boreale* L.

【形态特征】多年生草本，高20～40厘米。茎4棱形，被柔毛。叶4枚轮生，披针形或卵状披针形，长1～2.7厘米，宽2～5毫米，先端钝圆，基部宽楔形，边缘略反卷，具缘毛，下面光滑；基出脉3条；无柄或具极短的柄。聚伞花序在枝顶组成圆锥花序；花萼被毛；花冠白色，辐状，裂片4，近圆形，长约1毫米。果小，直径1～2毫米，双球形，密被白色钩毛。花果期7—9月。

【生态地理分布】产于玉树、同仁、泽库、共和、湟源、乐都、民和；生于阴坡、山坡；海拔2 300～3 500米。

五福花科 Adoxaceae

接骨木属 *Sambucus* L.

血满草 *Sambucus adnata* Wall. ex DC.

【形态特征】多年生草本，高达1.5米。根红色。茎直立，具棱，多分枝。奇数羽状复叶具小叶3~5对，长椭圆形至披针形，长4~15厘米，宽1.5~2.5厘米，先端渐尖，基部渐狭，两边不等，边缘有锯齿，上面疏被短柔毛，脉上毛较密；小叶的托叶呈瓶状腺体。大型圆锥状聚伞花序，长约15厘米；花小，白色，有恶臭；花萼长约0.5毫米，被短柔毛；花冠辐状，长约1.5毫米，裂片近卵形。浆果球形，红色。花果期6—8月。

【生态地理分布】产于大通、乐都、互助、民和、循化；生于山坡、河滩、沟边；海拔1 800~2 600米。

忍冬科 Caprifoliaceae

莛子藨属 *Triosteum* L.

莛子藨 *Triosteum pinnatifidum* Maxim.

【形态特征】多年生草本，高30～70厘米。茎直立，被白色刚毛及腺毛，中空。单叶，椭圆状披针形，羽状深裂，裂片5～7个，先端尾状渐尖，两面被刚毛。聚伞花序各具3花，集生茎顶，呈穗状花序；萼筒被刚毛和腺毛，萼裂片三角形，长3毫米；花冠黄绿色，筒状，长1厘米，基部弯曲，一侧膨大成浅囊。果实球形，肉质，白色，长1厘米，被柔毛，具3槽。花期6—7月，果期8—9月。

【生态地理分布】产于玛沁、班玛、同仁、大通、湟源、乐都、互助、民和、循化；生于山坡灌丛、林下；海拔2 500～3 600米。

忍冬属 *Lonicera* L.

矮生忍冬 *Lonicera rupicola* Hook. f. et Thoms. var. *minuta* (Batalin) Q. E. Yang

【形态特征】矮小灌木，高5~30厘米。茎多分枝，呈帚状，老枝先端棘状。叶对生，线状长圆形、卵状长圆形或线状倒披针形，长5~14毫米，宽2~5毫米，顶端钝，基部楔形或截形，边缘反卷。花生于幼枝基部；小苞片合生、杯状；双花萼筒分离，萼齿长圆形，被毛；花冠淡紫红色，筒状漏斗形，长8~13毫米，裂片近卵形，长3.5~4毫米，内面连同裂片基部有短柔毛。果实卵圆形或近圆形，长约10毫米。花期6~7月，果期8~9月。

【生态地理分布】产于杂多、治多、称多、玛沁、玛多、河南、共和、兴海、都兰、乌兰、海晏、刚察、祁连；生于河滩、山坡；海拔2 800~4 600米。

岩生忍冬 *Lonicera rupicola* Hook. f. et Thoms.

【形态特征】灌木，高0.2～1.2米。幼枝被白色卷曲柔毛和腺毛，枯枝先端棘状。叶常3～4枚轮生，线状长圆形至长圆形，长7～20毫米，宽2～6毫米，顶端急尖或钝，基部楔形至圆形或平截，边缘反卷，背面被白色毡状柔毛。双花萼筒分离，萼齿披针形，长约2毫米；花冠淡紫色或紫红色，筒状，长8～12毫米，裂片卵形，长3～5毫米。果红色，圆球形，长6～8毫米。花期6—8月，果期8—9月。

【生态地理分布】产于玉树、囊谦、杂多、称多、班玛、久治、同仁、河南；生于山谷、山坡、河滩、林缘；海拔3 200～4 500米。

刚毛忍冬 *Lonicera hispida* Pall. ex Roem. et Schult.

【形态特征】灌木，高0.5～1.5米。全株具刚毛；小枝淡紫褐色至褐色；冬芽有1对具纵脊的外鳞片。叶椭圆形或卵状长圆形，长1.5～6厘米，宽7～36毫米，顶端尖或稍钝，基部楔形或近圆形。双花的萼分离，萼齿不明显，常具刚毛和腺毛；花冠黄色，筒状漏斗形，长1.5～2厘米，冠筒基部具囊，裂片直立，短于筒，外面被刚毛和短毛。浆果红色，圆形或长圆形，长约1厘米。花果期5—8月。

【生态地理分布】产于玉树、囊谦、杂多、治多、称多、玛沁、班玛、久治、同仁、泽库、尖扎、共和、兴海、祁连、大通、湟源、乐都、互助、循化；生于河谷、山坡、灌丛、林缘；海拔2 400～4 200米。

唐古特忍冬 *Lonicera tangutica* Maxim.

【形态特征】灌木，高1～3米。幼枝被2列柔毛或无毛，老枝灰黑色。冬芽具多对外鳞片。叶倒卵状长圆形、倒卵形或菱状倒披针形，长1.5～4.5厘米，宽7～13毫米，先端钝或急尖，基部渐狭成短柄，边缘具缘毛。总花梗纤细，多弯曲；苞片线形；双花花萼合生达2/3以上，长2～4毫米，萼齿三角形或平截；花冠淡紫色，筒形，长10～18毫米，基部一侧膨大，裂片近直立，圆卵形，长2～3毫米。果红色，直径5～6毫米。花果期6—8月。

【生态地理分布】产于玉树、班玛、同仁、泽库、尖扎、门源、祁连、西宁、大通、乐都、互助、民和、循化；生于山谷、山坡、林缘；海拔2 400～3 800米。

蝟实属 *Kolkwitzia* Graebn.

蝟实 *Kolkwitzia amabilis* Graebn.

【形态特征】灌木，高达3米。幼枝红褐色，被短柔毛及糙毛，老枝茎皮剥落。叶椭圆形至卵状椭圆形，长
3～8厘米，宽1.5～2.5厘米，顶端尖，基部圆形或阔楔形，全缘，边缘及两面被毛。伞房状聚伞花序；苞片披针
形；萼筒外面密生长刚毛，裂片钻状披针形，长0.5厘米，有短柔毛；花冠淡红色，长1.5～2.5厘米，中部以上突然
扩大，外有短柔毛，裂片不等，内面具黄色斑纹。果实密被黄色刺刚毛，顶端伸长如角，冠以宿存的萼齿。花期
5—6月，果期7—9月。

【生态地理分布】产于循化；生于林缘；海拔1 600～1 800米。

败酱科 Valerianaceae

缬草属 *Valeriana* L.

缬草 *Valeriana officinalis* L.

【形态特征】多年生草本，高40～150厘米。茎直立，具纵棱，被粗毛。茎生叶对生，叶羽状分裂，顶裂片与侧裂片同形，近等大，裂片披针形或条形，顶端渐窄，基部下延，全缘或有疏锯齿，两面及柄轴多少被毛。花序顶生，成伞房状三出聚伞圆锥花序；小苞片中央纸质，两侧膜质，先端芒状突尖；花冠钟状，紫红色或粉红色，长4～5毫米，裂片椭圆形。瘦果长卵形，长4～5毫米，基部平截。花果期6—8月。

【生态地理分布】产于玉树、囊谦、称多、班玛、久治、同仁、泽库、河南、门源、祁连、湟中、湟源、乐都、互助、民和、循化；生于林下、灌丛、草甸；海拔2 600～4 000米。

细花缬草 *Valeriana meonantha* C. Y. Cheng et H. B. Chen

【形态特征】多年生草本，高30～90厘米。茎直立，单生，具纵棱，被毛。茎生叶对生，叶羽状分裂，具7～11枚裂片，侧裂片与顶裂片同形，但较小，裂片椭圆形、卵形或披针形，顶端渐尖，基部下延，边缘具齿，两面及柄轴多少被毛。花序顶生，成伞房状三出聚伞圆锥花序；苞片披针形或线状披针形，先端芒状突尖，基部平截；花冠粉红色，长约2毫米，裂片5，长圆形。瘦果卵形，长2～2.5毫米，基部平截。花果期6—8月。

【生态地理分布】产于玉树、同仁、河南、门源、乐都、互助；生于林缘灌丛、林下；海拔2 300～3 800米。

甘松属 *Nardostachys* DC.

匙叶甘松（甘松） *Nardostachys jatamansi* (D. Don) DC.

【形态特征】多年生草本，高5～40厘米。基生叶丛生，线形或狭披针形，主脉平行3～5出，先端钝圆，基部渐狭呈叶鞘，全缘，具缘毛；茎生叶1～2对，长卵圆形。聚伞花序头状，顶生；总苞片披针形，小苞片卵状披针形或阔卵形；花萼5裂，裂片半圆形；花冠紫红色，钟状，筒外被毛，基部偏突，裂片5，阔卵圆形，长约3.3毫米，先端钝圆，喉部具长髯毛；雄蕊4。瘦果倒卵形，长约3毫米。花果期7—8月。

【生态地理分布】产于玛沁、班玛、久治、同仁、泽库、河南；生于灌丛草甸、河漫滩、山坡、河谷、沼泽地；海拔3 200～4 200米。

败酱属 *Patrinia* Juss.

墓头回 *Patrinia heterophylla* Bunge

【形态特征】多年生草本，高20～35厘米。茎直立，被倒生微糙伏毛。基生叶丛生，长3～7厘米，羽状分裂，裂片线状披针形；茎生叶对生，羽状分裂，裂片卵形或卵状披针形，边缘具裂齿或全缘。花黄色，组成顶生伞房状聚伞花序；花萼长约1毫米，萼齿5，极不明显，长0.1～0.3毫米；花冠钟形，基部一侧具浅囊，裂片5，卵形或卵状椭圆形，长1～2毫米；雄蕊4，花丝2长2短。瘦果倒卵形，具干膜质翅状果苞，直径约5毫米，全缘或浅裂。花果期7—8月。

【生态地理分布】产于民和、循化；生于林下、干旱山坡、滩地；海拔1 800～1 850米。

川续断科 Dipsacaceae

刺续断属 *Acanthocalyx* (DC.) Tiegh.

白花刺续断 *Acanthocalyx alba* (Hand.-Mazz.) M. Cannon

【形态特征】多年生草本，高10~50厘米。茎直立，被数行纵列柔毛。基生叶丛生；茎生叶对生，长披针形或长椭圆形，长4~17厘米，宽6~13毫米，先端急尖或渐尖，基部楔形，下延成柄，全缘，具疏离的针刺。轮伞花序多轮，密集顶端；每轮总苞片2，小总苞片筒状；花萼筒状，长7~9毫米，上部3齿长，下部2齿短，边缘有细刺；花冠白色，冠筒细，弯曲，外被毛，顶端5裂，裂片倒心形，长3毫米。花果期7—9月。

【生态地理分布】产于玉树、囊谦、称多、杂多、班玛、玛沁、河南、乐都、互助；生于灌丛、山坡草地；海拔2 800~4 400米。

刺参属 *Morina* L.

圆萼刺参 *Morina chinensis* (Bat.) Diels

【形态特征】多年生草本，高15~80厘米。茎直立，有棱，被数行纵列白色柔毛。基生叶丛生，无柄，羽状浅裂，具硬刺；茎生叶轮生，每轮4~5枚，叶线状披针形，羽状浅裂，裂片半圆形，边缘具短刺；轮伞花序6~10轮；每轮总苞片4，小总苞片筒状，先端具刺，其中2刺较长；花萼2，浅裂，先端钝圆，无刺；花冠淡绿色，冠筒短于萼，裂片圆形，外面被毛；雄蕊2。瘦果有皱纹。花期7—8月，果期9月。

【生态地理分布】产于玉树、玛沁、达日、同仁、泽库、河南、共和、兴海、同德、贵德、门源、刚察、祁连、大通、乐都；生于灌丛、山坡、林中空地、河滩；海拔2 200~4 850米。

翼首花属 *Pterocephalus* Vaill. ex Adans.

匙叶翼首花 *Pterocephalus hookeri* (C. B. Clarke)Hock

【形态特征】多年生草本，高10～50厘米，全株被白色柔毛。叶基生，莲座状，倒披针形或长椭圆形，先端急尖或钝，全缘或羽状深裂，基部楔形；侧裂片2～5对，斜卵形或长圆形，顶裂片较大，两面被毛。花葶直立，被密毛。头状花序单生顶端，球形；总苞片边缘具长柔毛；花萼全裂，裂片羽毛状，多达20条；花冠漏斗状，黄白色至淡紫色，5裂，裂片先端钝。瘦果被毛，有纵肋，具宿存羽毛状萼裂片。花果期7—9月。

【生态地理分布】产于玉树、囊谦、杂多、称多、玛沁、班玛、久治；生于山坡草地、石崖缝；海拔3 200～4 400米。

川续断属 *Dipsacus* L.

大头续断 *Dipsacus chinensis* Bat.

【形态特征】多年生草本，高1~2米。茎具纵棱，棱上具疏刺，槽中被毛。茎生叶对生，宽披针形，羽状琴裂，顶端裂片大，侧裂片3~7对，卵形或卵状披针形，两面被粗毛。头状花序圆球形，直径4~5厘米；总苞片线形，先端刺状，被黄白色粗毛；小苞片披针形或倒卵状披针形，先端喙尖长7~8毫米，边缘具刺毛和柔毛；花萼杯状，被毛；花冠白色，长8~10毫米，管部细，上部膨大，4裂，裂片不相等。瘦果狭椭圆形，被白色柔毛。花果期8—9月。

【生态地理分布】产于玉树、班玛；生于干旱山坡；海拔3 200~3 700米。

桔梗科 Campanulaceae

党参属 *Codonopsis* Wall.

绿花党参 *Codonopsis viridiflora* Maxim.

【形态特征】多年生草本，高30~60厘米。茎单生或丛生，直立或攀缘，常有少数不育侧枝。叶互生，宽卵形、卵形或卵状披针形，先端钝或急尖，边缘有波状浅齿，基部浅心形至近圆形，两面被白色短毛。花单生茎顶和枝端；萼裂片先端急尖，边缘有浅齿；花冠黄绿色，阔钟形，长1.5~2.2厘米，裂片三角形，长约6毫米，先端有钝尖。蒴果先端急尖，长约1厘米。花果期7—9月。

【生态地理分布】产于玉树、囊谦、同仁、泽库、贵德、门源、湟中、乐都、互助、民和、循化；生于灌丛、河滩、山坡；海拔2 700~3 800米。

风铃草属 *Campanula* L.

钻裂风铃草 *Campanula aristata* Wall.

【形态特征】多年生草本，高10～40厘米。根肉质。茎直立，纤细，常数个丛生。叶互生，线状披针形，长1～4.5厘米，宽3毫米，全缘或有疏齿；下部叶有细长柄。花单生茎顶；花萼筒状，长1.2～2.2厘米，裂片线形，长8～14毫米，宽不足1毫米；花冠蓝紫色，长6～12毫米，裂片短。蒴果圆柱状，长2～4厘米，直径约3毫米。花果期6—9月。

【生态地理分布】产于玉树、囊谦、杂多、治多、称多、同仁、泽库、天峻、门源、刚察、祁连、湟中；生于高山流石滩、灌丛、高山草甸；海拔3 200～4 600米。

沙参属 *Adenophora* Fisch.

长柱沙参 *Adenophora stenanthina* (Ledeb.) Kitag.

【形态特征】多年生草本，高20～30厘米。茎直立，常光滑无毛或生有倒向糙毛。叶线形、线状披针形或卵状披针形，两面有短毛或无毛。假总状花序或圆锥状花序；花萼无毛，筒部倒卵形或倒卵状长圆形，裂片长钻形或线状披针形，长2～6毫米，基部宽至1毫米，全缘；花冠蓝色，筒状或筒状钟形，长1～1.3厘米；花盘有毛或无毛；花柱伸出花冠5～7毫米。花果期8—9月。

【生态地理分布】产于玉树、囊谦、玛沁、久治、同仁、泽库、河南、德令哈、乌兰、香日德、天峻、共和、兴海、贵南、贵德、门源、刚察、祁连、西宁、大通、湟中、湟源、乐都、互助、民和；生于林下、灌丛、草坡、河谷；海拔2 600～3 900米。

泡沙参 *Adenophora potaninii* Korsh.

【形态特征】多年生草本，高25～50厘米。茎单生或2～3丛生，密被倒向短硬毛或无毛。茎生叶长圆形、卵状椭圆形或狭长圆形，边缘有粗齿，两面常密被短毛。花序具花多数；萼筒倒卵形或近球形，萼裂片狭披针形，长3～5毫米，边缘有一对细锯齿；花冠钟形，蓝紫色，长1～2厘米，裂片阔三角形，先端尖；花柱略伸出花冠外；花盘筒状，长1.5～2毫米。花果期7—9月。

【生态地理分布】产于同仁、泽库、门源、西宁、大通、湟中、湟源、乐都、互助、民和、循化；生于干旱山坡、灌丛；海拔1 900～2 900米。

菊科 Compositae

紫菀属 *Aster* L.

阿尔泰狗娃花（阿尔泰紫菀） *Aster altaicus* Willd.

【形态特征】多年生草本，高15～40厘米。茎由基部多分枝，被弯曲或开张的毛，上部有腺体。叶线形、长圆形或倒披针形，全缘，两面有短毛。头状花序多数，单生枝顶或组成伞房状；头状花序具舌状花15～20个，舌片蓝色，线状长圆形，长至15毫米，宽约2毫米；管状花黄色，长约5毫米，裂片5，不等长；全部小花有同形冠毛。瘦果倒卵状长圆形，被毛；冠毛红褐色，长约4毫米，糙毛状。花果期7—10月。

【生态地理分布】产于全省大部分地区；生于河滩、山坡、荒地；海拔1 800～4 200米。

灰枝紫菀（灰木紫菀） *Aster poliothamnus* Diels

【形态特征】小灌木，高30～50厘米。茎多分枝，帚状丛生，叶腋有不育枝。茎生叶线状长圆形，先端钝圆，有小尖头，全缘，基部略狭，被短毛及腺体。头状花序在枝端排列成伞房状；总苞宽钟形；总苞片4～5层，覆瓦状排列，外层卵状披针形或披针形，先端急尖，背面被短毛和腺点；舌状花蓝紫色，舌片长圆形；管状花黄色。瘦果被毛；冠毛污白色，2层，外层短，内层与管状花花冠等长，糙毛状。花期6—9月，果期8—10月。

【生态地理分布】产于玉树、玛沁、班玛、久治、同仁、泽库、河南、共和、兴海、湟中、湟源、乐都、民和、循化；生于干旱山坡，峡谷阳坡和林间空地，海拔2 500～3 800米。

星舌紫菀 *Aster asteroides* (DC.) O. Ktze.

【形态特征】多年生草本，高5~15厘米。块根4~6个，萝卜状。茎单生，不分枝，被白色长毛和黑紫色腺毛。叶大部分基生，倒卵形、卵形或长圆形，全缘，常被密或疏长毛。头状花序单生茎顶；舌状花蓝紫色，舌片线状长圆形，长1~1.5厘米，宽至2毫米；管状花黄色，长4~5毫米。瘦果被毛；冠毛2层，外层极短，膜片状，内层长4~5毫米，糙毛状。花果期7—9月。

【生态地理分布】产于玉树、杂多、曲麻莱、称多、玛沁、久治、玛多、同仁、尖扎、兴海、门源、刚察、祁连、乐都、互助；生于沼泽草甸、山坡草地、高山草甸、高山灌丛、高山流石滩；海拔2 700~4 800米。

萎软紫菀 *Aster flaccidus* Bunge

【形态特征】多年生草本，高5~25厘米。植株具长根茎。茎单生，不分枝，直立，密被白色长毛。叶大部基生，长圆形或卵形，全缘，被毛。头状花序单生茎顶；总苞半球形，总苞片2层，线状披针形；舌状花蓝紫色，舌片线状长圆形，长1~1.5厘米；管状花黄色，长约5毫米，裂片背面被短毛。瘦果有毛；冠毛2层，外层极短，内层糙毛状。花果期7—9月。

【生态地理分布】产于全省各地；生于河滩、草甸、高山草甸、高山流石滩；海拔2 800~5 000米。

夏河云南紫菀 *Aster yunnanensis* Franch. var. *labrangensis* (Hand.-Mazz.) Ling

【形态特征】多年生草本，高30～50厘米。茎直立，上部分枝，被紫褐色或白色腺毛及短毛。莲座丛叶和下部叶长圆形或倒披针形，先端钝圆或急尖，边缘有骨质小齿，两面被疏短毛和腺毛。头状花序2～5，在茎端排成伞房状；总苞半球形；总苞片2层，线形，先端渐尖，背面被长毛和紫色腺毛；舌状花蓝紫色，舌片线形，干时内卷；管状花黄色。瘦果被毛；冠毛2层，外层极短，内层长5～6毫米。花果期7—9月。

【生态地理分布】产于树、囊谦、杂多、治多、称多、玛沁、久治、泽库、河南、共和、兴海、天峻、刚察；生于林缘、灌丛、山坡草地、高山草甸；海拔3 300～4 300米。

重冠紫菀 *Aster diplostephioides* (DC.) C. B. Clarke

【形态特征】多年生草本，高20~60厘米。茎单生或2~3丛生，不分枝，上部被有节长毛和黑紫色具柄腺体。叶倒披针形、长圆状匙形或狭披针形，全缘，被有节短毛。头状花序单生茎顶；总苞片被柔毛和黑色具柄腺体；舌状花蓝紫色，舌片线形；管状花黄色，顶端常紫褐色。瘦果被毛及腺体，冠毛2层，外层极短，内层长5~6毫米。花果期7—9月。

【生态地理分布】产于玉树、囊谦、杂多、曲麻莱、玛沁、班玛、同仁、泽库、共和、兴海、祁连、大通、湟中、平安、循化；生于灌丛、草甸、滩地、河谷阶地；海拔2 800~4 600米。

狭苞紫菀 *Aster farreri* W. W. Sm. et J. F. Jeffr.

【形态特征】多年生草本，高20～50厘米。茎直立，常单生，不分枝，被有节长柔毛。茎下部叶及莲座状叶狭匙形，顶端稍尖，全缘；中部叶线状披针形，顶端渐尖，基部稍狭或圆形而半抱茎；上部叶小，线形，细尖；全部叶被毛。头状花序单生茎端；总苞半球形；总苞片2层，线形，宽1毫米，顶端渐细尖，背面被长毛；舌状花紫蓝色，舌片长20～30毫米，宽约1毫米；管状花黄色。瘦果长圆形，被短粗毛；冠毛2层，外层极短，膜片状，内层糙毛状。花果期7—9月。

【生态地理分布】产于同仁、乌兰、门源、祁连、湟中、湟源、乐都、互助、民和；生于灌丛、林下、高山草甸；海拔2 600～3 200米。

紫菀木属 *Asterothamnus* Novopokr.

中亚紫菀木 *Asterothamnus centraliasiaticus* Novopokr.

【形态特征】半灌木，高30～60厘米。茎多分枝，老枝被白色短毛，幼枝被卷曲绒毛。叶密集，线形或线状长圆形，边缘反卷，下面被密短毛。头状花序在枝顶排成伞房状；总苞片3～4层，外层卵形或卵状披针形，内层长圆形；舌状花7～10枚，淡紫色，长圆形，长7～10毫米；管状花黄色，长约5毫米。瘦果长圆形，被长毛；冠毛白色，糙毛状，长约5毫米。花果期7—9月。

【生态地理分布】产于同仁、尖扎、共和、贵德、德令哈、格尔木、大柴旦、都兰、循化；生于山坡、河滩；海拔1 900～3 600米。

飞蓬属 *Erigeron* L.

飞蓬 *Erigeron acris* L.

【形态特征】多年生草本，高15～60厘米。茎单一或丛生，被毛。基生叶或下部叶倒披针形，先端钝圆或急尖，全缘或有疏齿，基部渐狭成柄，两面被硬毛；中上部叶披针形。头状花序多数，在茎顶排成圆锥状花序或伞房状；雌花二型，舌状花淡紫色，内层雌花细管状，无色；两性花管状，黄色。瘦果被短毛，冠毛2层，白色，外层短，内层长5～7毫米。花果期7—9月。

【生态地理分布】产于玉树、囊谦、称多、玛沁、班玛、久治、同仁、泽库、河南、门源、祁连、湟中、互助、民和、循化；生于河滩、灌丛、山坡草地；海拔2 500～3 800米。

火绒草属 *Leontopodium* R. Br. ex Cass.

矮火绒草 *Leontopodium nanum* (Hook. f. et Thoms.)Hand.-Mazz.

【形态特征】多年生矮小草本，高2~5厘米。根状茎多分枝，呈垫状丛生。无茎或有茎，直立，被厚密白色绵毛。叶匙形或线状长圆形，先端有小尖头，基部渐狭，两面被白色长茸毛。苞叶短小，不开展成星状苞叶群；头状花序1~4，密集或单生；总苞片4~5层，披针形，先端渐尖，黑褐色；小花异形，雌雄异株。冠毛白色，长达1厘米。花果期6—9月。

【生态地理分布】产于玉树、囊谦、杂多、治多、曲麻莱、称多、玛沁、达日、久治、玛多、同仁、泽库、尖扎、共和、贵德、乌兰、天峻、门源、刚察；生于山坡草地、高山草甸、山谷滩地、湖滨沙地；海拔3 200~5 000米。

弱小火绒草 *Leontopodium pusillum* (Beauv.) Hand. -Mazz.

【形态特征】多年生垫状小草本，高2～8厘米。根状茎细，有分枝，具多数不育茎，被白色密茸毛。莲座丛叶匙形或线状匙形，两面密被白色茸毛。苞叶与茎生叶同形，密被白色茸毛，形成苞叶群。头状花序密集；总苞片约3层，先端深褐色，宽三角形，基部被白色长茸毛；小花异形，雌雄异株。冠毛白色，略长于小花。花果期6—9月。

【生态地理分布】产于玉树、囊谦、杂多、治多、称多、玛沁、玛多、兴海、德令哈、格尔木、乌兰、祁连；生于河滩、高山草甸、沼泽草甸；海拔3 600～5 000米。

香芸火绒草 *Leontopodium haplophylloides* Hand. -Mazz.

【形态特征】多年生草本，高20～60厘米。有多数不育茎和花茎，簇状丛生，被蛛丝状毛和腺毛；叶狭披针形或线状披针形，基部渐狭，顶端长尖或尖，有细小尖头，黑绿色，两面被灰色或青色短茸毛。头状花序1～8个密集；总苞被白色柔毛状茸毛；总苞片3～4层。小花异形，或雌雄异株。雄花花冠管状，上部漏斗状，有尖卵圆形裂片；雌花花冠丝状管状。瘦果被短粗毛；冠毛白色。花果期7—9月。

【生态地理分布】产于玛沁、久治、同仁、泽库、河南、西宁、大通、湟中、乐都、互助、循化；生于高山草地、石砾地、灌丛、林缘；海拔2 600～4 000米。

美头火绒草 *Leontopodium calocephalum* (Franch.) Beauv.

【形态特征】多年生草本，高10～35厘米。茎直立，不分枝，被白色蛛丝状棉毛。不育茎和茎下部的叶线状披针形或线形，先端急尖，有小尖头，基部渐狭呈鞘；中上部叶卵状披针形至线状披针形，先端渐尖，基部抱茎；全部叶上面无毛，下面被白色棉毛。苞叶开展成星状苞叶群，卵状披针形，上面被厚茸毛，下面毛稀疏。头状花序多数，密集；总苞片4层，先端褐色，三角状；小花异形或雌雄异株。瘦果被短粗毛。花期7—9月，果期9—10月。

【生态地理分布】产于玛沁、班玛、久治、同仁、泽库、河南、共和、兴海、贵德、门源、湟中、乐都、互助、化隆、循化；生于河滩、灌丛、高山草甸；海拔2 600～3 900米。

香青属 *Anaphalis* DC.

珠光香青 *Anaphalis margaritacea* (L.) Benth. et Hook. f.

【形态特征】多年生草本，高20～100厘米。茎丛生，直立，有分枝，常紫褐色，被灰白色绵毛。茎中上部叶线形或线状披针形，先端渐尖，边缘反卷，上面初被蛛丝状毛，后脱毛，有光泽，下面被密的灰白色或黄褐色密绵毛。头状花序多数，在茎端排列成复伞房花序；总苞宽钟形或半球形；总苞片5～7层，上部白色，基部黄褐色，被绵毛，卵形、卵状长圆形或线状倒披针形，先端钝圆；小花长约3毫米。瘦果有腺点。花果期7—9月。

【生态地理分布】产于同仁、门源、祁连、湟中、乐都、互助、民和、循化；生于河滩、山坡、灌丛；海拔1 900～3 000米。

黄腺香青 *Anaphalis aureopunctata* Lingelsh et Borza

【形态特征】多年生草本，高25～50厘米。茎直立，有翅，被白色蛛丝状毛和头状具柄腺体。莲座丛叶宽匙形或椭圆状匙形，先端钝或急尖，基部渐狭成有翅长柄；中部叶基部渐狭，沿茎下延成宽或狭翅；叶两面被白色或灰白色蛛丝状毛和头状具柄腺体。头状花序常多数，在茎端排列成复伞房状；总苞狭钟形；总苞片约5层，卵圆形或长圆形，先端钝，白色，基部浅褐色；小花长约3毫米。瘦果有毛。花果期7—9月。

【生态地理分布】产于班玛、久治、同仁、门源、大通、湟中、乐都、互助、民和、循化；生于林下、灌丛、草滩、山坡；海拔1 850～4 000米。

红花乳白香青 *Anaphalis lactea* Maxim. f. *rosea* Ling.

【形态特征】多年生草本，高5～40厘米。根状茎粗，有分枝。茎被灰白色或白色绵毛。莲座丛叶倒披针形或匙状长圆形，茎生叶长椭圆形至线状披针形，先端有褐色小尖头，基部沿茎下延成翅，两面被灰白色或白色绵毛。头状花序在茎、枝端密集成复伞房花序；总苞片5层，膜质，红色或浅红色，基部褐色，被白色密绵毛；小花长3～4毫米。瘦果无毛。花果期7—9月。

【生态地理分布】产于玛沁、玛多、同仁、河南、共和、兴海、贵南、都兰、天峻、海晏、门源、刚察、祁连、大通、湟中、湟源、互助、民和；生于高山草甸、山谷滩地、灌丛、林下、林缘、河边；海拔2 600～4 700米。

天名精属 *Carpesium* L.

高原天名精 *Carpesium lipskyi* C. Winkl.

【形态特征】多年生草本，高50～70厘米。茎直立，被长柔毛，上部花序有分枝。叶椭圆形，长5.5～19厘米，宽2.5～6.5厘米，边缘全缘或有腺齿，叶基部楔形，下延成柄，上面被基部膨大的伏毛，下面被长柔毛。头状花序顶生或腋生；总苞盘状，总苞片4层，内层膜质，披针形，先端渐尖，外层披针形，叶状，反折；小花黄色，长约3毫米，管部有密毛。花果期7—9月。

【生态地理分布】产于玉树、班玛、门源、大通、湟中、乐都、互助；生于林缘、灌丛、河滩；海拔2 500～3 700米。

旋覆花属 *Inula* L.

蓼子朴 *Inula salsoloides* (Turcz.) Ostenf.

【形态特征】亚灌木，高20~50厘米。茎多分枝，常弯曲，被白色基部呈疣状的长粗毛。叶披针形或长圆状线形，全缘，基部心形或有小耳，半抱茎，顶端钝或稍尖，下面有腺及短毛。头状花序单生于枝端；总苞倒卵形；总苞片4~5层，线状披针形或长圆形，干膜质，黄绿色，被缘毛；舌状花黄色，线形，顶端有3个细齿；管状花狭漏斗状，顶端有尖裂片；冠毛白色。瘦果有细棱，被毛及腺体，上端有较长的毛。花果期7—9月。

【生态地理分布】产于尖扎、贵德、格尔木、乌兰、西宁、民和、循化；生于干旱草原、戈壁滩地、沙丘、湖滨、河滩；海拔2 000~3 000米。

旋覆花 *Inula japonica* Thunb.

【形态特征】多年生草本，高20～60厘米。茎直立，上部有分枝，被长伏毛。基部叶在花期枯萎；中部叶长圆形、椭圆形或披针形，基部楔形，顶端急尖或渐尖，全缘或有小尖头状疏齿，下面有疏伏毛和腺点。头状花序排列成伞房状；总苞半球形；总苞片5～6层，线状披针形；舌状花黄色，舌片线形，长约10毫米；管状花黄褐色，长5～6毫米。瘦果长1～1.2毫米，圆柱形，被短毛；冠毛1层，白色，与管状花近等长。花果期6—8月。

【生态地理分布】产于尖扎、西宁、乐都、民和、循化；生于河边、荒地；海拔1 900～2 600米。

蓍属 *Achillea* L.

齿叶蓍 *Achillea acuminata* (Ledeb.) Sch.-Bip.

【形态特征】多年生草本，高30～100厘米。茎单生，上部密被短柔毛。中部叶披针形或条状披针形，顶端渐尖，基部稍狭，边缘具整齐上弯的重锯齿，齿端具骨质小尖头。头状花序多数，排成疏伞房状；总苞半球形，被长柔毛；总苞片3层，外层短，卵状矩圆形，先端急尖，内层矩圆形，顶端圆形，边缘宽膜质，淡黄色或淡褐色，被密长柔毛。舌状花白色，长7毫米，顶端3圆齿，管部翅状压扁；管状花白色，长约3毫米。瘦果有肋，无冠状冠毛。花果期7—8月。

【生态地理分布】产于大通、民和；生于河边、灌丛；海拔2 100～2 600米。

菊属 *Chrysanthemum* L.

小红菊 *Chrysanthemum chanetii* H. Léveillé

【形态特征】多年生草本，高15～40厘米。茎直立，上部分枝，疏被毛。茎下部叶早落，中部叶肾形、半圆形或近圆形，3～5掌状或羽状分裂，顶裂片较大，裂片边缘有尖齿。头状花序单生或数枚在茎枝顶端排成伞房状；总苞碟形；总苞片4～5层；外层线形，顶端膜质，边缘撕裂成穗状，中内层倒披针形至线状长椭圆形；舌状花白色、粉红色或紫色，舌片长长圆形，顶端2～3齿裂；管状花黄色。瘦果长2毫米，具脉棱。花果期7—9月。

【生态地理分布】产于互助、民和、循化；生于山坡、灌丛、河滩；海拔1 800～2 500米。

菊蒿属 *Tanacetum* L.

川西小黄菊 *Tanacetum tatsienense* (Bureau et Franchet) K. Bremer et Humphries

【形态特征】多年生草本，高7~25厘米。茎单生或数个丛生，被长柔毛。基生叶长圆形，一至二回篦齿状羽状分裂，裂片线形，先端尖，两面被白色柔毛。头状花序单生茎顶；总苞片约4层；线状披针形或长圆形，边缘黑褐色或褐色，膜质；舌状花橘红色，舌片长圆形，长1~1.5厘米，顶端3齿裂；管状花黄色或橘黄色，长5~6毫米。瘦果具纵肋。冠毛长0.1毫米，分裂至基部。花果期7—9月。

【生态地理分布】产于玉树、囊谦、称多、玛沁、久治、玛多、河南；生于高山草甸、灌丛、山坡砾石地；海拔2 600~4 900米。

小甘菊属 *Cancrinia* Kar. et Kir.

灌木小甘菊 *Cancrinia maximowiczii* C. Winkl.

【形态特征】小灌木，高20~50厘米。枝条灰绿色，被白色短柔毛和褐色腺体。叶线状长圆形，羽状深裂，裂片线状长圆形，背面被白色短柔毛，两面有腺点。头状花序2~5在枝端排成伞房状；总苞钟形或宽钟形；总苞片3~4层，先端钝，边缘淡褐色膜质，背部有疏毛及褐色腺点；全部小花管状，黄色，长约2厘米。瘦果有肋及腺点；冠毛膜片状，5裂，先端具芒尖。花果期7—9月。

【生态地理分布】产于玛沁、同仁、泽库、尖扎、共和、兴海、贵德、德令哈、乌兰、门源、祁连、西宁、互助、循化；生于干旱山坡、干河滩；海拔1 800~3 900米。

亚菊属 *Ajania* Poljakov

细叶亚菊 *Ajania tenuifolia* (Jacq.) Tzvel.

【形态特征】多年生草本，高5～30厘米。根状茎发达，形成多数不育茎和主茎，被灰白色密短柔毛。叶二回羽状分裂，侧裂片2～3对，两面被灰白色短柔毛。头状花序少数，在茎枝顶端排成伞房状花序；总苞片4层，边缘宽膜质，内缘褐棕色，外缘白色；边花雌性，细管状，长约2.5毫米；中央花管状，长约3毫米。全部小花黄色，外面被腺体。花果期7—9月。

【生态地理分布】产于玉树、囊谦、称多、玛沁、班玛、玛多、同仁、河南、尖扎、共和、贵南、都兰、天峻、门源、祁连、大通、湟源、乐都、循化；生于河滩、草甸、多石山坡；海拔3 000～4 500米。

铺散亚菊 *Ajania khartensis* (Dunn) Shih

【形态特征】多年生草本，高5～15厘米。不育茎具鳞片状叶，茎丛生，分枝紫红色，被贴伏的灰白色柔毛。叶二回三出分裂或掌状三至五裂，小裂片线形，两面被灰白色短毛或上面脱毛。头状花序少数，在茎枝顶端密集成伞房状花序；总苞钟状；总苞片4层，卵形或宽倒卵形，边缘褐色宽膜质，背部中央和基部被柔毛；边花雌性，细管状，花柱伸出；中央花两性，管状；全部小花黄色，花冠外面具腺体。花果期7—9月。

【生态地理分布】产于杂多、治多、曲麻莱、玛沁、泽库、河南、德令哈、格尔木、刚察；生于沙滩、草甸、山坡砾石滩、河漫滩；海拔2 900～5 000米。

灌木亚菊 *Ajania fruticulosa* (Ledeb.) Poljak.

【形态特征】小半灌木，高15～40厘米。老枝黄褐色，花枝灰白色，被稠密短柔毛。茎中部叶一至二回三出分裂，裂片线形或线状倒披针形，先端钝圆，两面被短毛。头状花序小，多数，在茎枝顶端排成伞房花序或复伞房花序；总苞钟形，直径2～3毫米；总苞片3～4层，外层卵形，内层椭圆形，边缘白色或带浅褐色膜质，顶端圆或钝，仅外层被短柔毛；边花雌性，细管状，中央花两性，管状，全部小花黄色，长1.5～2.5毫米。瘦果长约1毫米。花果期7—9月。

【生态地理分布】产于尖扎、共和、格尔木、西宁、乐都；生于干旱山坡、荒地；海拔2 000～2 900米。

蒿属 *Artemisia* L.

臭蒿 *Artemisia hedinii* Ostenf. et Pauls.

【形态特征】一年生草本，高30～80厘米，全株密被腺毛，有浓烈的臭味。茎单生，下部叶多数，密集。叶二回篦齿状羽状分裂，每侧裂片4～15枚，再次羽状分裂，小裂片披针形，具多枚篦齿；苞片叶一回篦齿状羽状分裂。头状花序在小枝上排成圆锥花序；总苞片3层，外被腺毛，边缘紫褐色，膜质；两性花紫红色，外面被腺点。花果期7—10月。

【生态地理分布】产于全省大部分地区；生于滩地、河滩、山坡；海拔2 700～4 700米。

黄花蒿 *Artemisia annua* L.

【形态特征】一年生或二年生草本，高0.4～2米。茎直立，多分枝或上部分枝，黄绿色或紫红褐色，无毛。下部叶三回篦齿状羽状分裂，第一回全裂，第二回深裂，第三回深裂至浅裂，末回小裂片齿状或条裂。上部叶及苞片叶一回篦齿状羽状深裂。头状花序多数，球形，在茎或分枝上部组成大型圆锥花序；总苞片3～4层，外层狭椭圆形，具明显的绿色中肋，中内层卵形，边缘膜质。小花鲜黄色。花果期7—9月。

【生态地理分布】产于全省大部分地区；生于山坡、荒地；海拔1 800～3 000米。

栉叶蒿属 *Neopallasia* Poljakov

栉叶蒿 *Neopallasia pectinata* (Pall.) Poljak.

【形态特征】一年生草本，高15～40厘米。茎自基部多分枝，被白色绢毛。叶篦齿状羽状全裂，裂片针状，无柄。头状花序盘状，单生或数个密集于叶腋，在茎及小枝顶端排列成穗状或圆锥状花序；总苞卵形，长3～4毫米；总苞片多层，宽卵形具宽膜质边缘；边花雌性，细管状，顶端不分裂，结实；管状花两性，下部者结实，上部者不结实，花冠5裂，淡黄色。瘦果椭圆形，无冠毛。花果期7—9月。

【生态地理分布】产于尖扎、兴海、德令哈、乌兰、西宁、化隆；生于荒漠、干河滩、山坡、荒地；海拔2 100～2 600米。

多榔菊属 *Doronicum* L.

狭舌多榔菊 *Doronicum stenoglossum* Maxim.

【形态特征】多年生草本，高50～100厘米。全株被腺毛。茎直立，不分枝，稀上部分枝。不育叶丛的叶和基部叶椭圆形或长圆形，先端急尖，边缘有腺状齿，基部楔形；茎中部叶大，长圆形。头状花序3～15，辐射状，在茎端排成总状；总苞半球形，长1.5～2厘米；总苞片线形，先端渐尖，背部被腺毛；舌状花黄色，舌片线形，长7～10毫米，不超出总苞；管状花多数，长约4毫米。瘦果褐色，有棱；冠毛淡褐色，长约4毫米。花果期7—9月。

【生态地理分布】产于玉树、囊谦、称多、玛沁、班玛、泽库、祁连、湟中、互助；生于灌丛、林下；海拔2 700～4 200米。

蟹甲草属 *Parasenecio* W. W. Sm. et J. Small

三角叶蟹甲草 *Parasenecio deltophyllus* (Maxim.) Y. L. Chen

【形态特征】多年生草本，高25～60厘米。茎直立，不分枝，被白色短腺毛。叶三角形，先端尾状渐尖，边缘具钝三角形齿，基部近平截，下面密被短腺毛，上部叶披针形。头状花序盘状，下垂，在茎顶排成总状；总苞片10枚，长圆形，先端急尖，被白毛，背部被蛛丝状毛和腺毛；小花管状，黄色，长约6毫米，裂片披针形。冠毛白色，与花冠等长。花期7—8月，果期9月。

【生态地理分布】产于玛沁、泽库、湟中、乐都、循化；生于河滩、山坡草地、林下；海拔2 400～3 900米。

蛛毛蟹甲草 *Parasenecio roborowskii* (Maxim.) Y. L. Chen

【形态特征】多年生草本，高70~100厘米。茎直立，不分枝，被蛛丝状毛。叶卵状三角形或阔三角形，边缘有不整齐的具小尖头的齿，基部平截或稍心形，下面被白色蛛丝状毛，叶脉掌状。头状花序盘状，在茎顶排成总状花序；总苞狭筒形，长约10毫米，总苞片3；小花3，管状，黄色，长约10毫米，檐部5裂，裂片披针形。瘦果光滑；冠毛白色，与花冠等长。花期7—8月，果期9月。

【生态地理分布】产于门源、西宁、大通、湟中、湟源、乐都、互助、民和、循化；生于山坡、灌丛、林下；海拔2 200~2 900米。

华蟹甲属 *Sinacalia* H. Rob. et Brettell

华蟹甲 *Sinacalia tangutica* (Maxim.) B.Nord.

【形态特征】多年生草本，高30～90厘米。茎粗壮，被褐色腺状短柔毛。中部叶大，卵形或卵状心形，羽状深裂，侧裂片具羽状浅裂片或大齿，两面被腺状短柔毛及疏蛛丝状毛，具明显羽状脉。头状花序辐射状，多数，排成圆锥状总状花序；总苞狭筒形，长至8毫米；总苞片4～5，长圆形，顶端急尖，边缘膜质；舌状花2～3个，黄色，舌片线形；管状花4～5，黄色，檐部5裂。瘦果圆柱形，具肋；冠毛糙毛状，白色。花果期7—9月。

【生态地理分布】产于同仁、门源、大通、乐都、互助、民和、循化；生于河滩、林缘、林下；海拔2 300～2 800米。

狗舌草属 *Tephroseris* (Reichenb.) Reichenb.

橙舌狗舌草 *Tephroseris rufa* (Hand.-Mazz.) B. Nord.

【形态特征】多年生草本，高10～50厘米。茎单生，不分枝，被柔毛。基生叶倒卵状长圆形、长圆形或卵形，顶端钝至圆形，基部楔状狭成叶柄，全缘或具疏小尖齿；茎生叶向上渐小。头状花序辐射状，排成顶生近伞房状花序；总苞钟状；总苞片褐紫色，线状披针形，顶端渐尖；舌状花橙黄色或橙红色，长圆形，顶端具3细齿；管状花橙黄色至橙红色，檐部漏斗状，裂片卵状披针形。瘦果圆柱形；冠毛白色或淡褐色。花果期6—9月。

【生态地理分布】产于玉树、囊谦、杂多、治多、曲麻莱、称多、玛沁、达日、班玛、久治、玛多、同仁、泽库、河南、尖扎、共和、兴海、贵南、格尔木、乌兰、天峻、门源、刚察；生于高山草甸、灌丛、林下、山坡草地；海拔3 000～4 000米。

438

千里光属 *Senecio* L.

天山千里光 *Senecio thianshanicus* Regel et Schmalh.

【形态特征】多年生草本，高10~40厘米。茎直立，不分枝或上部有分枝，被白色蛛丝状毛。基生叶长圆形，全缘或有小齿，基部近圆形或楔形，两面无毛；茎生叶披针形、长圆形或线形，半抱茎。头状花序在枝顶排成伞房状；总苞钟形，长5~6毫米；总苞片线状长圆形，先端三角形，紫褐色；舌状花黄色，舌片长圆形，长约6毫米；管状花多数，黄色，长约6毫米。瘦果无毛；冠毛白色，长约6毫米。花果期7—9月。

【生态地理分布】产于玉树、称多、达日、玛多、同仁、泽库、德令哈、都兰、共和、门源、祁连、湟源、乐都、互助；生于河滩、山谷、灌丛、林缘；海拔2 700~4 500米。

额河千里光 *Senecio argunensis* Turcz.

【形态特征】多年生草本，高35～80厘米。茎直立，丛生，常紫红色，上部花序有分枝，被微毛。叶羽状深裂，裂片线形或长圆形，全缘或有齿，先端钝或急尖，两面有疏的蛛丝状毛。头状花序辐射状，在茎顶端排列成复伞房状；总苞宽钟形；总苞片约13个，长圆状披针形，先端渐尖，边缘白色膜质，背部有蛛丝状毛；舌状花黄色，舌片线状长圆形或线状匙形，先端圆形；管状花黄色，具5个小裂片。瘦果无毛；冠毛白色。花果期7—9月。

【生态地理分布】产于同仁、西宁、湟中、湟源、乐都、互助、循化；生于山坡、河滩；海拔2 200～2 600米。

北千里光 *Senecio dubitabilis* C. Jeffr. et Y. L.Chen.

【形态特征】一年生草本，高5～30厘米。茎多从基部分枝。叶线状倒披针形或长圆形，长2～6厘米，宽至2厘米，羽状分裂。头状花序多数，在茎枝顶端排成伞房花序。总苞钟形或狭钟形，长6～7毫米；总苞片13～14枚，线状钻形，先端渐尖，具褐色尖头，边缘白色膜质；无舌状花，管状花黄色，长5毫米，具5齿。瘦果圆柱形，被白色密短毛；冠毛白色，长6毫米。花果期7—9月。

【生态地理分布】产于同仁、尖扎、德令哈、格尔木、乌兰、祁连、大通；生于河边、山坡、荒地；海拔2 450～2 900米。

橐吾属 *Ligularia* Cass.

掌叶橐吾 *Ligularia przewalskii* (Maxim.) Diels

【形态特征】多年生草本，高60～120厘米。茎直立，光滑。丛生叶与茎下部叶具长柄，基部具鞘；叶片掌状4～7裂，侧裂片3～7深裂，中裂片二回3裂，全部小裂片边缘具条裂齿。总状花序长达50厘米，头状花序多数；舌状花2～3，舌片黄色，线状长圆形，长达15毫米，先端钝；管状花3枚，黄色，长7～12毫米。瘦果长约5毫米；冠毛紫褐色，长约4毫米。花果期6—10月。

【生态地理分布】产于全省大部分地区；生于河谷草地、灌丛、林缘；海拔2 000～3 900米。

箭叶橐吾 *Ligularia sagitta* (Maxim.) Mattf.

【形态特征】多年生草本，高25~50厘米。茎直立，光滑或上部被白色蛛丝状毛。叶柄具狭翅，翅全缘或有齿，基部鞘状；叶片箭形，边缘具小齿。总状花序长7厘米，头状花序多数；总苞钟形或狭钟形，长7~10毫米；总苞片长圆形或披针形，先端急尖或渐尖；舌状花5~9，黄色，舌片长圆形，长7~14毫米；管状花黄色，长7~10毫米。瘦果长2.5~6毫米；冠毛白色，长7~8毫米。花果期7—9月。

【生态地理分布】产于囊谦、玛沁、共和、兴海、同德、德令哈、门源、祁连、西宁、大通、互助、循化；生于山坡、林缘、灌丛；海拔1 900~3 600米。

黄帚橐吾 *Ligularia virgaurea* (Maxim.) Mattf.

【形态特征】多年生草本，高35～60厘米。茎直立，光滑。叶卵形、椭圆形或长圆状披针形，全缘，先端钝或急尖，基部楔形或宽楔形，两面光滑。头状花序多数，排列成总状，长20厘米；总苞杯状，长7～10毫米，总苞片长圆形或狭披针形，先端钝或渐尖；舌状花5～14，黄色，舌片线形，长至2厘米；管状花黄色，长7～8毫米。瘦果长约5毫米；冠毛长7～8毫米。花果期7—9月。

【生态地理分布】产于玉树、果洛、黄南、海南、海北；生于沼泽边缘、山麓草地、滩地、山坡湿地；海拔2 700～4 400米。

垂头菊属 *Cremanthodium* Benth.

条叶垂头菊 *Cremanthodium lineare* Maxim.

【形态特征】多年生草本，高10～30厘米。茎直立，光滑或最上部有白色柔毛。丛生叶与茎基部叶线形或线状披针形，长达15厘米，宽2.5～5毫米，全缘，基部楔形，叶脉平行。茎生叶线形。头状花序单生，辐射状，下垂；总苞片2层，披针形或卵状披针形，具白色睫毛，背部黑灰色；舌状花黄色，舌片线状披针形，长达3厘米，宽约2毫米，先端长渐尖；管状花黄色，长5～7毫米。瘦果长2～3毫米；冠毛白色，长5～7毫米。花果期7—9月。

【生态地理分布】产于玛沁、甘德、达日、久治、玛多、泽库、河南、共和、兴海、门源；生于沼泽草甸、河岸滩地；海拔3 100～4 500米。

盘花垂头菊 *Cremanthodium discoideum* Maxim.

【形态特征】多年生草本，高15～25厘米。茎直立，上部被白色和紫褐色有节长柔毛。叶片卵状长圆形或卵状披针形，先端钝，基部圆形，全缘，稀有小齿，两面光滑。头状花序单生，下垂，盘状；总苞密被黑色有节长柔毛；总苞片线状披针形，宽1～3毫米，先端渐尖或急尖；小花全部管状，紫黑色，长7～8毫米。瘦果长2～4毫米；冠毛白色，长7～8毫米。花果期6—8月。

【生态地理分布】产于全省各地；生于高山草地、灌丛；海拔3 000～4 500米。

车前状垂头菊 *Cremanthodium ellisii* (Hook. f.) Kitam.

【形态特征】多年生草本，高10～35厘米。茎直立，上部密被铁灰色长柔毛。叶片卵形、宽椭圆形至圆形，全缘或有小齿至缺刻状齿，基部下延，抱茎。头状花序1～5，下垂，辐射状，总苞半球形，密被铁灰色长柔毛；总苞片卵状披针形或披针形，先端急尖；舌状花黄色，舌片长圆形，长1～1.7厘米，宽2～5毫米先端钝圆；管状花长6～7毫米。瘦果长4～5毫米；冠毛白色，长6～7毫米。花果期7—9月。

【生态地理分布】产于全省各地；生于高山草甸、流石滩；海拔3 500～5 000米。

矮垂头菊 *Cremanthodium humile* Maxim.

【形态特征】多年生草本，高5～20厘米。茎直立，上部被白色和黑色有节长柔毛。茎下部叶具柄，长2～14厘米，叶片卵形、卵状长圆形或近圆形，全缘或有浅齿，先端钝圆，上面光滑，下面密被白色柔毛，叶脉羽状。头状花序单生，下垂，辐射状；总苞半球形，总苞片1层，8～12枚，密被白色或黑色有节长柔毛；舌状花黄色，舌片椭圆形，长1～2厘米。瘦果长3～4毫米；冠毛白色，长7～9毫米。花果期7—11月。

【生态地理分布】产于全省各地；生于高山流石滩；海拔3 500～5 000米。

448

狭舌垂头菊 *Cremanthodium stenoglossum* Ling et S. W. Liu

【形态特征】多年生草本，高10～32，厘米。茎直立，上部被白色卷曲柔毛和褐色有节柔毛。丛生叶和茎基部叶具柄，鞘状；叶片圆肾形或肾形，边缘棱角状，具白色有节柔毛，基部弯缺窄，裂片重叠，两面光滑。头状花序单生，下垂；总苞半球形；总苞片紫红色，2层，披针形至长圆形，先端渐尖或急尖，被褐色睫毛；舌状花黄色，舌片线状披针形，长2.5～3.5厘米，先端长渐尖；管状花黄色，长7～9毫米。瘦果圆柱形，长约7毫米，具纵肋；冠毛白色，与花冠等长。花果期7—8月。

【生态地理分布】产于称多；生于灌丛、沼泽地、高山草甸、岩石隙中、高山流石滩；海拔3 700～4 700米。

牛蒡属 *Arctium* L.

牛蒡 *Arctium lappa* L.

【形态特征】多年生草本，高50~150厘米。茎直立，多分枝。基生叶丛生，大型，长达60厘米，宽40厘米；茎生叶互生；叶片宽卵形或长圆形，全缘或有不规则波状齿，基部心形，下面密被灰白色绒毛，叶柄被白色蛛丝状毛。头状花序簇生或排成伞房状；总苞片披针形或线形，坚硬，顶端钩状弯曲；小花管状，淡紫色，长约1.5厘米。瘦果扁卵形，具肋及斑点；冠毛短，刚毛状。花果期6—9月。

【生态地理分布】产于同仁、尖扎、西宁、乐都、民和、循化；生于荒地；海拔1 800~2 500米。

黄缨菊属 *Xanthopappus* C. Winkl.

黄缨菊 *Xanthopappus subacaulis* C. Winkl.

【形态特征】多年生草本，高5～7厘米。根颈密被褐色枯叶柄。无茎或近无茎。基生叶莲座状，叶片羽状深裂，裂片三角形，先端急尖成针刺，边缘具不规则锯齿和针刺，背面密被灰白色蛛丝状毛。头状花序丛生叶丛中；总苞片背部被毛，外层苞片先端具针刺；小花管状，黄色，长3.5～3.7厘米。瘦果光滑，具褐色斑点；冠毛淡黄色，糙毛状，长约3厘米。花果期7—9月。

【生态地理分布】产于玉树、囊谦、杂多、治多、玛多、河南、兴海、天峻、门源、刚察、祁连、西宁、互助；生于山地阳坡、荒地；海拔2 200～4 300米。

蓟属 *Cirsium* Mill.

刺儿菜 *Cirsium arvense* (L.) Scop. var. *integrifolium* C. Wimm. et Grabowski

【形态特征】多年生草本，高20～100厘米。具长的根状茎。茎直立，上部有分枝或不分枝，被白色蛛丝状毛。叶椭圆形、长圆形至披针形；叶缘具波状齿和短针刺。头状花序单生茎端，或植株含少数或多数头状花序在茎枝顶端排成伞房花序；总苞片约6层，向内层渐长，顶端有短针刺；两性花冠长1.5～2厘米，紫红色；雌性花冠较大，长2.5～2.8厘米，紫红色。瘦果略扁平，光滑；冠毛污白色，羽毛状。花果期7—9月。

【生态地理分布】产于同仁、泽库、尖扎、贵德、西宁、大通、乐都、互助、民和；生于山坡、荒地、河边；海拔1 800～2 700米。

藏蓟 *Cirsium arvense* (L.) Scop. var. *alpestre* Nageli

【形态特征】多年生草本，高60～110厘米。茎直立，有分枝，密被绒毛。叶长圆形或倒披针形，羽状浅裂至深裂，侧裂片宽卵形或呈三角状齿，先端及边缘具长硬针刺和短刺，下面密被灰白色绒毛。头状花序单生茎和枝端，呈伞房状；雌雄异株，雌株头状花序大，雄株的较小；总苞片多层，外层卵形或卵状披针形，先端具刺尖，边缘有绒毛，内层线形，先端渐尖，常弯曲；小花紫红色。瘦果倒卵形，光滑；冠毛污白色，羽毛状。花果期6—9月。

【生态地理分布】产于同仁、泽库、德令哈、格尔木、都兰、乌兰、共和、兴海、刚察、民和、循化；生于荒地、河滩；海拔1 800～3 300米。

葵花大蓟 *Cirsium souliei* (Franch.) Mattf.

【形态特征】多年生无茎草本，具主根。叶基生，莲座状，羽状分裂，裂片边缘有小裂片、齿和密针刺，两面被有节柔毛。雌雄同株，头状花序多数，无或有短花序梗，簇生于莲座叶丛中；总苞半球形，长2～3厘米；总苞片多层，外层卵状披针形或披针形，内层线形，先端被针刺；小花两性，管状，紫红色，长1.8～2.1厘米。瘦果黑褐色；冠毛白色，羽毛状。花果期7—9月。

【生态地理分布】产于玉树、囊谦、杂多、治多、曲麻莱、玛沁、久治、同仁、泽库、河南、兴海、门源、大通、乐都、互助；生于高山草地、河滩、荒地；海拔2 500～4 400米。

飞廉属 *Carduus* L.

丝毛飞廉 *Carduus crispus* L.

【形态特征】多年生草本，高40~150厘米。茎直立，粗壮，具纵棱及茎翅，翅缘密生细刺，上部有分枝，被白色有节柔毛。叶长圆状披针形或长椭圆形，羽状深裂，裂片三角形或卵形，边缘具缺刻齿及硬针刺，两面光滑或下面疏生白色柔毛，基部沿茎下延成茎翅。头状花序单生或少数簇生于枝顶；总苞钟形或半球形；总苞片多层，外层短，卵状披针形，先端具硬针刺，内层长，线状披针形，先端渐尖，紫红色；小花管状，紫红色，花丝有白色柔毛。瘦果扁平，光滑；冠毛白色，糙毛状，1层。花果期7—9月。

【生态地理分布】产于囊谦、杂多、治多、同仁、泽库、河南、共和、西宁、乐都、民和；生于荒地、山坡；海拔2 200~4 000米。

蝟菊属 *Olgaea* Iljin

刺疙瘩（青海鳍蓟） *Olgaea tangutica* Iljin

【形态特征】多年生草本，高40～80厘米。茎上部多分枝，茎具翅，翅缘有尖刺，一面密被白色柔毛。叶线形或线状椭圆形，羽状分裂，基部渐狭成柄，侧裂片三角形，边缘具2～3刺齿及小刺。头状花序单生枝端或数枚集生于茎端；总苞宽钟状，直径3～4厘米；总苞片多层，线形至线状披针形，先端短渐尖至长渐尖，呈针刺状，外面被糙毛；小花管状，蓝紫色，长2.5～2.8厘米。瘦果长椭圆形；冠毛多层，褐色，向内层较长，糙毛状。花果期6—9月。

【生态地理分布】产于门源、西宁、大通、乐都、互助、民和、循化；生于山坡、灌丛、林缘；海拔1 900～2 700米。

风毛菊属 *Saussurea* DC.

唐古特雪莲 *Saussurea tangutica* Maxim.

【形态特征】多年生草本，高7～30厘米。根颈处密被枯存叶柄。茎直立，淡紫色或紫色。叶长圆形或披针形，先端急尖，基部渐狭成柄，边缘有不整齐尖齿，齿间密生头状腺体和白色柔毛，两面有腺体。头状花序1～5，单生或聚生茎顶，外被苞叶；总苞球形或钟形；总苞片4层，黑紫色，被白柔毛，线状披针形；小花管状，蓝紫色，长约12毫米。瘦果圆柱状，有棱；冠毛黄棕色，2层，内层羽毛状，长约13毫米。花果期7—9月。

【生态地理分布】产于全省各地；生于高山流石滩、高山草甸；海拔3 800～5 200米。

云状雪兔子 *Saussurea aster* Hemsl.

【形态特征】多年生无茎草本。叶莲座状，线状匙形、椭圆形或线形，顶端钝，基部渐狭成短柄，全缘，上面被黄褐色柔毛，下面被白色柔毛。头状花序多数，在莲座状叶丛中密集成半球形；总苞筒状；总苞片3～4层，黑紫色，被长柔毛，外层卵形，内层长圆形至线形；小花管状，紫红色，长8～11毫米。瘦果褐色，圆柱状，长2毫米。冠毛淡褐色，2层，外层短，糙毛状，长3毫米，内层长，羽毛状，长7毫米。花果期6—8月。

【生态地理分布】产于囊谦、杂多、治多、称多；生于高山流石滩；海拔3 900～5 000米。

星状雪兔子 *Saussurea stella* Maxim.

【形态特征】多年生一次结实草本，全株无毛，无茎，高2～3厘米。叶莲座状，线状披针形至披针形，先端长渐尖，全缘，基部扩大，紫红色。头状花序多数，在叶丛中密集簇生；总苞圆柱形；总苞片紫红色，有缘毛，外层长圆形，长0.8～1.4厘米，内层线形，长1.7厘米；小花管状，紫红色，长约1.6厘米。瘦果光滑；冠毛淡褐色，1层，羽毛状，比小花短。花果期7—9月。

【生态地理分布】产于玉树、囊谦、杂多、治多、曲麻莱、玛沁、久治、玛多、泽库、河南、共和、门源、刚察、祁连；生于河滩、沼泽草甸、高山阴湿山坡；海拔2 400～4 500米。

草甸雪兔子 *Saussurea thoroldii* Hemsl.

【形态特征】多年生无茎草本。叶多数，莲座状，狭披针形或线形，长至8厘米，宽2～5毫米，羽状深裂，侧裂片下弯，三角形或披针形。头状花序多数，无梗，在莲座状叶丛中排成半球形；总苞圆柱形，长6～10毫米；总苞片4层，卵形或椭圆形，上部紫褐色，顶端钝，常具睫毛；小花管状，蓝紫色，长7～9毫米。瘦果圆柱状，褐色，长2～3毫米；冠毛2层，褐色，外层短，糙毛状，长2毫米，内层长，羽毛状，长6毫米。花果期7—9月。

【生态地理分布】产于治多、玛多、共和、兴海、德令哈、刚察、祁连；生于高山草甸、河滩、沙地；海拔3 100～4 700米。

水母雪兔子 *Saussurea medusa* Maxim.

【形态特征】多年生草本，高5~15厘米，全株密被白色绵毛。茎下部叶密集，圆形或扇形，长宽几相等，边缘具条裂状齿；茎上部叶菱形或披针形，羽状浅裂，下翻；全部叶两面密被白色绵毛。头状花序多数，无柄，在茎端密集成半球形，外围密被绵毛的苞叶；总苞狭筒形；总苞片膜质，先端黑紫色；小花管状，蓝紫色。瘦果纺锤形，黑褐色；冠毛白色，2层，外层粗毛状，内层羽毛状。花果期7—9月。

【生态地理分布】产于玉树、囊谦、杂多、治多、曲麻莱、称多、玛沁、玛多、同仁、泽库、兴海、格尔木、都兰、天峻、祁连、大通、湟中、湟源；生于高山流石滩；海拔3 700~5 200米。

鼠麴雪兔子 *Saussurea gnaphalodes* (Royle) Sch. -Bip.

【形态特征】多年生丛生草本，高1～6厘米。根状茎细长，有数个莲座状叶丛。茎直立，被灰白色茸毛。叶密集，长圆形或匙形，基部渐狭成柄，顶端钝，全缘或有疏齿，两面被稠密的灰白色或黄褐色茸毛。头状花序多数，在茎端密集成半球形；总苞筒状；总苞片3～4层，顶端急尖，边缘紫红色，密被黑色绒毛；小花紫红色，管状，长7～10毫米。瘦果倒圆锥状；冠毛黑色或褐色，2层，外层短，糙毛状，内层羽毛状。花果期7—9月。

【生态地理分布】产于治多、曲麻莱、称多、玛沁、玛多、兴海、德令哈、乌兰、天峻、祁连；生于高山流石滩，海拔4 000～5 300米。

抱茎风毛菊(仁昌风毛菊) *Saussurea chingiana* Hand.-Mazz.

【形态特征】多年生草本，高15～60厘米。茎直立，具翅，被白色茸毛，上部有分枝。叶披针形，倒向羽状分裂，先端渐尖，基部渐狭呈柄，裂片下弯，两面有腺状短毛；叶柄紫红色，被茸毛，基部膨大，鞘状。头状花序多数，在茎顶排成伞房状，无苞叶；总苞片5～6层，膜质，紫红色，先端具半圆形附片；小花紫红色，管状，长约10毫米。瘦果倒卵状，长2.8毫米；冠毛2层，淡黄色，内层羽毛状。花果期7—8月。

【生态地理分布】产于同仁、泽库、贵南、门源、祁连、大通、湟中、乐都、互助；生于林下、山坡草地、河边；海拔2 400～3 500米。

柳叶菜风毛菊 *Saussurea epilobioides* Maxim.

【形态特征】多年生草本，高50~70厘米。茎直立，不分枝，紫红色。茎生叶线状长圆形或披针形，先端渐尖，尾状，边缘密生细尖齿，基部耳状心形，抱茎。头状花序在茎端排成伞房状；总苞卵球形；总苞片4~5层，紧密贴生，先端及边缘紫黑色，背部被疏毛或无毛，外层宽卵形，先端急尖呈尾状，常弯曲，中内层长圆形，先端急尖；小花管状，紫红色。瘦果无毛；冠毛淡棕色，2层，外层短，内层羽毛状，与花冠等长。花果期7—9月。

【生态地理分布】产于玛沁、班玛、久治、同仁、泽库、兴海、同德、门源、祁连、湟中、乐都、互助、民和；生于山坡草丛、灌丛；海拔2 500~4 200米。

林生风毛菊 *Saussurea sylvatica* Maxim.

【形态特征】多年生草本，高12～75厘米。茎直立，单生或2个并生，上部花序有分枝，被白色茸毛，有翅。茎中部叶线状长圆形，叶缘有密的小尖齿，齿端有尖头，常弯曲，基部下延具尖齿的茎翅；茎上部叶狭披针形至线形。头状花序在茎端排成伞房状或单生茎端；总苞半球形；总苞片黑色，有茸毛，4～6层，外层卵状长圆形或长圆形，先端急尖，内层线形，先端渐尖；小花蓝紫色，管状。瘦果无毛；冠毛2层，外层短，内层羽毛状，淡褐色。花果期6—9月。

【生态地理分布】产于玉树、称多、玛沁、班玛、久治、泽库、河南、共和、兴海、门源、祁连、大通、湟中；生于林下、灌丛、山坡草丛；海拔2 700～4 200米。

麻花头属 *Klasea* Cass.

缢苞麻花头 *Klasea centauroides* (L.) Cass. subsp. *strangulata* (Iljin) L. Martins

【形态特征】多年生草本，高40～80厘米。茎直立，被疏的有节柔毛。叶羽状浅裂至深裂，裂片全缘或有齿，两面疏被有节短柔毛。头状花序单生茎和枝顶；总苞半球形；总苞片革质，紧密的覆瓦状排列，外层和中层卵形，先端急尖，被绒毛，有小尖刺，内层线状披针形，先端渐尖；小花管状，紫红色，长2～2.5厘米。瘦果扁，有肋；冠毛褐色，长约7毫米。花果期6—9月。

【生态地理分布】产于同仁、贵德、西宁、大通、湟中、乐都、民和、循化；生于山坡、荒地；海拔2 200～3 200米。

漏芦属 *Rhaponticum* Vaill.

顶羽菊 *Rhaponticum repens* (L.) Hidalgo

【形态特征】多年生草本，高40~80厘米。茎直立，多分枝，密被蛛丝状毛和腺体。叶披针形至线形，全缘，或具疏齿或浅羽裂，两面被短毛和腺点，半抱茎。头状花序单生枝顶；总苞卵形或卵状长圆形，长达1.5厘米；总苞片4~5层，外层上部膜质透明，常呈撕裂状，内层密被长柔毛；小花管状，红紫色或淡红色，长1.5~2厘米。瘦果长圆形；冠毛2层，外层短，内层长，向上端成羽毛状。花果期6—9月。

【生态地理分布】产于黄南、海南、海西、海东；生于荒漠草原、山坡、荒地；海拔1 800~3 000米。

帚菊属 *Pertya* Sch.Bip.

两色帚菊 *Pertya discolor* Rehd.

【形态特征】灌木，高50～150厘米。茎、枝的皮纵向开裂，幼枝密被灰白色短柔毛。叶互生或簇生，披针形、倒披针形或椭圆形，顶端短尖，基部渐狭，全缘，下面密被灰白色短柔毛。头状花序单生于簇生的叶丛中；雄头状花序短而宽，具4～5花，雌头状花序细而长，具2花；总苞片3层，背面密被白色短柔毛，外层卵形，内层狭椭圆形；小花管状，长5～6毫米，紫红色，5深裂。瘦果长圆形，长约4毫米，被毛；冠毛白色，粗糙。花果期6—8月。

【生态地理分布】产于同仁、泽库、民和、循化；生于林下、灌丛；海拔2 000～3 300米。

鸦葱属 *Scorzonera* L.

帚状鸦葱 *Scorzonera pseudokivaricata* Lipsch.

【形态特征】多年生草本，高10～50厘米。茎多分枝，呈帚状。基生叶线状披针形，基部扩大，鞘状，内面被毛；茎生叶线形；最上部叶细小，针刺状。头状花序单生枝端，在植株上部形成聚伞状伞形花序；总苞筒状；总苞片5～7层，外层小，卵状三角形，被白色蛛丝状毛，内层线状长圆形，先端钝，常带紫红色。小花舌状，黄色，舌片先端平截。瘦果圆柱形，有瘤状突起；冠毛多层，羽状，淡黄色。花果期6—8月。

【生态地理分布】产于同仁、尖扎、都兰、乌兰、共和、兴海、贵德、德令哈、西宁、乐都、民和、化隆、循化；生于干旱山坡、滩地、荒漠、河谷阶地；海拔2 100～3 200米。

牛膝菊属 *Galinsoga* Ruiz et Pav.

牛膝菊 *Galinsoga parviflora* Cav.

【形态特征】一年生草本，高10~80厘米。茎枝被短柔毛和少量腺毛。叶对生，卵形至披针形，基部圆形至楔形，顶端渐尖或钝，边缘具钝锯齿，被短柔毛。头状花序半球形，在茎枝顶端排成疏松的伞房花序；总苞片1~2层，外层短，内层卵形或卵圆形，顶端钝圆，白色，膜质；舌状花4~5个，白色，顶端3齿裂，外面被稠密短柔毛；管状花黄色，下部被稠密的短柔毛。瘦果黑色或黑褐色，扁，微被毛。舌状花冠毛毛状；管状花冠毛膜片状，白色，披针形，边缘流苏状。花果期7—9月。

【生态地理分布】产于西宁、循化；生于河边、荒地；海拔1 900~2 250米。

毛连菜属 *Picris* L.

日本毛连菜 *Picris japonica* Thunb.

【形态特征】多年生草本，高30~120厘米，全株密被褐色钩状硬毛。茎直立，有分枝。茎下部叶长圆形或倒披针形，先端尖，边缘有小齿。头状花序多数，在茎枝顶端排成伞房状；总苞钟形；总苞片3层，外层线形，内层线状披针形，先端渐尖，边缘膜质，外面被褐色钩状硬毛和白色茸毛；小花舌状，黄色，舌片线形，基部被稀疏的短柔毛。瘦果椭圆状，长3~5毫米，棕褐色，有纵肋和横皱纹；冠毛污白色，外层极短，糙毛状，内层长，羽毛状。花果期7—8月。

【生态地理分布】产于玉树、囊谦、称多、玛沁、班玛、同仁、泽库、尖扎、同德、西宁、大通、湟源、乐都、民和、循化；生于山坡草地、林下、滩地、荒地；海拔2 200~3 800米。

蒲公英属 *Taraxacum* F. H. Wigg.

蒲公英 *Taraxacum mongolicum* Hand.-Mazz.

【形态特征】多年生草本，高10～25厘米。叶基生，呈莲座状，大头羽裂，侧裂片三角形或齿状，平展或下倾，裂片间有小齿。花葶数个或单生；总苞钟状；总苞片先端有角状突起，外层总苞片卵状披针形至披针形，边缘狭膜质；小花舌状，黄色，舌片长约8毫米，宽约1.5毫米，边缘花舌片背面具紫红色条纹。瘦果淡褐色或黄棕色，上半部具小刺，下部具鳞片状突起，喙长7～9毫米。花果期6—10月。

【生态地理分布】产于全省大部分地区；生于河滩、荒地、河边；海拔2 000～4 000米。

苦苣菜属 *Sonchus* L.

苣荬菜 *Sonchus wightianus* DC.

【形态特征】多年生草本，高15～60厘米。茎直立，不分枝。叶长倒披针形或狭长圆形，先端钝，边缘有波状齿至不规则羽状浅裂，具细小齿，基部渐狭呈柄；柄有狭翅，基部耳状抱茎，边缘有小齿。头状花序单生或2至数个在茎枝端排成伞房状；总苞宽钟形，含多数小花；总苞片3～4层，外层短，向内渐长，内层狭披针形，先端渐尖；小花舌状，黄色，舌片线形。瘦果纺锤形，棕色，稍扁，具纵肋和横纹；冠毛白色，长1.5厘米。花果期7—9月。

【生态地理分布】产于全省各地；生于山坡湿地、河边、荒地；海拔2 000～4 000米。

苦苣菜 *Sonchus oleraceus* L.

【形态特征】一年生或二年生草本，高40～150厘米。茎有纵条棱或条纹。基生叶为大头羽状分裂，顶裂片大，宽三角形；叶柄具宽翅，抱茎。头状花序少数，在茎枝顶端排列为伞房状聚伞花序；总苞钟形；总苞片3～4层，外层短，内层狭披针形，外面中脉有腺毛；小花舌状，多数，黄色，舌片线形，长约5毫米。瘦果褐色，长圆状倒卵形，压扁，具肋和横纹，顶端狭，无喙；冠毛白色，长6毫米。花果期6—9月。

【生态地理分布】产于玉树、玛沁、久治、同仁、兴海、贵南、都兰、西宁、大通、乐都；生于山坡、山谷林缘、林下、河边；海拔2 200～3 500米。

绢毛苣属 *Soroseris* Stebbins

空桶参 *Soroseris erysimoides* (Hand.-Mazz.) Shih

【形态特征】多年生草本，高5～20厘米。茎圆柱状，中空，有纵棱。叶散生茎上，倒披针形至线状长圆形，全缘或皱波状，基部下延成柄。头状花序多数，密集茎端呈半球形；小苞片线形；总苞圆柱形，长7～12毫米；总苞片4，长圆形，2层；舌状花4，鲜黄色，舌片长圆形，长约6毫米。瘦果长圆形，长5～6毫米；冠毛白色或上半部黑灰色，长6～8毫米。花果期7—9月。

【生态地理分布】产于全省大部分地区；生于高山草地、高山灌丛；海拔3 300～5 400米。

莴苣属 *Lactuca* L.

乳苣 *Lactuca tatarica* (L.) C. A. Mey.

【形态特征】多年生草本，高20～60厘米。茎直立，上部有分枝。叶长圆形或披针形，先端尖，倒向羽状或羽状深裂，侧裂片三角形至披针形，边缘有极细齿，基部渐狭呈柄。头状花序多数，在茎上部排成开展的聚伞状圆锥花序；总苞宽筒状；总苞片3～4层，外层较小，卵形，内层狭披针形，1层，先端尖，背部常紫红色；小花舌状，蓝紫色，舌片线形。瘦果纺锤形，稍扁，有纵肋，喙长约1毫米；冠毛白色，长至12毫米。花果期6—9月。

【生态地理分布】产于尖扎、格尔木、共和、贵德、都兰、乌兰、西宁、乐都、民和；生于河滩、沙滩、山坡荒地；海拔1 800～2 900米。

假苦菜属 *Askellia* W. A. Weber

弯茎假苦菜 *Askellia flexuosa* (Ledebour) W. A. Weber

【形态特征】多年生草本，高5～30厘米。茎直立，二歧分枝。基生叶倒披针形或匙形，羽状深裂或具波状齿，裂片披针形或长圆形，边缘具尖齿，基部渐狭呈翅状柄。头状花序单生分枝顶端；总苞圆柱形，长5～8毫米；外层总苞片卵状披针形，长约1毫米，先端尖，内层线状长圆形，先端急尖，边缘白色膜质；小花舌状，黄色，舌片长圆形，长约7毫米。瘦果圆柱形，长约5毫米，具10条纵肋；冠毛白色，长约5毫米。花果期6—9月。

【生态地理分布】产于囊谦、杂多、治多、曲麻莱、称多、玛沁、达日、玛多、同仁、泽库、格尔木、都兰、乌兰、共和、兴海、同德、门源、祁连、互助；生于山坡、沙地、河滩；海拔1 950～4 900米。

苦荬菜属 *Ixeris* (Cass.) Cass.

中华苦荬菜 *Ixeris chinensis* (Thunb.) Nakai

【形态特征】多年生草本，高3～30厘米。茎自基部分枝，斜升或匍生。基生叶莲座状，线形至线状披针形或倒披针形，边缘具羽状齿或全缘；茎生叶1～2，线形，全缘。头状花序小，在分枝顶端排成聚伞花序；总苞筒状，长6～9毫米；外层总苞片极小，卵形，内层线状披针形，先端有短毛；小花舌状，黄色或白色。瘦果纺锤形，红棕色，长7毫米，具10条纵肋，肋上有小刺；冠毛白色，长约5毫米。花果期3—9月。

【生态地理分布】产于玉树、囊谦、称多、玛沁、同仁、泽库、尖扎、共和、兴海、同德、贵南、贵德、西宁、大通、湟中、湟源、乐都、民和、循化；生于山坡、河边、田边；海拔1 800～3 900米。

假还阳参属 *Crepidiastrum* Nakai

尖裂假还阳参 *Crepidiastrum sonchifolium* (Bunge.) Pak et Kawano

【形态特征】一年生草本，高20～30厘米。茎直立，单生。茎中下部叶长卵形或披针形，羽状深裂或半裂，基部扩大抱茎，侧裂片狭长，长线形或尖齿状；上部叶卵状心形。头状花序多数，在茎枝顶端排成伞房状；总苞圆柱状；总苞片2～3层，外层短，卵形，内层长，椭圆状披针形，顶端钝或急尖；小花舌状，黄色。瘦果长椭圆形，长2毫米，有10条纵肋，上部肋有微刺毛，喙长0.7毫米；冠毛白色，长4毫米，微糙毛状。花果期5—9月。

【生态地理分布】产于循化；生于林下；海拔1850米。

黄鹌菜属 *Youngia* Cass.

无茎黄鹌菜 *Youngia simulatrix* (Babc.)Babc. et Stebb.

【形态特征】多年生矮小草本，高1.5～5厘米。茎极短，具鳞片状苞片。叶基生呈莲座状，倒披针形至椭圆形，先端急尖或钝圆，边缘全缘或具波状齿至羽状半裂，基部渐狭，叶柄翅状，两面有短柔毛或上面无毛。头状花序1～6个，单生分枝端，簇生于莲座状叶丛中；总苞片2层，外层极小，卵形或三角形，内层长圆形，顶端有短毛，边缘白色，膜质；小花舌状，黄色，舌片线形。瘦果圆柱形，具纵肋，肋上有小刺毛；冠毛白色，长约8毫米。花果期7—9月。

【生态地理分布】产于玉树、囊谦、杂多、治多、曲麻莱、称多、玛多、同仁、泽库、河南、共和、贵南、都兰、天峻、门源、刚察、祁连、乐都；生于河滩、沙地、山坡草地；海拔3 100～4 400米。

香蒲科 Typhaceae

香蒲属 *Typha* L.

水烛(狭叶香蒲) *Typha angustifolia* L.

【形态特征】多年生水生草本，高1.5~3米。茎圆柱形，直立，丛生。叶基部具鞘，鞘具白色膜质边缘；叶片条形、剑形或线形。顶生穗状花序棍棒状，长30~60厘米，雄雌花序之间不联结，中间间隔2~4厘米；雄花序狭棒状，黄色或褐黄色；雌花序粗棒状或短圆柱形，褐色；雄花无柄，雄蕊2~3；雌花具有匙形的小苞片，小苞片先端褐色，短于柱头，子房长椭圆形，具细长的柄，柄基部具毛，花柱细长，柱头条形，褐色。小坚果长圆形，黄褐色。花果期6—9月。

【生态地理分布】产于共和、德令哈、格尔木、都兰、乌兰、西宁、大通、湟中、湟源、平安、乐都、互助、化隆、循化；生于河边、湖泊；海拔2 200~2 800米。

无苞香蒲 *Typha laxmannii* Lepech.

【形态特征】多年生水生草本，高0.8～1米。茎圆柱形，直立，丛生。叶互生，基部具鞘，鞘具白色膜质边缘；叶片条形、剑形或线形。顶生穗状花序棍棒状，长10～30厘米，雄雌花序之间不联结，中间间隔1～3厘米；雄花序狭棒状，黄色或褐黄色；雌花序粗棒状或短圆柱形，褐色；雄花具短柄，雄蕊3，花丝基部联合，具长毛；雌花无小苞片，子房长椭圆形，具细长的柄，柄基部具长硬毛，花柱细长，柱头略膨大，褐色。小坚果长圆形，黄褐色。花果期7—9月。

【生态地理分布】产于尖扎、共和、德令哈、都兰、湟中、乐都、互助、循化；生于河边、湖泊；海拔2 200～2 800米。

水麦冬科 Juncaginaceae

水麦冬属 *Triglochin* L.

海韭菜 *Triglochin maritima* L.

【形态特征】多年生水生或湿生草本，高5～35厘米。根茎粗大，块状。茎直立，光滑，不分枝。叶基生，具宽鞘，叶鞘边缘膜质，宿存；叶片半圆柱形，宽约2毫米。总状花序，1至数个，小花密集；花小，绿色，花被片宽卵形；雄蕊6，两轮排列；雌蕊心皮6枚，分离，柱头毛笔状。蒴果椭圆形，长3～5毫米，宽约2毫米，开裂为6瓣。花果期6—9月。

【生态地理分布】产于全省各地；生于沼泽、滩地、河流、湿地；海拔2 200～4 300米。

水麦冬 *Triglochin palustris* L.

【形态特征】多年生水生或湿生草本，高15~40厘米。根茎细弱，长2~5厘米。茎直立，不分枝，鞘内分蘖。叶基生，具宽鞘，叶鞘边缘膜质；叶片线形或半圆柱形，长5~25厘米，宽约2毫米。总状花序，1至数个，小花疏生；花小，绿紫色；雄蕊6，几无花丝；雌蕊心皮3枚，无花柱，柱头毛笔状。蒴果圆柱形，长6~8毫米，宽约2毫米，开裂为3瓣。花果期6—9月。

【生态地理分布】产于全省各地；生于沼泽、滩地、河流、湿地；海拔2 200~4 300米。

禾本科 Poaceae

芦苇属 *Phragmites* Adans.

芦苇 *Phragmites australis* (Cav.) Trin. ex Steud.

【形态特征】多年生草本，高1~2米。具粗壮发达的匍匐根茎。茎直立，不分枝，节下具白粉。叶舌极短，密生毛；叶片扁平，长10~40厘米，宽1~3.5厘米。圆锥花序长10~40厘米；小穗紫褐色，含3~7花，长12~16厘米，颖披针形，具3脉；第一小花常为雄性，外稃狭披针形，长8~15毫米，第二花以上均为两性，外稃顶端长渐尖，基盘细长，具6~12毫米丝状柔毛，内稃极小，长3.5毫米。花果期7—9月。

【生态地理分布】产于班玛、同仁、泽库、共和、兴海、贵南、贵德、德令哈、格尔木、都兰、乌兰、天峻、西宁、大通、循化；生于湖边、沼泽、沙地、河岸；海拔2 000~3 200米。

臭草属 *Melica* L.

藏臭草 *Melica tibetica* Roshev.

【形态特征】多年生草本，高15～50厘米。秆丛生，具3～6节。叶舌膜质，长约1毫米，顶端截平，背面被短毛；叶片扁平或边缘稍内卷，两面粗糙。圆锥花序狭窄，直立，具较密集的小穗；小穗紫红色，长5～8毫米，含孕性小花2枚，顶生不育外稃聚集成小球形；颖膜质，倒卵状长圆形，顶端钝，第一颖长4～6毫米，第二颖长5～8毫米；外稃草质，倒卵状长圆形，顶端约1/3为膜质，具2圆裂片，第一外稃长3.5～5毫米；内稃短于外稃，粗糙，顶端钝，脊上具微纤毛。花果期7—9月。

【生态地理分布】产于玉树、囊谦、治多、称多；生于高山草甸、灌丛、山地阴坡；海拔3 900～4 300米。

羊茅属 *Festuca* L.

中华羊茅 *Festuca sinensis* Keng

[形态特征] 多年生草本，高50～80厘米。具鞘外分枝，疏丛。秆直立或基部倾斜，具4节，节呈黑紫色；叶舌长0.3～1.5毫米，革质或膜质，具短纤毛；叶片质硬，直立，干时卷折，长6～16厘米，宽1.5～3.5毫米。圆锥花序开展，长10～18厘米；分枝下部孪生，主枝上部1至2回地分出小枝，小枝具2～4小穗；小穗淡绿色或稍带紫色，长8～9毫米，含3～4小花；颖片顶端渐尖，第一颖具1脉，长5～6毫米，第二颖具3脉，长7～8毫米；外稃上部具微毛，具5脉，顶端无芒或具长0.8～1.5毫米的短芒，第一外稃长约7毫米；内稃长约6毫米，先端具2微齿，具2脊，脊具小纤毛。花果期7—9月。

[生态地理分布] 产于玉树、囊谦、杂多、治多、曲麻莱、称多、玛沁、玛多、泽库、河南、兴海、同德、贵德、海晏、门源、祁连、西宁、大通、湟中、乐都、互助；生于山坡草地、高山草甸、林缘，海拔2 150～4 800米。

毛稃羊茅 *Festuca rubra* L. subsp. *arctica* (Hackel) Govoruchin

[形态特征] 多年生草本，高20～60厘米。具细弱根茎。秆较硬直，或基部稍膝曲，具2～3节。叶舌长约1毫米，平截，具纤毛；叶片对折，长10～20厘米，秆生叶长2～5厘米，宽约2毫米。圆锥花序紧缩，或花期稍开展；分枝每节1～2枚，长1～3厘米；小穗褐紫色，长8～10毫米，含4～6小花；颖片背上部和中脉粗糙或具短毛，顶端尖或渐尖，边缘窄膜质或具纤毛，第一颖长3～4毫米，具1脉，第二颖长4～5毫米，具3脉；外稃背部遍被毛，具不明显的5脉，顶端具长2～3毫米芒，第一外稃长约5.5毫米；内稃顶端具2齿，两脊具纤毛或粗糙，脊间具微毛。花果期6—8月。

[生态地理分布] 产于玉树、囊谦、杂多、治多、曲麻莱、玛沁、久治、玛多、尖扎、共和、兴海、都兰、乌兰、天峻、海晏、门源、祁连、大通、湟中、乐都、互助、民和；生于山坡草地、灌丛、林下、河滩，海拔2 150～4 500米。

早熟禾属 *Poa* L.

高原早熟禾 *Poa pratensis* L. subsp. *alpigena* (L.) Hiitonen

【形态特征】多年生草本，高10～15厘米。具匍匐根状茎。叶舌长0.5～1毫米，叶片常褶叠。圆锥花序，每节有分枝2～4枚，花期开展；小穗含2～3花，长3～4毫米，两颖近等长，顶端尖，边缘膜质，长2～3毫米；外稃质地较薄，顶端尖，具膜质边缘，脊与边缘具柔毛，基盘具密绵毛；内稃与外稃近等长或稍短，脊上粗糙；花药长1.5～2毫米。花果期7—9月。

【生态地理分布】产于玉树、囊谦、治多、玛多、同仁、尖扎、兴海、天峻、海晏、门源、刚察、西宁、乐都、互助、民和；生于高山草甸、林下、河漫滩、河边；海拔2 200～4 400米。

西藏早熟禾 *Poa tibetica* Munro ex Stapf

【形态特征】多年生草本，高20～50厘米。具长而粗壮的根状茎；秆单生。叶舌干膜质，钝圆，长1～2毫米；叶片扁平或对折，质厚。圆锥花序紧密呈穗状，每节有分枝2～4枚；小穗含3～5花，长5～7毫米，颖边缘膜质；第一颖较窄，具1脉，长3～4毫米，第二颖具3脉，长4～5毫米，边缘下部具短纤毛；第一外稃长约5毫米，外稃基盘不具绵毛；花药紫色，长约2毫米。花果期6—9月。

【生态地理分布】产于杂多、玛沁、玛多、共和、都兰、乌兰、天峻、刚察、祁连、西宁、大通；生于山坡草地、河滩、湖边湿地；海拔2 500～5 000米。

垂枝早熟禾 *Poa szechuensis* Rendle var. *debilior* (Hitchcock) Soreng et G. Zhu

【形态特征】多年生草本，50～60厘米。秆柔软细弱，具4～5节。叶鞘大多短于其节间；叶舌长约1毫米，顶端尖；叶片扁平，长6～8厘米，宽约1毫米。圆锥花序细弱，开展，长7～8厘米；分枝纤细，单生于各节，长2～3厘米，上部着生小穗；小穗含2小花，长约2.5毫米；颖披针形，顶端尖，第一颖具1脉，长1～1.5毫米，第二颖具3脉，长1.5～2毫米；外稃椭圆形，顶端尖，被细糙毛，脉基部生柔毛，基盘无绵毛，第一外稃长约2毫米。花果期7—9月。

【生态地理分布】产于玉树、玛沁、同仁、泽库、河南、兴海、祁连、西宁、乐都、互助；生于林缘、灌丛、河滩、山坡草地；海拔2 450～3 600米。

早熟禾 *Poa annua* L.

【形态特征】一年生或二年生草本，高8～20厘米。秆直立或倾斜，质软。叶舌膜质，长1～2毫米，钝圆；叶片扁平或对折，质地柔软，边缘微粗糙。圆锥花序长2～7厘米，开展；分枝1～3枚着生各节；小穗含3～5小花，长3～6毫米；颖具宽膜质边缘，顶端钝，第一颖披针形，长1.5～2毫米，具1脉，第二颖长2～3毫米，具3脉；外稃顶端与边缘宽膜质，具明显的5脉，背部具柔毛，基盘无绵毛；第一外稃长3～4毫米，内稃与外稃近等长，脊密生丝状毛。花果期7—9月。

【生态地理分布】产于囊谦、治多、称多、久治、同仁、泽库、河南、兴海、湟中、乐都、互助；生于灌丛草甸、林下、林缘、河漫滩；海拔2 800～4 350米。

胎生早熟禾 *Poa attenuata* Trin var. *vivipara* Rendle

【形态特征】多年生草本，高20～30厘米。秆直立，具1～2节。叶舌顶端钝或呈撕裂状，长1.5～3毫米。圆锥花序狭窄，具胎生小穗；小穗带紫色，含2～3小花；颖狭披针形，顶端渐尖成尾状，具3脉，第一颖长3～3.5毫米，第二颖长3.5～4.5毫米；外稃顶端尖，膜质，脊中部以下及边脉基部具柔毛，基盘无毛或有少量的绵毛，第一外稃长约4毫米；内稃稍短于外稃，脊上具短纤毛；花药长约1.5毫米。花果期6—8月。

【生态地理分布】产于玉树、杂多、治多、曲麻莱、称多、玛沁、久治、玛多、同仁、泽库、河南、兴海、门源、祁连；生于山坡、草甸、河谷、灌丛、林下；海拔2 650～5 100米。

阿洼早熟禾（冷地早熟禾）*Poa araratica* Trautv.

[形态特征] 多年生草本，高20~60厘米。具根头或短根状茎。秆直立，密丛型。叶舌膜质，撕裂，长1.5~2.5毫米；叶片扁平，后内卷或多少线形，长4~10厘米，宽1~1.5毫米，边缘粗糙。圆锥花序狭窄，长4~9厘米，密聚或多少疏松；分枝孪生，粗糙，上升，弯曲；小穗含3~4小花，长4~6.5毫米，先端带紫色；颖长圆形至椭圆形，均具3脉，第一颖长3~3.8毫米，第二颖较宽，长3.2~4.5毫米；外稃长圆形至椭圆形，先端钝或尖，脊与边脉下部具柔毛；基盘疏生绵毛，第一外稃长3.5~4.5毫米；内稃短于外稃，两脊粗糙。花果期6—8月。

[生态地理分布] 产于全省各地；生于山坡草地、高山草甸、灌丛、林缘、河滩、疏林，海拔2 300~4 300米。

草地早熟禾 *Poa pratensis* L.

[形态特征] 多年生草本，高50～80厘米。具发达的匍匐根状茎。秆直立，疏丛生，具2～3节。叶舌膜质，长1～2毫米；叶片线形，扁平或内卷，长30厘米左右，宽2～4毫米。圆锥花序金字塔形或卵圆形，长10～20厘米，宽3～5厘米；分枝开展，每节3～5枚，二次分枝，小枝上着生3～6枚小穗；小穗卵圆形，绿色至草黄色，含3～4小花，长4～6毫米；颖卵圆状披针形，第一颖长2.5～3毫米，具1脉，第二颖长3～4毫米，具3脉；外稃膜质，顶端稍钝，具少许膜质，脊与边脉在中部以下密生柔毛，间脉明显，基盘具稠密长绵毛；第一外稃长3～3.5毫米；内稃较短于外稃，脊粗糙至具小纤毛。花果期6—8月。

[生态地理分布] 产于玉树、囊谦、杂多、玛多、同仁、尖扎、泽库、兴海、格尔木、都兰、门源、刚察、祁连、西宁、大通、乐都、互助、民和、循化；生于高山草甸、高山草原、灌丛、林下、河滩，海拔2 000～4 300米。草地早熟禾是无融合生殖种，种下变异幅度极大，变种类型繁多。

碱茅属 *Puccinellia* Parl.

星星草 *Puccinellia tenuiflora* (Turcz.) Scribn. et Merr.

【形态特征】多年生，高30～60厘米，疏丛型。秆直立，节膝曲。叶舌膜质，长约1毫米，钝圆；叶片对折或稍内卷，上面微粗糙。圆锥花序疏松开展；分枝2～3枚生于各节，下部裸露，细弱平展；小穗含2～4小花，长约3毫米，带紫色；颖边缘具纤毛状细齿裂，第一颖长约0.6毫米，具1脉，顶端尖，第二颖长约1.2毫米，具3脉，顶端稍钝；外稃具不明显5脉，顶端钝，基部无毛；内稃等长于外稃，脊上部微粗糙；花药长1～1.2毫米。花果期6—9月。

【生态地理分布】产于共和、兴海、同德、贵南、都兰、海晏、刚察、西宁、民和；生于盐化湿地、沙滩、河滩；海拔2 300～4 000米。

雀麦属 *Bromus* L.

无芒雀麦 *Bromus inermis* Layss.

【形态特征】多年生草本。秆直立，高45～80厘米，无毛或于节下具倒毛。叶鞘闭合而于近鞘口处裂开；叶舌质硬，长1～2毫米；叶片质地较硬，常无毛。圆锥花序开展，分枝细而较硬，微粗糙。小穗含4～8小花；小穗轴节间有小刺毛；颖披针形，边缘膜质，第一颖具1脉，第二颖具3脉；外稃背部无毛或基部微粗糙，无芒或稀顶端具长约1毫米短尖，第一外稃长8～11毫米；内稃短于外稃，脊具纤毛；子房顶端有毛。花果期7—9月。

【生态地理分布】产于玉树、泽库、共和、同德、西宁、互助；生于河岸、山坡草地；海拔2 230～3 800米。

旱雀麦 *Bromus tectorum* L.

【形态特征】一年生草本，高15～50厘米。秆直立，平滑，具2～3节。叶舌长约2毫米，呈撕裂状；叶片具柔毛。圆锥花序开展；每节具3～5枚分枝，细弱，弯曲；每分枝具1～5枚小穗；小穗含4～7花，长约2.5厘米，成熟时紫色；第一颖长6～8毫米，具1～3脉，第二颖长1～1.1厘米，具3～5脉；第一外稃长1.3厘米，顶端二裂，芒自裂齿间或稍下部伸出，芒近等长于外稃；内稃短于外稃，脊具纤毛。花果期7—9月。

【生态地理分布】产于玉树、囊谦、杂多、治多、曲麻莱、称多、玛沁、同仁、泽库、河南、共和、兴海、同德、贵德、门源、刚察、大通、湟中、乐都、互助、化隆、循化；生于山坡、河滩、林缘、高山灌丛；海拔2 300～4 200米。

短柄草属 *Brachypodium* P. Beauv.

短柄草 *Brachypodium sylvaticum* (Huds.) Beauv.

【形态特征】多年生草本，高40~60厘米。秆疏丛，具5~6节。叶鞘紧密包茎，叶舌厚膜质；叶片扁平或卷折。穗状总状花序，长10~14厘米；小穗绿色，含5~11花，穗柄长约1毫米；颖片披针形，被短毛或下部无毛，第一颖长5~9毫米，具5~7脉，第二颖长10~12毫米；第一外稃长10~14毫米，基盘具微毛，背部贴生微毛，具7脉，芒细弱，长5~13毫米；子房顶端有毛。花果期7—9月。

【生态地理分布】产于玉树、囊谦、班玛、玛多、泽库、河南、同德、湟中、互助；生于山坡、林下；海拔2 300~4 300米。

以礼草属 *Kengyilia* Yen et J. L.Yang

大颖以礼草 *Kengyilia grandiglumis* (Keng) J. L. Yang et al.

【形态特征】多年生草本，高30~90厘米。秆疏丛，具3~4节，下部节稍膝曲；叶舌顶端平截，长约0.5毫米；叶片内卷或扁平，微粗糙或光滑。穗状花序稍下垂，疏松，穗轴多弯折；小穗绿色或微带紫色，含3~6小花；颖长圆状披针形，无毛或上部疏生柔毛，具3脉，顶端锐尖或具短尖头；外稃背部密生粗长柔毛，第一外稃长约9毫米，顶端具1~5毫米长的短芒；内稃顶端凹缺，脊上部疏生小刺毛；花药长约3毫米。花果期7—9月。

【生态地理分布】产于玉树、囊谦、河南、共和、贵南、海晏、互助；生于山坡草地、河滩、山谷、沙丘、湖滨；海拔2 300~4 100米。

冰草属 *Agropyron* Gaertn.

冰草 *Agropyron cristatum* (L.) Gaertn.

【形态特征】多年生草本，高30～60厘米。秆疏丛，具2～3节。叶舌长0.5～1毫米，顶端平截，具细齿。穗状花序扁宽，呈矩圆形，长2～6厘米，宽8～15毫米；小穗单生于穗轴各节，整齐而水平排列成篦齿状，含5～7花；颖舟形，不对称，顶端具2～4毫米的短芒，第一颖长2～3.5毫米，第二颖长3～4.5毫米；外稃舟状，密生长柔毛，第一外稃顶端具长2～3毫米的短芒；内稃顶端二裂，脊上疏生短纤毛。花果期7—9月。

【生态地理分布】产于玛多、德令哈、格尔木、都兰、乌兰、共和、兴海、贵南、门源、刚察、祁连、西宁；生于干旱山坡、沙地、山谷、湖滨；海拔2 800～4 500米。

披碱草属 *Elymus* L.

垂穗披碱草 *Elymus nutans* Griseb.

【形态特征】多年生草本，高20～75厘米。秆丛生，具2～3节，节有时稍膝曲。叶片无毛或上面疏生柔毛。穗状花序较紧密，下垂；小穗长8～15毫米，具短柄，含2～4花，多偏于穗轴一侧排列；颖长圆形，长2～5毫米，顶端渐尖或具1～4毫米的短芒；外稃背部密生短毛，具5脉；第一外稃长7～10毫米，芒长12～25毫米；内稃顶端钝圆或平截，脊上有纤毛；花药长0.8～1.6毫米。花果期7—10月。

【生态地理分布】产于全省各地；生于山坡、草原、林缘、灌丛、河滩、湖滨；海拔2 600～4 900米。

老芒麦 *Elymus sibiricus* L.

【形态特征】多年生草本，高50～100厘米。秆疏丛或单生，3～5节，下部节稍有膝曲。叶舌长约1毫米，顶端平截；叶片扁平，无毛或上面有时疏生柔毛。穗状花序疏松，下垂；穗轴细弱，多蜿蜒，棱边粗糙或具小纤毛；小穗常2枚生于一节，含3～5小花；颖呈披针形，具3～5脉，顶端尖或具长达5毫米的短芒；外稃披针形，背部粗糙或密生短毛，具5脉，第一外稃长8～12毫米，顶端延伸一反曲之芒，芒长10～20毫米；内稃先端钝尖，脊上具纤毛；花药长1.2～2毫米。花果期6—9月。

【生态地理分布】产于全省各地；生于山坡、河滩、沟谷、林缘、灌丛；海拔2 200～4 100米。

短芒披碱草*Elymus breviaristatus*(Keng)Keng f.

[形态特征] 多年生草本，高35～100厘米。具短而下伸的根茎。秆直立或基部膝曲，疏丛生，基部常被有少量白粉。叶片扁平，长4～12厘米，宽3～5毫米。穗状花序疏松，柔弱而下垂，长10～14厘米，每节具2枚小穗，有时接近先端各节仅具1枚小穗，穗轴边缘粗糙或具小纤毛；小穗灰绿色稍带紫色，长13～15毫米，含4～6小花；颖长圆状披针形或卵状披针形，具1～3脉，长3～4毫米，先端渐尖或具长仅1毫米的短尖头；外稃披针形，上部具5脉，第一外稃长7～9毫米，顶端具2～5毫米短芒；内稃与外稃等长，先端钝圆或微凹陷，脊上具纤毛，至下部毛渐不显，脊间被微毛。

[生态地理分布] 产于囊谦、杂多、玛沁、玛多、共和、兴海、乌兰、门源、刚察、西宁；生于山坡草地、河滩、湖滨，海拔2 200～4 300米。

大麦属 *Hordeum* L.

紫大麦草（紫野麦草）*Hordeum roshevitzii* Bowden

【形态特征】多年生草本，高30～70厘米。秆直立，丛生，具3～4节。叶舌长约0.5毫米；叶片扁平。穗状花序长3～6厘米，宽4～9毫米，紫色或绿色；穗轴节间长约2毫米，棱边具纤毛；三联小穗的两侧生者具长约1毫米短柄；颖及外稃刺芒状；中间小穗无柄，颖刺芒状，长7～9毫米，外稃披针形，背部光滑，先端具长3～5毫米的芒，两侧生小穗外稃锥刺状，长约3毫米，内稃具2脊；花药长1.5毫米。花果期6—8月。

【生态地理分布】产于格尔木、天峻；生于河滩、沙地；海拔2 900～3 300米。

落草属 *Koeleria* Pers.

落草 *Koeleria macrantha* (Ledebour) Schultes

【形态特征】多年生草本，高25～60厘米。秆密丛，在花序下密生绒毛，具2～3节。叶舌膜质，平截或边缘具齿蚀状，长0.5～2毫米。叶片纵卷或扁平，宽1～2毫米。圆锥花序穗状，黄绿色或黄褐色，有光泽；小穗含2～3花，长4～5毫米，穗轴无毛或具微毛；颖顶端尖，宽膜质，第一颖长2.5～3.5毫米，第二颖长3～4.5毫米；外稃背部无芒，或仅顶端具长0.3毫米的小尖头；内稃顶端二裂，脊上光滑或微粗糙；花药长1.5～2毫米。花果期6—8月。

【生态地理分布】产于全省大部分地区；生于林缘、灌丛、山坡草地、河边；海拔2 300～4 000米。

三毛草属 *Trisetum* Pers.

西伯利亚三毛草 *Trisetum sibiricum* Rupr.

【形态特征】多年生草本，高50～90厘米。秆直立或基部稍膝曲，具3～4节。叶鞘基部多少闭合；叶舌长1～2毫米，先端不规则齿裂；叶片扁平，粗糙或上面具短柔毛。圆锥花序狭窄且稍疏松；小穗长6～9毫米，含2～4小花；第一颖长4～6毫米，第二颖长5～8毫米；外稃硬纸质，顶端2微齿裂，背部粗糙；第一外稃长5～7毫米，芒自稃体顶端以下约2毫米处伸出，长7～9毫米，向外反曲；内稃略短于外稃，顶端微2裂，具2脊，脊上粗糙。花果期6—8月。

【生态地理分布】产于玉树、玛沁、久治、同仁、泽库、共和、海晏、门源、祁连、大通、乐都、互助；生于山坡草地、灌丛；海拔2 900～4 000米。

异燕麦属 *Helictotrichon* Besser ex Schult. et Schult. f.

藏异燕麦 *Helictotrichon tibeticum* (Roshev.) Holub

【形态特征】多年生草本，高15～65厘米。秆直立，丛生，在花序以下被短柔毛，具2～3节。叶片常内卷呈针状；叶舌长0.5毫米，顶端具纤毛；圆锥花序紧缩呈穗状，黄褐色或深褐色，长2～6厘米；小穗含2～3小花，长8～10毫米；第一颖长7～9毫米，具1脉，第二颖稍长于第一颖，具3脉；外稃顶端具2裂齿，第一外稃长7～9毫米，基盘具长达1.5毫米的柔毛，芒自稃体中部稍上伸出，长1～1.5厘米，膝曲，芒柱稍扭转；内稃具2脊；花药长约4毫米。花果期7—8月。

【生态地理分布】产于全省大部分地区；生于高寒草原、高寒草甸、灌丛、林下；海拔2 800～4 600米。

发草属 *Deschampsia* P. Beauv.

发草 *Deschampsia cespitosa* (L.) P. Beauvois.

【形态特征】多年生草本，高30～150厘米。秆丛生，直立或基部膝曲，具2～3节。叶舌顶端渐尖或二裂，长5～7毫米；叶片常纵卷或扁平。圆锥花序疏松开展，下垂，中部以下裸露，上部疏生少数小穗；小穗草绿色或褐紫色，长4～4.5毫米，含2小花；第一颖长3.5～4.5毫米，具1脉，第二颖稍长于第一颖，具3脉；外稃顶端啮蚀状，基盘两侧的毛长达稃体的1/3，芒劲直，自稃体基部1/5～1/4处伸出；内稃等于或稍短于外稃；花药长约2毫米。花果期7—8月。

【生态地理分布】产于玉树、囊谦、杂多、称多、玛沁、班玛、久治、泽库、河南、尖扎、共和、兴海、同德、贵德、乌兰、天竣、门源、刚察、祁连、大通、湟中、湟源、乐都、互助、民和；生于高山草甸、灌丛、河滩、林缘、山坡草地；海拔2 300～4 500米。

看麦娘属 *Alopecurus* L.

苇状看麦娘 *Alopecurus arundinaceus* Poir.

【形态特征】多年生草本，高20~70厘米。具根茎。秆单生或少数丛生，具3~5节。叶舌膜质，长约5毫米；叶片上面粗糙，下面平滑。圆锥花序长圆状圆柱形，灰绿色或成熟后黑色；小穗卵形，长4~5毫米；颖近等长，脊具纤毛，两侧无毛或疏生短毛，顶端尖；外稃膜质，背部具微毛，顶端钝，芒自稃体中部伸出，长1~5毫米，近于平滑，隐藏或稍露出颖外；内稃缺。花果期7—9月。

【生态地理分布】产于门源、西宁；生于山坡草地、河边；海拔2 200~2 800米。

拂子茅属 *Calamagrostis* Adans.

假苇拂子茅 *Calamagrostis pseudophragmites* (Hall. F.) Koel.

【形态特征】多年生草本，高50～90厘米。秆直立。叶舌膜质，长圆形，顶端钝，长4～7毫米；叶片扁平或内卷，边缘及上面稍粗糙。圆锥花序疏松、开展，分枝直立；小穗草黄色或紫色，长5～7毫米；颖线状披针形，顶端长渐尖，不等长，第一颖具1脉，第二颖具3脉，主脉粗糙；外稃膜质，顶端全缘，芒自稃体顶端伸出，长1～3毫米，基盘的柔毛与小穗近等长；内稃长为外稃的2/3～2/3；花药黄色，长1～2毫米。花果期7～9月。

【生态地理分布】产于玉树、囊谦、泽库、河南、尖扎、德令哈、格尔木、都兰、乌兰、兴海、同德、贵德、门源、祁连、大通、湟源、乐都、互助、民和；生于山坡草地、河滩；海拔1 650～3 900米。

大拂子茅 *Calamagrostis macrolepis* Litv.

【形态特征】多年生草本，高90~100厘米。具根茎。秆直立，较粗壮，具4~5节。叶舌厚膜质，长约5毫米，顶端易破碎；叶片扁平或边缘内卷，上面和边缘稍粗糙。圆锥花序紧密，间断，长20~25厘米；小穗长9~11毫米，淡绿色，成熟时带紫色或草黄色；颖片锥状披针形，不等长，第一颖长9~11毫米，第二颖长7~9毫米；外稃长4~5毫米，顶端微2裂，芒长3~4毫米，自裂齿间或稍下伸出，基盘具长7~9毫米的柔毛；内稃约短于外稃1/3，小穗轴不延伸于内稃之后。花期7—9月。

【生态地理分布】产于贵南；生于山坡草地、沙丘；海拔3 200米。

菵草属 *Beckmannia* Host.

菵草 *Beckmannia syzigachne* (Steud.) Fern.

【形态特征】一年生草本，高15～70厘米。秆直立，具2～4节。叶鞘疏松，多长于节间；叶舌顶端钝圆，长3～6毫米；叶片扁平，两面粗糙或下面平滑。圆锥花序狭窄，由多数贴生或斜生的穗状花序组成；小穗扁平，圆形，灰绿色，常含1小花；颖边缘质薄而白色，顶端钝或锐尖，背部灰绿色，具淡色的横纹，具3脉，中脉粗糙或具短刺毛；外稃披针形，边缘白色膜质，顶端常具伸出颖外的短尖头，具5脉；内稃稍短于外稃，具2脊，边缘透明膜质。花果期6—9月。

【生态地理分布】产于玉树、班玛、河南、共和、兴海、德令哈、天峻、门源、刚察、西宁、大通、乐都、互助、民和；生于河滩、林缘；海拔2 200～3 600米。

针茅属 *Stipa* L.

紫花针茅 *Stipa purpurea* Griseb.

【形态特征】多年生草本，高20~40厘米。秆直立，细瘦。叶舌披针形，长3~6毫米，具短缘毛。圆锥花序开展，基部常包藏于叶鞘内，分枝常单生；小穗紫色，颖披针形，顶端长渐尖，具3~5脉；外稃长10毫米，背部遍生细毛，基盘尖锐，密被柔毛，长约2毫米；芒长6~9厘米，二回膝曲，芒柱扭转，遍生长2~3毫米柔毛，第一芒柱长1.5~1.8厘米，第二芒柱长约1厘米，芒针长5~7厘米，全部具羽状毛，毛长2~3毫米。花果期7—9月。

【生态地理分布】产于玉树、囊谦、杂多、治多、曲麻莱、称多、玛沁、玛多、都兰、乌兰、天峻、同仁、泽库、河南、共和、兴海、贵南、门源、刚察、祁连、乐都；生于高山草甸、山前洪积扇、河谷阶地；海拔2 700~4 700米。

沙生针茅 *Stipa caucasica* P. Smirn. subsp. *glareosa* (P. A. Smirnov) Tzvelev

【形态特征】多年生草本，高15～25厘米。秆直立，丛生，具1～2节。叶鞘具密毛；叶舌短而钝圆，长约1毫米，边缘具长1～2毫米的纤毛；叶片纵卷呈针状，下面粗糙或具细微的柔毛。圆锥花序基部被顶生叶鞘所包；分枝具1小穗，小穗淡草黄色；颖披针形，膜质，顶端细丝状，基部具3～5脉；外稃顶端关节处具一圈短毛，背部沿脉纹被毛成行，具5脉，基盘尖锐，密被柔毛，芒一回膝曲，具长2～4毫米的柔毛；内稃背部疏被短柔毛。花果期6—9月。

【生态地理分布】产于共和、德令哈、格尔木、大柴旦、都兰、乌兰、刚察、祁连；生于石质山坡、戈壁沙滩；海拔2 800～4 100米。

长芒草 *Stipa bungeana* Trin.

【形态特征】多年生草本，高20～50厘米。秆密丛生，基部鞘内具隐藏小穗。叶舌披针形，顶端二裂；叶片纵卷呈针状。圆锥花序常为顶生叶鞘所包，成熟后伸出鞘外；小穗灰绿色或浅紫色；颖顶端延伸成细芒，边缘膜质，具3～5脉；外稃长5～6毫米，顶端关节处具一圈短毛，背部沿脉密生短毛，基盘尖锐，密生柔毛；芒二回膝曲，扭转，无毛，粗糙，第一芒柱长1～1.5厘米，第二芒柱长0.5～1厘米，芒针长3～5厘米。花果期6—9月。

【生态地理分布】产于玉树、囊谦、玛沁、同仁、尖扎、共和、兴海、同德、贵德、门源、西宁、平安、乐都、互助、民和、化隆、循化；生于石质山坡、黄土丘陵、河谷阶地；海拔1 800～3 900米。

丝颖针茅 *Stipa capillacea* Keng

【形态特征】多年生草本，高20～45厘米。秆直立，具2～3节。叶舌长0.6毫米，平截，具细睫毛。圆锥花序紧缩、狭窄；芒常在顶端扭结如鞭状；基部分枝孪生；小穗长2.5～3厘米；颖细长披针形，顶端延伸成细丝状；外稃顶生一圈短毛，其下具小刺，背面和腹面各具1纵行贴生的短毛；基盘尖锐，密被柔毛；芒二回膝曲，全部具微毛或芒针具短小刺毛，芒针直伸；内稃具2脉，无脊。花果期7—9月。

【生态地理分布】产于玉树、囊谦、杂多、治多、称多、玛沁、久治、泽库、河南、刚察、大通；生于高山灌丛、高寒草原、高山草甸、山坡草地、河谷阶地；海拔2 900～4 200米。

西北针茅 *Stipa sareptana* Becker var. *krylovii* (Roshev.) P. C. Kuo et Y. H. S

【形态特征】多年生草本，高40～60厘米。秆丛生，直立，具3～4节。叶舌膜质，基生者顶端钝，长1～2毫米，秆生者披针形，长4～7毫米；叶片纵卷呈针状。圆锥花序基部为顶生叶鞘所包；分枝细弱，2～4枚簇生；小穗草绿色或成熟时变为紫色；颖膜质，披针形，顶端细丝状，具5脉；外稃长9～11毫米，具5脉，顶端关节处生有一圈短毛，背部具贴生成纵行的短毛，基盘尖锐，密生柔毛，芒二回膝曲，光亮，芒柱扭转，芒针卷曲；内稃背部无毛。花果期7—9月。

【生态地理分布】产于玉树、泽库、德令哈、都兰、乌兰、天峻、共和、兴海、同德、海晏、门源、刚察、祁连、西宁、平安、乐都、互助；生于干旱山坡、滩地、河谷阶地、山前洪积扇；海拔2 200～3 900米。

芨芨草属 *Achnatherum* P. Beauv.

芨芨草 *Achnatherum splendens* (Trin.) Nevski

【形态特征】多年生草本，高50~150厘米。秆坚硬，密丛生。叶舌披针形，长5~10毫米；叶片质地坚韧，上面脉纹凸起。圆锥花序开展，长20~30厘米；小穗长4.5~7毫米，含1小花；第一颖长4~5毫米，具1脉，第二颖长6~7毫米，具3脉；外稃具5脉，长4~5毫米，背部密生柔毛，顶端具2微齿，芒自外稃齿间伸出，直或微弯，长5~12毫米，基盘钝圆，具柔毛；内稃具2脉，脉间被柔毛。花果期6—9月。

【生态地理分布】产于玉树、囊谦、称多、玛沁、玛多、同仁、泽库、尖扎、格尔木、大柴旦、都兰、乌兰、天峻、共和、兴海、同德、贵南、海晏、门源、刚察、祁连、西宁、乐都、民和、循化；生于石质山坡、林缘、荒漠草原；海拔1 900~4 100米。

醉马草 *Achnatherum inebrians* (Hance) Keng

【形态特征】多年生草本，高60~100厘米。叶舌顶端平截或具裂齿，长约1毫米；叶片质地坚硬，边缘卷折，上面及边缘粗糙。圆锥花序紧密呈穗状，长10~25厘米；小穗长5~6毫米，成熟后呈铜褐色；颖顶端尖，常破裂，具3脉；外稃具3脉，长约4毫米，背部密被柔毛，顶端具2微齿，芒自齿间伸出，长10~13毫米，一回膝曲，基盘钝，具短毛；内稃具2脉，脉间被柔毛。花果期6—9月。

【生态地理分布】产于玉树、治多、曲麻莱、称多、玛沁、同仁、泽库、尖扎、共和、兴海、同德、贵南、都兰、乌兰、天峻、海晏、门源、刚察、西宁、大通、湟中、湟源、平安、乐都、民和；生于山坡草地、河滩、高山灌丛；海拔1 900~3 700米。

细柄茅属 *Ptilagrostis* Griseb.

双叉细柄茅 *Ptilagrostis dichotoma* Keng ex Tzvel.

【形态特征】多年生草本，高40～50厘米。秆密丛生。叶舌膜质，三角形或披针形，长2～3毫米；叶片细线形。圆锥花序疏松开展，常二叉分枝，分枝细弱呈丝状，分枝腋间具枕；小穗灰褐色；颖膜质，边缘透明，具3脉；外稃长约4毫米，顶端二裂，背部具微毛，芒长1.2～1.5厘米，膝曲，芒柱扭转且具长2.5～3毫米的柔毛，芒针被长约1毫米的短毛；内稃背圆形，具柔毛。花果期7—8月。

【生态地理分布】产于玉树、囊谦、杂多、治多、久治、泽库、河南、共和、兴海、天峻、门源、祁连、大通、互助；生于高山草甸、山坡草地、河滩、灌丛；海拔3 200～4 500米。

冠毛草属 *Stephanachne* Keng

冠毛草 *Stephanachne pappophorea* (Hack.) Keng

【形态特征】多年生草本，高10~35厘米。秆直立，丛生，具4~5节。叶鞘紧密抱茎；叶舌膜质，长2~3毫米，顶端齿裂；叶片无毛或边缘微粗糙。圆锥花序穗状，紧密，具光泽；小穗长5~7毫米；颖窄披针形，先端成芒状渐尖，具1~3脉；外稃长3~4毫米，顶端2裂，裂片长1.2~1.8毫米，其先端延伸成长0.5毫米的短尖头，裂片基部生有1圈长3~4毫米的冠毛状柔毛，其下密生短毛，芒自裂片间伸出，长6~8毫米；内稃稍短于外稃，疏生短柔毛。花果期7—9月。

【生态地理分布】产于共和、兴海、格尔木、都兰、西宁；生于干旱山坡、干河滩；海拔2 200~3 600米。

画眉草属 *Eragrostis* Wolf

黑穗画眉草 *Eragrostis nigra* Nees ex Steud.

【形态特征】多年生草本，高20～50厘米。秆丛生，直立或基部稍膝曲。叶鞘疏松包茎，鞘口具长2～5毫米的白色柔毛；叶舌截平，长约0.5毫米；叶片扁平，线形，粗糙或上面疏生柔毛，下面较平滑。圆锥花序开展，分枝多枚近于轮生或稀有单生，纤细；小穗黑色或铅绿色，含3～8小花；颖膜质，披针形，顶端渐尖，具1脉或第二颖具3脉；外稃长卵圆形，顶端膜质，具3脉，侧脉有时不明显，第一外稃长1.5～2毫米；内稃稍短于外稃，顶端钝圆，宿存。花果期6—8月。

【生态地理分布】产于同仁、尖扎、贵德、乐都、民和、化隆、循化；生于山坡草地；海拔1 650～3 600米。

虎尾草属 *Chloris* Sw.

虎尾草 *Chloris virgata* Sw.

【形态特征】一年生草本，高10～35厘米。叶鞘背部具脊；叶舌具短纤毛，长约1毫米；叶片扁平或卷折。穗状花序5～10枚指状着生于秆顶，直立且并拢成毛刷状，长3～5厘米；小穗长约3毫米；颖先端具长0.5～1毫米的小尖头；第一小花两性，外稃长2.8～3毫米，沿脉及边缘被短毛，两侧边缘上部1/3处具长2～3毫米的白色柔毛，芒自背部顶端稍下方伸出，长5～15毫米；内稃两脊上被微毛，基盘具微毛；第二小花不孕，仅存外稃，长约1.5毫米，芒长4～8毫米。花果期7—9月。

【生态地理分布】产于同仁、尖扎、共和、兴海、贵南、贵德、西宁、乐都、民和、循化；生于河岸沙地、山坡草地；海拔1 850～2 600米。

锋芒草属 *Tragus* Haller

锋芒草 *Tragus mongolorum* Ohwi

【形态特征】一年生草本，高10～20厘米。茎丛生，基部常膝曲而伏卧地面。叶舌纤毛状，长约1毫米；叶片边缘疏生小刺毛。花序紧密呈穗状，长2～5厘米，宽约8毫米；小穗长4～4.5毫米，3个簇生，其中1个退化，或几残存为柄状；第一颖退化，极微小，薄膜质，第二颖革质，背部有5肋，肋上具钩刺，顶端具明显伸出刺外的小头；外稃膜质，长约3毫米；内稃较外稃稍短。花果期7—9月。

【生态地理分布】产于共和、兴海、贵德；生于干旱山坡、干河滩；海拔2 000～3 000米。

狗尾草属 *Setaria* P. Beauv.

狗尾草 *Setaria viridis* (L.) P. Beauv.

【形态特征】一年生草本，高10～50厘米。叶舌极短，具长1～2毫米的纤毛，叶片扁平，边缘粗糙。圆锥花序紧密呈圆柱形，花序主轴上每分枝具3枚以上的成熟小穗，不育小枝形成刚毛，刚毛粗糙，直立或稍扭曲，绿色、黄褐色或紫色；小穗含1～2花；第一颖卵形，顶端钝或稍尖，具3脉，第二颖椭圆形，近等长于小穗，具5～7脉；第一外稃顶端钝，具5～7脉。花果期7—10月。

【生态地理分布】产于玉树、称多、玛沁、同仁、尖扎、共和、兴海、贵南、贵德、西宁、乐都、化隆、民和、循化；生于山坡草地、河滩；海拔1 800～3 600米。

狼尾草属 *Pennisetum* Rich.

白草 *Pennisetum flaccidum* Grisebach

【形态特征】多年生草本，高20～70厘米。叶舌短，具长1～2毫米的纤毛；叶片扁平，狭线形。圆锥花序紧缩成穗状圆柱形，主轴具棱角，近平滑；残留在主轴上的总梗长0.5～1毫米；不育小枝形成的刚毛细柔；小穗单生，含2小花；第一颖微小，顶端钝圆、齿裂或尖锐，第二颖顶端芒尖；第一小花雄性，第一外稃顶端芒尖，内稃透明膜质或退化；第二小花两性，外稃顶端芒尖，内外稃厚纸质。花果期7—9月。

【生态地理分布】产于全省各地；生于山坡、河滩、灌丛；海拔1 800～4 000米。

孔颖草属 *Bothriochloa* Kuntze

白羊草 *Bothriochloa ischaemum* (L.) Keng

【形态特征】多年生草本，高20～60厘米。秆丛生，直立或基部膝曲，具3～4节。叶舌膜质，钝圆，具纤毛，长约1毫米；叶片疏生疣基柔毛。总状花序4至多数簇生于茎顶成指状；穗轴节间与小穗柄具白色丝状毛。无柄小穗之第一颖下部具丝状柔毛，上部具2脊，粗糙，边缘内卷，具5～7脉；第一外稃长圆状披针形，第二外稃线形，顶端具10～15毫米膝曲的芒；有柄小穗雄性，无芒；第一颖背部无毛，具9脉，第二颖内折，边缘具纤毛，具5脉。花果期7—9月。

【生态地理分布】产于同仁、尖扎、兴海、循化；生于山坡草地；海拔1 800～2 600米。

莎草科 Cyperaceae

三棱草属 *Bolboschoenus* (Asch.) Palla

扁秆荆三棱 *Bolboschoenus planiculmis* (F. Schmidt) T. V. Egorova

【形态特征】多年生草本，高50~80厘米。具匍匐根状茎和块茎；秆三棱形。叶条形，扁平，基生或秆生。苞片叶状，1~3枚，长于花序；长侧枝聚伞花序短缩成头状，具小穗1~6个；小穗卵形或长圆形，具多数两性花；鳞片长圆形，褐色，膜质，外面微被短毛，顶端有撕裂状缺刻，中肋延伸成短芒；下位刚毛4~6，长为小坚果的1/2或更长，有倒刺；花柱长，柱头2。小坚果倒卵形或宽倒卵形，扁平，两面微凹，长3毫米，宽2.5~2.8毫米。花期5—6月，果期7—9月。

【生态地理分布】产于共和、德令哈、格尔木、大柴旦、乌兰、西宁；生于沼泽草甸、河滩；海拔1 600~2 900米。

蔺藨草属 *Trichophorum* Pers.

双柱头针蔺（双柱头蔺草）*Trichophorum distigmaticum* (Kukenthal) T. V. Egorova

【形态特征】多年生草本，高5～15厘米。具细长匍匐的根状茎；秆纤细，直立，近圆柱形。叶基生，针状。花单性，雌雄异株；花序为顶生单一小穗；小穗卵形，含4～5花，长3～5毫米，无苞片；鳞片卵形，褐色或深褐色，薄膜质，长2.5～3毫米，顶端钝；无下位刚毛；具3个不发育的雄蕊；花柱长，柱头2。小坚果宽倒卵形，平凸状，成熟时黑色。花果期6—8月。

【生态地理分布】产于玉树、囊谦、杂多、治多、曲麻莱、称多、玛沁、甘德、久治、同仁、泽库、尖扎、共和、兴海、门源、祁连、大通、互助、民和；生于沼泽草甸、河滩；海拔2 500～4 500米。

嵩草属 *Kobresia* Willd.

高山嵩草 *Kobresia pygmaea* (C. B. Clarke) C. B. Clarke

【形态特征】多年生垫状草本，高3～5厘米。根状茎短；秆密集丛生，纤细。叶与秆近等长，针状。花序简单穗状，雌雄异序或同序而为雄雌顺序；支小穗少数，密生，单性，有时顶生为雄性，含1花；侧生的为雌花，1朵，雌花鳞片宽卵形或长圆状卵形，长2.5～4毫米，顶端钝圆，有时具短芒尖，具3脉；先出叶长约3毫米，边缘在腹面仅基部愈合，背部具2脊。柱头3。小坚果倒卵形，扁三棱形，长约2毫米。花果期6—8月。

【生态地理分布】产于全省各地；生于高寒草甸、河滩、沟谷、灌丛、林下；海拔3 200～5 000米。

线叶嵩草 *Kobresia capillifolia* (Decne.) C. B. Clarke

【形态特征】多年生草本，高10~40厘米。根状茎短；秆密丛生，纤细，柔软，钝三棱形。叶短于秆，丝状。花序为简单穗状，长1.5~3厘米，由多数支小穗组成，顶生的为雄性，侧生的为雄雌顺序；鳞片长圆状卵形，长4~5.5毫米，具白色膜质边缘；先出叶长圆形，长4~5毫米，边缘在腹面下部1/3处愈合；柱头3。小坚果椭圆形或倒卵状椭圆形，双凸透镜状或有三棱。花果期6—9月。

【生态地理分布】产于全省各地；生于高山草甸、灌丛、河谷、河滩、林间；海拔2 400~4 700米。

矮生嵩草 *Kobresia humilis* (C. A. Mey ex Trauvt.) Serg.

【形态特征】多年生草本，高3～10厘米。根状茎短；秆丛生，有钝棱。叶短于秆，扁平，基部对折。花序为简单穗状，长圆形，含少数小穗；侧生支小穗两性，雄雌顺序；顶生小穗雄性；鳞片黄褐色，中间绿色，具3脉，边缘白色膜质；先出叶长圆形或长椭圆形，长约4毫米，2脊微粗糙，边缘在腹面仅基部愈合；柱头2～3。小坚果倒卵形或椭圆状倒卵形，长2.5～3毫米，双凸透镜状、平凸状或扁三棱形。花果期5—9月。

【生态地理分布】产于玉树、囊谦、杂多、治多、玛沁、玛多、泽库、共和、兴海、贵南、德令哈、都兰、天峻、门源、刚察、湟中、湟源、平安、乐都、互助；生于河滩、灌丛、高山草甸、山坡草甸、沼泽草甸；海拔2 500～4 850米。

西藏嵩草 *Kobresia tibetica* Maxim.

【形态特征】多年生草本，高15~25厘米。根状茎短；秆密丛生，较粗，具条纹。叶短于秆，边缘内卷，丝状。花序为简单穗状，长1~2厘米，含多数小穗；支小穗密生，顶生小穗雄性，侧生小穗为雄雌顺序；鳞片长圆形，中肋黄色，边缘白色膜质，顶端钝；先出叶长圆形，边缘仅在腹面基部愈合；柱头3。小坚果倒卵形或长圆状倒卵形，长2~3毫米，扁三棱形。花果期6—9月。

【生态地理分布】产于玉树、囊谦、杂多、治多、曲麻莱、玛沁、甘德、玛多、泽库、河南、共和、兴海、门源、刚察、祁连、互助；生于沼泽草甸、河滩、灌丛；海拔2 500~5 000米。

薹草属 *Carex* L.

尖苞薹草 *Carex microglochin* Wahl.

【形态特征】多年生草本，高5～15厘米。根状茎匍匐；秆直立，平滑。叶短于秆，宽约1毫米，内卷，顶端坚硬。小穗单一，顶生，雄雌顺序，长约1厘米，雄花具5～7朵花，雌花具4～12朵花；雄花鳞片长圆状椭圆形，长约2.5毫米；雌花鳞片椭圆状长圆形，长约3毫米；果囊长于鳞片，成熟时反折，顶端渐缩成长喙，喙口白膜质；退化小穗轴伸出果囊；柱头3。小坚果长圆形，长约2毫米。花果期6—8月。

【生态地理分布】产于玉树、称多、玛多、大柴旦；生于沼泽、湖边；海拔3 100～4 200米。

青藏薹草 *Carex moorcroftii* Falc. ex Boott

【形态特征】多年生草本，高10～25厘米。根状茎匍匐，粗壮；秆三棱形，基部具老叶鞘。叶革质，短于秆，宽2～3毫米。苞片刚毛状，短于花序，无鞘；小穗4～5，紧密；顶生小穗雄性，长1～1.7厘米，侧生小穗雌性，长0.8～1.8厘米；雌花鳞片卵状披针形，长3.5～5毫米，紫红色，顶端渐尖，边缘白色膜质；果囊顶端急缩成短喙，喙口具2齿；柱头3。小坚果倒卵状，长约2毫米，有三棱。花果期6—8月。

【生态地理分布】产于杂多、治多、曲麻莱；生于沙丘、河滩；海拔2 800～4 900米。

灯心草科 Juncaceae

灯心草属 *Juncus* L.

锡金灯心草（假栗花灯心草）*Juncus sikkimensis* Hook. f.

【形态特征】多年生草本，高10～25厘米。根状茎横走；茎直立，有纵条纹，绿色。叶1～2枚，近基生，抱茎，具鞘；叶片近圆柱形或稍压扁，具横隔。花序假侧生，由2个头状花序组成；总苞片叶状，卵状披针形，长1.5～2.5厘米，具较宽的锈红色膜质边缘；头状花序具3～7花；苞片2～4枚，宽卵形，黑褐色；花被片6，披针形，长5～6毫米，膜质，黑褐色。蒴果三棱状椭圆形，长于花被，顶端有喙，栗褐色。花果期7—9月。

【生态地理分布】产于玉树、杂多、玛沁、久治、同仁、共和、兴海、天峻、祁连、互助；生于高山草地、沼泽草甸、林下；海拔3 200～4 300米。

喜马灯心草 *Juncus himalensis* Klotzsch

【形态特征】多年生草本，高25~45厘米。茎直立，圆柱形，具纵条纹。叶茎生，1~2枚，线形，内卷，抱茎，具鞘，无叶耳。花序由3~7枚头状花序组成顶生聚伞花序；头状花序具4~8花；总苞片叶状，具锈红色膜质边缘；花被片6，膜质，披针形，长4~5毫米，宽1.5~1.8毫米，顶端锐尖，褐色或淡褐色；柱头3裂，线形，长2~2.5毫米。蒴果三棱状长圆形，褐色。花果期7—9月。

【生态地理分布】产于囊谦、曲麻莱、称多、玛沁、班玛、同仁、河南、共和；生于高山灌丛；海拔3 500~4 500米。

栗花灯心草 *Juncus castaneus* Smith.

【形态特征】多年生草本，高25～45厘米。茎直立，单生或丛生。茎生叶抱茎，具鞘，边缘内卷，端部对折；基部叶较短。花序由2～8个头状花序排成顶生聚伞状；总苞片叶状，1～2枚，线状披针形，长10～15厘米，顶端细长；头状花序具3～10花；苞片2～3枚，披针形；花被片6枚，披针形，顶端渐尖，外轮者背脊明显，暗褐色至淡褐色，长4～5毫米。蒴果三棱状长圆形，顶端逐渐变细呈喙状，深褐色。花果期7—9月。

【生态地理分布】产于玛沁、同仁、泽库、共和、兴海、贵南、天峻、海晏、门源、刚察、祁连、西宁、大通、湟中、湟源、平安、乐都、互助、民和、循化；生于高山灌丛、草地、沼泽；海拔2 400～4 400米。

展苞灯心草 *Juncus thomsonii* Buchen.

【形态特征】多年生小草本。茎秆直立，高3～25厘米，丛生，光滑无毛，绿色。叶基生，抱茎，具鞘，鞘具白色至红褐色膜质边缘，叶耳大而钝圆；叶片针状。头状花序由4～10个小花聚合而成，单顶生；总苞片4～6枚，鳞片状，膜质，淡黄色至红褐色，稍长于花序，花期开展；花被片6，草质，披针形，淡黄色；雄蕊6，长于花被片；子房卵圆形，花柱柱头三裂，裂片条形，扭曲。蒴果三棱状卵圆形，黄褐色，长于花被，有小尖头。花果期6—9月。

【生态地理分布】产于全省各地；生于高山灌丛、草甸；海拔3 200～4 200米。

天门冬科 Asparagaceae

天门冬属 *Asparagus* L.

攀援天门冬 *Asparagus brachyphyllus* Turcz.

【形态特征】多年生攀缘植物，高20~60厘米。根状茎粗短；须根多，膨大，圆柱状。茎平滑，多分枝，枝有纵棱及软骨质齿。叶状枝4~10枚簇生，圆柱形稍扁，有软骨质齿，长3~12毫米，直径约0.5毫米。花淡紫色，常2~4枚腋生；花梗中上部有一关节；雄花花被片长圆形，长约7毫米；雌花较小，花被片长约3毫米。浆果球形，直径6~7毫米，红色。花果期6—7月。

【生态地理分布】产于玉树、同仁、尖扎、兴海、贵南、西宁、湟源、乐都、互助；生于山坡、林下、林缘；海拔2 300~3 700米。

北天门冬 *Asparagus przewalskyi* N. A. Ivanova ex Grubov et T. V. Egorova

【形态特征】多年生草本，高10～15厘米。根状茎细长，横生，具多数不育芽和须根。茎直立，不分枝，节间短。叶状枝每5～7枚为一簇，扁圆柱形，略呈镰状或仅上半部稍向上弯，长4～10毫米，先端尖。花浅紫色，每2枚腋生；花梗顶部有关节；雄花花被片长6～7毫米，长圆形，先端钝，雄蕊3长3短，长为花被片的2/3；雌花花被片长4～5毫米。浆果球形，直径5～6毫米，成熟时红色。花果期5—6月。

【生态地理分布】产于同仁、西宁、平安、互助、循化；生于灌丛、干旱山坡；海拔2 200～2 500米。

长花天门冬 *Asparagus longiflorus* Franch.

【形态特征】多年生草本，高20~80厘米。茎直立，中部以上多分枝，小枝具纵凸纹和软骨质齿。叶状枝每4~10枚成簇，近扁的圆柱形，长6~15毫米，有棱和软骨质齿；茎上的鳞片状叶基部有长1~5毫米的刺状距，分枝上的距短或不明显。花每2朵腋生，淡紫色；花梗近丝状，关节位于近中部或上部；雄花花被长6~8毫米，花丝中部以下贴生于花被片上；雌花花被长3毫米。浆果球形，直径6~8毫米，熟时红色。花果期6—9月。

【生态地理分布】产于玉树、称多、同仁、泽库、尖扎、贵南、门源、西宁、大通、湟中、湟源、乐都、互助；生于山坡草地、林下、灌丛；海拔2 200~3 800米。

石蒜科 Amaryllidaceae

葱属 *Allium* L.

天蓝韭 *Allium cyaneum* Regel

【形态特征】多年生草本，高10～30厘米。鳞茎单生，细圆柱形，鳞茎外皮淡褐色，破裂成纤维状。叶多枚，半圆柱形，具沟槽，宽约2毫米。花葶圆柱形，基部被叶鞘。伞形花序具少数花；总苞开裂；花天蓝色或深蓝色，花被片卵形或卵状长圆形，长4～5毫米，先端钝，内轮的基部扩大，无齿或每侧各具1小齿；花丝伸出花被外，内轮花丝基部扩大，有时每侧各具1齿；子房基部具蜜腺，花柱伸出花被外。花果期7—9月。

【生态地理分布】产于玉树、治多、曲麻莱、称多、达日、班玛、玛多、共和、兴海、天峻、门源、祁连、乐都、互助；生于山坡灌丛、高山草甸、高山流石滩；海拔2 900～4 800米。

高山韭 *Allium sikkimense* Baker

【形态特征】多年生草本，高10～50厘米。鳞茎单生或数枚丛生，圆柱形，鳞茎外皮淡褐色，破裂成纤维状。叶条形，扁平，比花葶短，宽2～4毫米，无明显中脉。花葶圆柱形，基部被叶鞘。伞形花序具少数花；总苞单侧开裂；花深蓝色，花被片卵形或卵状长圆形，先端钝，内轮的边缘常具小齿；花丝短于花被片，内藏，内轮花丝基部扩大，有时每侧各具1齿；子房基部具蜜腺，花柱极短。花果期7—9月。

【生态地理分布】产于玉树、囊谦、称多、玛沁、甘德、久治、同仁、泽库、河南、共和、同德、唐古拉山镇、门源、祁连、湟中、湟源、互助；生于山坡灌丛、高山草甸、林缘；海拔2 900～5 000米。

金头韭 *Allium herderianum* Regel

【形态特征】多年生草本，高15～30厘米。鳞茎单生，卵形；鳞茎外皮棕色，不破裂。叶多枚，半圆柱形、条形，短于花葶，宽2～4毫米。花葶圆柱状；伞形花序球状，具多而密集的花；总苞2～3裂，宿存；花淡黄色，有光泽，花被片卵状长圆形或披针形，内轮长于外轮，先端钝，反折；花丝短于花被片，基部合生；子房基部具蜜腺，花柱内藏。花果期7—9月。

【生态地理分布】产于门源、祁连、乐都；生于干旱山坡、高山草地、灌丛；海拔3 100～3 800米。

镰叶韭 *Allium carolinianum* DC.

【形态特征】多年生草本，高8～50厘米。鳞茎单生，有时2～3枚丛生，狭卵状或卵状圆柱形，鳞茎外皮灰褐色，条状纵裂。叶扁平，条形或披针形，弯曲，先端钝，宽5～12毫米。花葶粗壮；总苞常带紫色，二裂，宿存；伞形花序具多数密集的花，球形；花紫红色或淡黄色，花被片长圆形，长5～8毫米，先端钝；花丝长于花被片，外露，基部合生；子房基部具蜜腺，花柱伸出花被片外。花果期7—9月。

【生态地理分布】产于玉树、囊谦、杂多、治多、曲麻莱、称多、玛沁、玛多、共和、德令哈、都兰、唐古拉山镇、海晏、祁连；生于高山流石滩、山间滩地、冲积扇、林缘；海拔2 900～5 000米。

杯花韭 *Allium cyathophorum* Bur. et Franch.

【形态特征】多年生草本，高15～35厘米。鳞茎单生或数枚聚生，圆柱形，鳞茎外皮灰褐色，呈纤维状。叶条形，背面呈龙骨状隆起，宽2～7毫米。花葶圆柱状，常具2纵棱，下部被叶鞘；伞形花序具多花，总苞常单侧开裂，宿存；花紫红色至深紫色，花被片椭圆状矩圆形，先端钝圆或微凹，长7～9毫米，宽3～4毫米，内轮的稍长；花丝比花被片短，2/3～3/4合生成管状，内轮花丝分离部分的基部常呈扩大，外轮的狭三角形；花柱不伸出花被。花果期7—8月。

【生态地理分布】产于玉树、囊谦、玛沁、甘德、班玛、河南、同德；生于林下、灌丛、山坡草地；海拔3 000～4 500米。

青甘韭 *Allium przewalskianum* Regel

【形态特征】多年生草本，高10～50厘米。鳞茎数枚，卵状圆柱形，外皮红色或有时红褐色，呈明显的网状。叶半圆柱形或圆柱形，中空，具4～5纵棱，短于花葶。花葶圆柱状；伞形花序球形，具多数花，总苞具长喙，一侧开裂；花紫红色或淡紫红色，花被片卵形或长圆形，先端钝，两轮近等长；花丝伸出花被片外，内轮花丝基部扩大，每侧各具1齿；子房球形，基部无蜜腺；花柱与花丝近等长或稍短。花果期7—9月。

【生态地理分布】产于玉树、囊谦、治多、曲麻莱、称多、玛沁、久治、同仁、泽库、河南、德令哈、都兰、乌兰、共和、兴海、同德、贵南、海晏、门源、刚察、祁连、湟中、乐都、互助；生于河谷、山坡、林缘；海拔2 300～4 300米。

碱韭 *Allium polyrhizum* Turcz.

【形态特征】多年生草本，高5～25厘米。鳞茎成丛，紧密簇生；鳞茎外皮黄褐色，破裂成纤维状。叶半圆柱状，粗约1毫米，边缘具细齿。花葶圆柱状，下部被叶鞘；总苞2～3裂，宿存；伞形花序半球状，具多而密集的花；花紫红色或淡紫红色，稀白色；花被片长5～8毫米，宽1.5～3毫米，卵形或狭卵形；花丝等长于花被片或稍短，基部合生成筒状，内轮分离部分的基部扩大，每侧各具1锐齿；花柱不外露。花果期7—9月。

【生态地理分布】产于共和、贵德、德令哈、都兰、乌兰、海晏、刚察、湟源、互助；生于干旱山坡、滩地、河滩、湖滨；海拔2 700～3 800米。

茖葱 *Allium victorialis* L.

【形态特征】多年生草本，高30～50厘米。鳞茎单生或2～3枚聚生，近圆柱状；鳞茎外皮灰褐色至黑褐色，纤维状。叶2～3枚，倒披针状椭圆形至椭圆形，基部楔形，先端渐尖或短尖。花葶圆柱状；总苞2裂，宿存；伞形花序球状，具多而密集的花；花白色或带绿色，内轮花被片椭圆状卵形，先端钝圆，常具小齿，外轮狭而短，舟状，先端钝圆；花丝是花被片的1.25～2倍，基部合生并与花被片贴生，内轮狭长三角形，外轮锥形；子房具3圆棱，基部收狭成短柄。花果期7—9月。

【生态地理分布】产于湟中；生于山坡草地、林下；海拔2 000～2 500米。

兰科 Orchidaceae

掌裂兰属 *Dactylorhiza* Neck. ex Nevski

掌裂兰（宽叶红门兰）*Dactylorhiza hatagirea* (D. Don) Soó

【形态特征】地生兰。高10～35厘米。块茎前部掌状裂，裂片细长。叶3～6枚，长圆形、披针形至线状披针形，先端渐尖或急尖，基部收狭成鞘，抱茎。花葶直立，粗壮，总状花序具数枚至20余枚花，密集；花紫红色或粉红色；萼片先端钝，稍内弯，中萼片长圆形；侧萼片为斜的卵状长圆形；花瓣为斜的狭卵形，先端钝，内弯，与中萼片靠合成兜状；唇瓣前伸，端部不裂或三浅裂；距圆锥状筒形；蕊柱长约4毫米；子房圆柱状，长12～14毫米，扭转。花果期7—9月。

【生态地理分布】产于玉树、玛沁、同仁、泽库、河南、共和、乌兰、天峻、海晏、门源、祁连、民和；生于山坡灌丛、河滩草地；海拔2 950～3 700米。

凹舌掌裂兰 *Dactylorhiza viridis* (L.) R. M. Bateman

【形态特征】地生兰。高10～40厘米。块茎掌状分裂。茎直立。中部至上部具3～4叶，叶椭圆形或椭圆状披针形，先端急尖或稍钝，基部收缩成鞘，抱茎。总状花序具多数花；花绿色或黄绿色；萼片卵状椭圆形，基部常合生；花瓣线状披针形，宽不及1毫米；唇瓣肉质，紫褐色，倒披针形，基部具囊状距，基部中央有1条短褶片，顶部三浅裂；子房纺锤形，扭转，无毛。花果期6—9月。

【生态地理分布】产于玉树、囊谦、称多、玛沁、同仁、兴海、门源、祁连、大通、湟中、乐都、互助、民和；生于山坡灌丛、林下、林缘；海拔2 300～4 500米。

角盘兰属 *Herminium* L.

裂瓣角盘兰 *Herminium alaschanicum* Maxim.

【形态特征】地生兰。高10~40厘米。块茎圆球形。茎直立，下部具2~4枚较密生的叶，上部有2~5枚苞片状小叶。叶狭长圆状披针形或线形，先端急尖或渐尖，基部渐狭抱茎。总状花序具多数花；花绿色，垂头；中萼片卵形，侧萼片斜长椭圆形；花瓣卵状披针形，中部骤狭成线形，似三裂，肉质增厚；唇瓣长圆形，近中部三深裂，裂片线形，中裂片较侧裂片稍短而宽，唇瓣基部具距，长圆形，长约1.5毫米；柱头2；子房圆柱形，扭转。花果期7—9月。

【生态地理分布】产于玉树、囊谦、玛沁、甘德、同仁、河南、共和、兴海、同德、贵南、海晏、门源、刚察、祁连、大通、湟中、乐都、互助；生于山坡灌丛、沙丘；海拔2 600~4 300米。

角盘兰 *Herminium monorchis* (L.) R. Br.

【形态特征】地生兰。高6~35厘米。块茎球形，肉质。茎直立，基部具2枚筒状鞘，下部具2~3枚叶，在叶之上具1~2枚苞片状小叶。叶椭圆形或椭圆状披针形，先端急尖，基部渐狭抱茎。总状花序具多数花；花黄绿色或黄色，垂头；中萼片狭卵形，侧萼片斜披针形；花瓣近菱形，上部肉质增厚，向先端渐狭；唇瓣与花瓣等长，基部凹陷呈浅囊状，近中部3裂，中裂片较侧裂片狭而长，侧裂片三角形；柱头2；子房圆柱形，扭转。花果期7—9月。

【生态地理分布】产于玉树、囊谦、玛沁、同仁、泽库、河南、兴海、同德、贵德、门源、祁连、大通、湟中、湟源、互助、民和；生于山坡草地、林下、林缘、灌丛；海拔2 300~4 500米。

玉凤花属 *Habenaria* Willd.

西藏玉凤花 *Habenaria tibetica* Schltr. ex Limpricht

【形态特征】地生兰。高18~28厘米。叶2枚，近对生，生于茎的近基部，卵圆形或卵形，长3~6.5厘米，宽2.5~7厘米，表面具5条白色脉纹。花序具3~8花，长4~10厘米；花大，黄绿色或近白色；中萼片直立，卵形，舟状，长9毫米，宽约5毫米；花瓣直立，唇瓣近基部3深裂，中裂片线形，侧裂片从基部向顶端渐狭成丝状，长可达4厘米，近顶端部分卷曲，与中裂片的夹角小于90°或稍叉开伸展，不背折。花果期7—9月。

【生态地理分布】产于同仁、泽库、贵南、大通、湟中、乐都；生于林下、灌丛、山坡岩石缝隙；海拔3 000~3 600米。

绶草属 *Spiranthes* Rich.

绶草 *Spiranthes sinensis* (Pers.) Ames

【形态特征】地生兰。茎直立，高13～20厘米。茎基部生2～5枚叶，宽线形或披针形，先端急尖或渐尖，基部渐狭具柄成鞘，抱茎。花序具多数密生的花，呈螺旋状扭转；花紫红色、粉红色或白色，呈螺旋状着生；萼片的下部靠合，中萼片狭长圆形，舟状，先端稍尖，与花瓣靠合呈兜状，侧萼片斜披针形；花瓣斜菱状长圆形，唇瓣宽长圆形，凹陷，前半部上面具长硬毛，边缘具皱波状啮齿，唇瓣基部凹陷，浅囊状，囊内具2枚突起；子房纺锤形，扭转，被腺状柔毛。花果期7—9月。

【生态地理分布】产于门源、西宁、大通、湟中、湟源、乐都、互助、民和、循化；生于林下、灌丛、山坡草地、沼泽草甸；海拔1 900～2 700米。

参考文献

蔡照光，等，1989.青藏高原草场及其主要植物图谱[M].北京：农业出版社.

侯向阳，孙海群，2012.青海主要草地类型及常见植物图谱[M].北京：中国农业科学技术出版社.

孙海群，蔡佩云，石红霄，等，2019.三江源国家公园主要植物图谱[M].西宁：青海民族出版社.

孙海群，卡卓才让，2019.三江源国家公园植物多样性及名录[M].西宁：青海民族出版社.

孙海群，李希来，2016.青海自然植被植物名录及优势植物图谱[M].西宁：青海民族出版社.

孙海群，2013.青海省主要野生种子植物检索表[M].西宁：青海民族出版社.

中国科学院西北高原生物研究所，1987.青海经济植物志[M].西宁：青海人民出版社.

中国科学院西北高原生物研究所，1996.青海植物志[M]. 西宁：青海人民出版社.

中国科学院植物研究所，1972.中国高等植物图鉴[M].北京：科学出版社.

中国科学院植物研究所，1973.中国高等植物图鉴[M].北京：科学出版社.

中国科学院植物研究所，1974.中国高等植物图鉴[M].北京：科学出版社.

中国科学院植物研究所，1975.中国高等植物图鉴[M].北京：科学出版社.

中国科学院植物研究所，1976.中国高等植物图鉴[M].北京：科学出版社.

中国科学院植物研究所，1977.中国高等植物图鉴[M].北京：科学出版社.

中国科学院植物研究所，1978.中国高等植物图鉴[M].北京：科学出版社.

中国科学院植物研究所，1979.中国高等植物图鉴[M].北京：科学出版社.

中国科学院植物研究所，1980.中国高等植物图鉴[M].北京：科学出版社.

中国科学院植物研究所，1981.中国高等植物图鉴[M].北京：科学出版社.

中国科学院植物研究所，1982.中国高等植物图鉴[M].北京：科学出版社.

中国科学院植物研究所，1983.中国高等植物图鉴[M].北京：科学出版社.

中国科学院中国植物志，1959.中国植物志[M]. 北京：科学出版社.

中国科学院中国植物志，1960.中国植物志[M]. 北京：科学出版社.

中国科学院中国植物志，1961.中国植物志[M]. 北京：科学出版社.

中国科学院中国植物志，1962.中国植物志[M]. 北京：科学出版社.

中国科学院中国植物志，1963.中国植物志[M]. 北京：科学出版社.

中国科学院中国植物志，1964.中国植物志[M]. 北京：科学出版社.

中国科学院中国植物志，1965.中国植物志[M]. 北京：科学出版社.

中国科学院中国植物志，1966.中国植物志[M]. 北京：科学出版社.

中国科学院中国植物志，1967.中国植物志[M]. 北京：科学出版社.

中国科学院中国植物志，1968.中国植物志[M]. 北京：科学出版社.

中国科学院中国植物志，1969.中国植物志[M]. 北京：科学出版社.

中国科学院中国植物志，1970.中国植物志[M]. 北京：科学出版社.

中国科学院中国植物志，1971.中国植物志[M]. 北京：科学出版社.

中国科学院中国植物志，1972.中国植物志[M].北京：科学出版社.

中国科学院中国植物志，1973.中国植物志[M].北京：科学出版社.

中国科学院中国植物志，1974.中国植物志[M].北京：科学出版社.

中国科学院中国植物志，1975.中国植物志[M].北京：科学出版社.

中国科学院中国植物志，1976.中国植物志[M].北京：科学出版社.

中国科学院中国植物志，1977.中国植物志[M].北京：科学出版社.

中国科学院中国植物志，1978.中国植物志[M].北京：科学出版社.

中国科学院中国植物志，1979.中国植物志[M].北京：科学出版社.

中国科学院中国植物志，1980.中国植物志[M].北京：科学出版社.

中国科学院中国植物志，1981.中国植物志[M].北京：科学出版社.

中国科学院中国植物志，1982.中国植物志[M].北京：科学出版社.

中国科学院中国植物志，1983.中国植物志[M].北京：科学出版社.

中国科学院中国植物志，1984.中国植物志[M].北京：科学出版社.

中国科学院中国植物志，1985.中国植物志[M].北京：科学出版社.

中国科学院中国植物志，1986.中国植物志[M].北京：科学出版社.

中国科学院中国植物志，1987.中国植物志[M].北京：科学出版社.

中国科学院中国植物志，1988.中国植物志[M].北京：科学出版社.

中国科学院中国植物志，1989.中国植物志[M].北京：科学出版社.

中国科学院中国植物志，1990.中国植物志[M].北京：科学出版社.

中国科学院中国植物志，1991.中国植物志[M].北京：科学出版社.

中国科学院中国植物志，1992.中国植物志[M].北京：科学出版社.

中国科学院中国植物志，1993.中国植物志[M].北京：科学出版社.

中国科学院中国植物志，1994.中国植物志[M].北京：科学出版社.

中国科学院中国植物志，1995.中国植物志[M].北京：科学出版社.

中国科学院中国植物志，1996.中国植物志[M].北京：科学出版社.

中国科学院中国植物志，1997.中国植物志[M].北京：科学出版社.

中国科学院中国植物志，1998.中国植物志[M].北京：科学出版社.

中国科学院中国植物志，1999.中国植物志[M].北京：科学出版社.

中国科学院中国植物志，2000.中国植物志[M].北京：科学出版社.

中国科学院中国植物志，2001.中国植物志[M].北京：科学出版社.

中国科学院中国植物志，2002.中国植物志[M].北京：科学出版社.

中国科学院中国植物志，2003.中国植物志[M].北京：科学出版社.

中国科学院中国植物志，2004.中国植物志[M].北京：科学出版社.

周华坤，任飞，霍青，2020.青海省海南藏族自治州维管植物图谱[M].北京：科学出版社.